全国计算机等级考试

一级计算机基础及MS Office应用
高频考点专攻

全国计算机等级考试配套用书编写组

高等教育出版社·北京

图书在版编目（C I P）数据

全国计算机等级考试一级计算机基础及 MS Office 应用高频考点专攻 / 全国计算机等级考试配套用书编写组编. -- 北京：高等教育出版社，2021.10（2024.7 重印）
ISBN 978-7-04-056480-8

Ⅰ. ①全⋯ Ⅱ. ①全⋯ Ⅲ. ①电子计算机 - 水平考试 - 自学参考资料②办公自动化 - 应用软件 - 水平考试 - 自学参考资料 Ⅳ. ①TP3

中国版本图书馆 CIP 数据核字（2021）第 145531 号

QUANGUO JISUANJI DENGJI KAOSHI YIJI JISUANJI JICHU JI MS Office YINGYONG GAOPIN KAODIAN ZHUANGONG

策划编辑 何新权 责任编辑 何新权 封面设计 李树龙 版式设计 杜微言
插图绘制 于 博 责任校对 张 薇 责任印制 刁 毅

出版发行	高等教育出版社	网　址	http://www.hep.edu.cn
社　址	北京市西城区德外大街 4 号		http://www.hep.com.cn
邮政编码	100120	网上订购	http://www.hepmall.com.cn
印　刷	北京市鑫霸印务有限公司		http://www.hepmall.com
开　本	787mm × 1092mm 1/16		http://www.hepmall.cn
印　张	15		
字　数	270 千字	版　次	2021 年 10 月第 1 版
购书热线	010-58581118	印　次	2024 年 7 月第 5 次印刷
咨询电话	400-810-0598	定　价	45.00 元

本书如有缺页、倒页、脱页等质量问题，请到所购图书销售部门联系调换

物 料 号 56480-00

前 言

本书是根据教育部考试中心制订的最新版《全国计算机等级考试一级计算机基础及 MS Office 应用考试大纲》的要求组织编写的。

本书在内容编排与结构设计上秉持“直击考点、实用高效”的原则,对必考、常考的知识点进行汇总编排,引导考生尽快掌握重点考试内容;具有可操作性强的特点,书中内容多以图片展示的形式将操作步骤直观呈现,旨在引导考生迅速地熟悉操作步骤和解题要点。本书在每一节后都配有模拟练习题,考生可以随学随练,巩固所学知识,提高操作技能。

本书内容分为八章:第一章是考试大纲解读,对大纲进行了梳理,便于读者快速了解考试内容;第二章是 Windows 7 系统操作专题,针对计算机系统操作考点进行提炼,使读者快速熟悉相关操作;第三章是网络操作专题,聚焦于网络漫游与电子邮件,直击网络操作考点;第四章是字处理(Word)专题,汇集了字处理的高频考点;第五章是电子表格(Excel)专题,汇集了电子表格的高频考点;第六章是演示文稿(PPT)专题,汇集了演示文稿的高频考点;第七章为基础知识专题,将计算机基础与计算机系统相关知识进行了提炼与整理。

本书配有电脑版题库软件,主要提供专项训练、题库练习、模拟考场等模块。考生可以通过该软件进一步巩固学习效果,同时提前熟悉考试流程。本书中的素材可通过扫描下面的二维码下载。

尽管经过了反复斟酌与修改,但因时间仓促,书中仍难免存在疏漏与不足之处,望广大读者提出宝贵的意见和建议,以便再次修订时更正。

编 者

素材下载

目 录

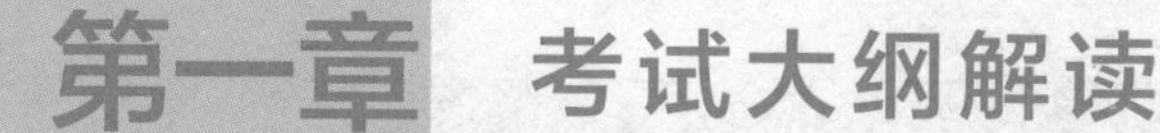

第一章 考试大纲解读

1.1 大纲基本要求

基本要求：

① 掌握算法的基本概念。

② 具有微型计算机的基础知识(包括计算机病毒的防治常识)。

③ 了解微型计算机系统的组成和各部分的功能。

④ 了解操作系统的基本功能和作用,掌握 Windows 7 的基本操作和应用。

⑤ 了解计算机网络的基本概念和因特网(Internet)的初步知识,掌握 IE 浏览器软件和 Outlook 软件的基本操作和使用。

⑥ 了解文字处理的基本知识,熟练掌握文字处理软件 Word 2016 的基本操作和应用,熟练掌握一种汉字(键盘)输入方法。

⑦ 了解电子表格软件的基本知识,掌握电子表格软件 Excel 2016 的基本操作和应用。

⑧ 了解多媒体演示软件的基本知识,掌握演示文稿制作软件 PowerPoint 2016 的基本操作和应用。

1.2 考试内容

内容	大纲要求	解读
计算机基础知识	(1)计算机的发展、类型及其应用领域。 (2)计算机中数据的表示与存储。 (3)多媒体技术的概念与应用。 (4)计算机病毒的概念、特征、分类与防治。 (5)计算机网络的概念、组成和分类;计算机与网络信息安全的概念和防控	考查方式以选择题出现,考查范围比较广泛,需考生全面了解

续表

内容	大纲要求	解读
操作系统的功能和使用	（1）计算机软、硬件系统的组成及主要技术指标。 （2）操作系统的基本概念、功能、组成及分类。 （3）Windows 7 操作系统的基本概念和常用术语，文件、文件夹、库等。 （4）Windows 7 操作系统的基本操作和应用： ① 桌面外观的设置，基本的网络配置。 ② 熟练掌握资源管理器的操作与应用。 ③ 掌握文件、磁盘、显示属性的查看、设置等操作。 ④ 中文输入法的安装、删除和选用。 ⑤ 掌握对文件、文件夹和关键字的搜索。 ⑥ 了解软、硬件的基本系统工具。 （5）了解计算机网络的基本概念和因特网的基础知识，主要包括网络硬件和软件，TCP/IP 协议的工作原理，以及网络应用中常见的概念，如域名、IP 地址、DNS 服务等。 （6）能够熟练掌握浏览器、电子邮件的使用和操作	考查题型以选择题与操作题两种形式出现，考查操作主要集中在文件夹的基本操作（创建、复制、移动、重命名、设置属性等）与上网操作（网页浏览、网页的保存、邮件的接收与回复等）上
文字处理软件的功能和使用	（1）Word 2016 的基本概念，Word 2016 的基本功能、运行环境、启动和退出。 （2）文档的创建、打开、输入、保存、关闭等基本操作。 （3）文本的选定、插入与删除、复制与移动、查找与替换等基本编辑技术；多窗口和多文档的编辑。 （4）字体格式设置、文本效果修饰、段落格式设置、文档页面设置、文档背景设置和文档分栏等基本排版技术。 （5）表格的创建、修改；表格的修饰；表格中数据的输入与编辑；数据的排序和计算。 （6）图形和图片的插入；图形的建立和编辑；文本框、艺术字的使用和编辑。 （7）文档的保护和打印	考查题型为操作题，考查操作主要集中在文字排版、文档内容格式设置、插入内容（图形、图片、表格）的格式设置修改等内容上

续表

内容	大纲要求	解读
电子表格软件的功能和使用	(1)电子表格的基本概念和基本功能,Excel 2016 的基本功能、运行环境、启动和退出。 (2)工作簿和工作表的基本概念和基本操作,工作簿和工作表的建立、保存和退出;数据输入和编辑;工作表和单元格的选定、插入、删除、复制、移动;工作表的重命名和工作表窗口的拆分和冻结。 (3)工作表的格式化,包括设置单元格格式、设置列宽和行高、设置条件格式、使用样式、自动套用模式和使用模板等。 (4)单元格绝对地址和相对地址的概念,工作表中公式的输入和复制,常用函数的使用。 (5)图表的建立、编辑、修改和修饰。 (6)数据清单的概念,数据清单的建立,数据清单内容的排序、筛选、分类汇总,数据合并,数据透视表的建立。 (7)工作表的页面设置、打印预览和打印,工作表中链接的建立。 (8)保护和隐藏工作簿和工作表	考查题型为操作题,考查操作主要集中在工作表与工作簿的相关设置、图表的创建与格式修改、数据透视表的建立、公式与函数的使用等上,其中函数的应用具有一定的难度
PowerPoint 的功能和使用	(1)PowerPoint 2016 的基本功能、运行环境、启动和退出。 (2)演示文稿的创建、打开、关闭和保存。 (3)演示文稿视图的使用,幻灯片的基本操作(编辑版式、插入、移动、复制和删除)。 (4)幻灯片的基本制作方法(文本、图片、艺术字、形状、表格等插入及格式化)。 (5)演示文稿主题选用与幻灯片背景设置。 (6)演示文稿放映设计(动画设计、放映方式设计、切换效果设计)。 (7)演示文稿的打包和打印	考查题型为操作题,考查操作主要集中在幻灯片的创建、幻灯片内容的设置、插入内容(艺术字、图片等)的设置、幻灯片切换效果等内容上

1.3 考试方式

上机考试,考试时长 90 分钟,满分 100 分。

(1) 题型及分值

单项选择题(计算机基础知识和网络的基本知识) 20 分

Windows 7 操作系统的使用 10 分

Word 2016 操作 25 分

Excel 2016 操作 20 分

PowerPoint 2016 操作 15 分

浏览器(IE)的简单使用和电子邮件收发 10 分

(2) 考试环境

操作系统:Windows 7。

考试环境:Microsoft Office 2016。

第二章 Windows 7 系统操作专题

2.1 文件与文件夹的基本操作

考查概率：★★★★★

难度系数：★★☆☆☆

高频考点：文件夹与文件的建立、文件夹与文件重命名、文件的复制与粘贴、搜索

2.1.1 文件与文件夹的基本操作简介

计算机中的文件是存储在计算机上的信息集合。文件可以是文本文档、图片、程序等。

2.1.2 高频考点

（1）文件夹与文件的建立

在资源管理器窗口文件列表的空白处单击右键→在弹出的快捷菜单中选择“新建”按钮（标号 1）→在展开的子菜单中，选择“文件夹”按钮（标号 2），如图 2.1 所示→在新建的文件夹中，直接输入文件夹名即可（标号 3），如图 2.2 所示。

（2）文件夹与文件重命名

在资源管理器窗口文件列表中，选中文件夹或文件，单击右键→在弹出的快捷菜单中选择“重命名”选项（标号 1），如图 2.3 所示→此时文件夹或文件名成为编辑状态，删除原文件夹名，输入新文件夹名即可（标号 2），如图 2.4 所示。

（3）文件的复制与粘贴

选定要复制的源文件 / 文件夹，这里选择文件夹“文件夹 1”，单击右键→在

弹出的快捷菜单中选择“复制”选项(标号 1),如图 2.5 所示→进入目标文件夹或目标地址,右键单击空白处,在弹出的快捷菜单中选择“粘贴”选项(标号 2),如图 2.6 所示。

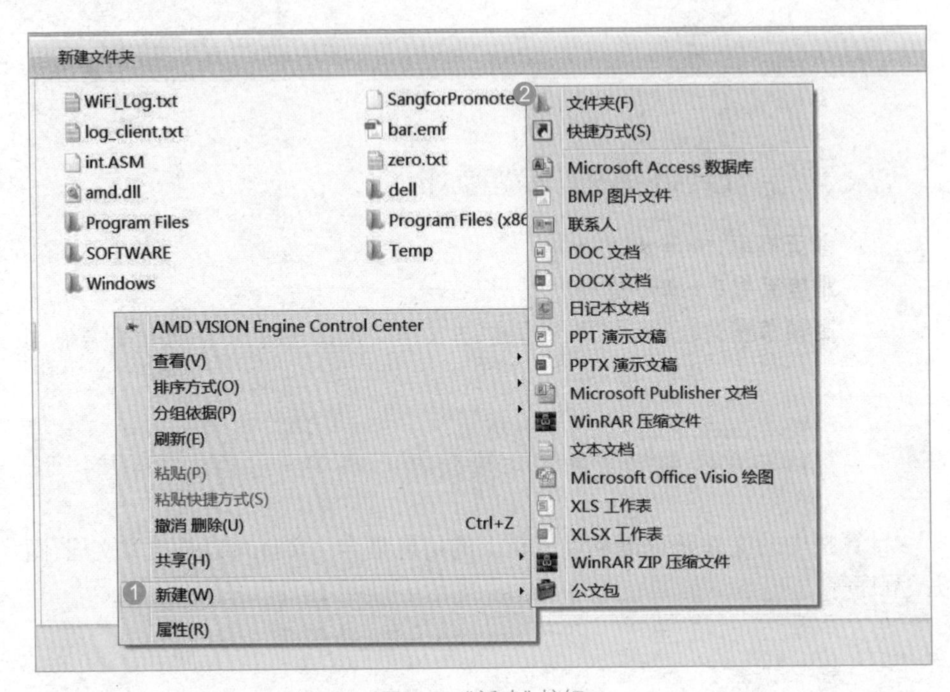

图 2.1 “新建”按钮

图 2.2 新建文件夹

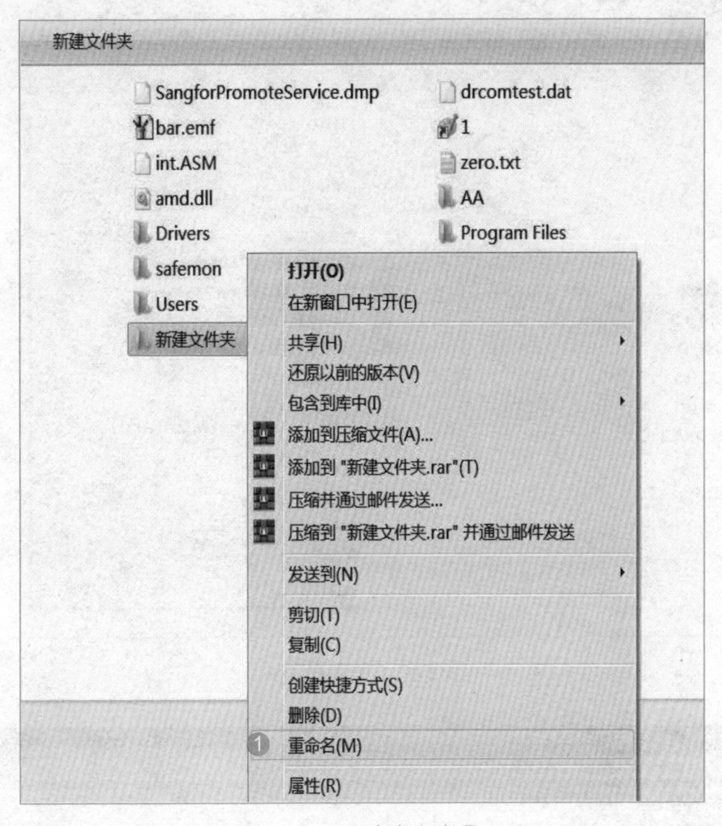

图 2.3 “重命名”选项

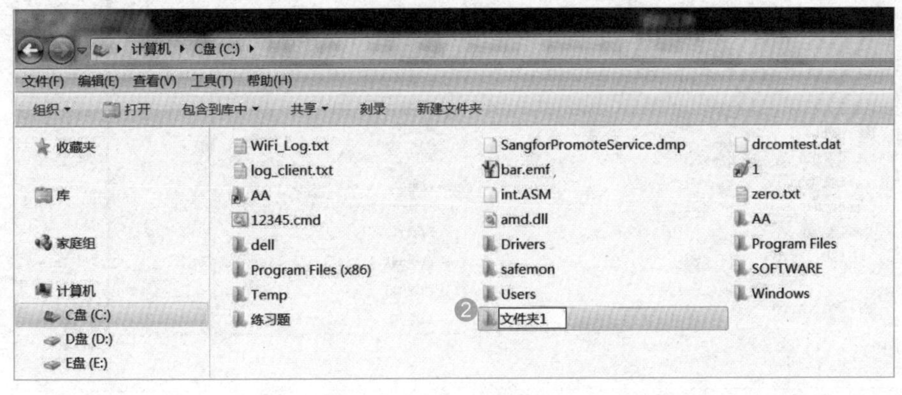

图 2.4 文件夹重命名

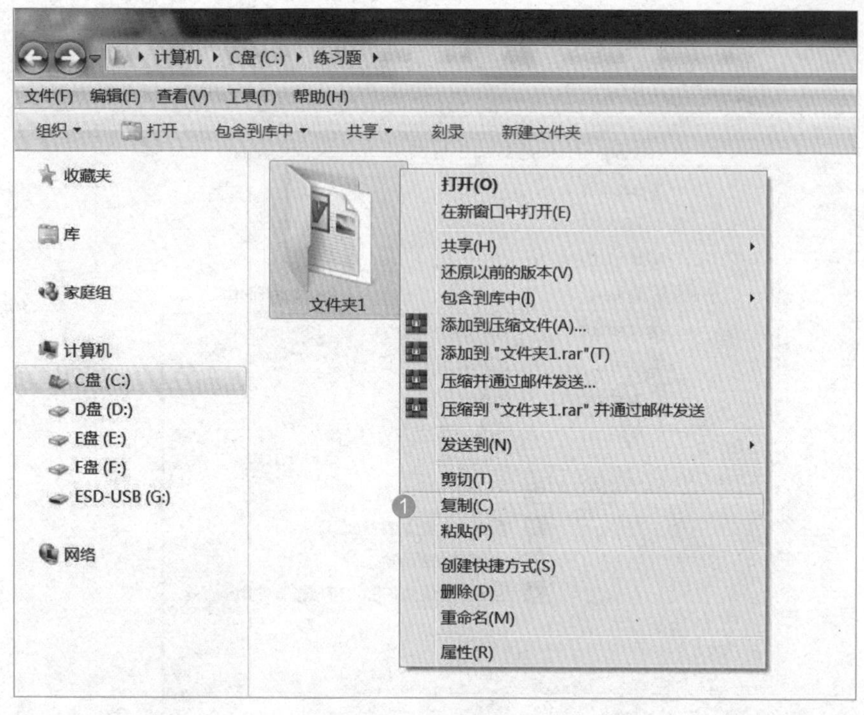

图 2.5 “复制”选项

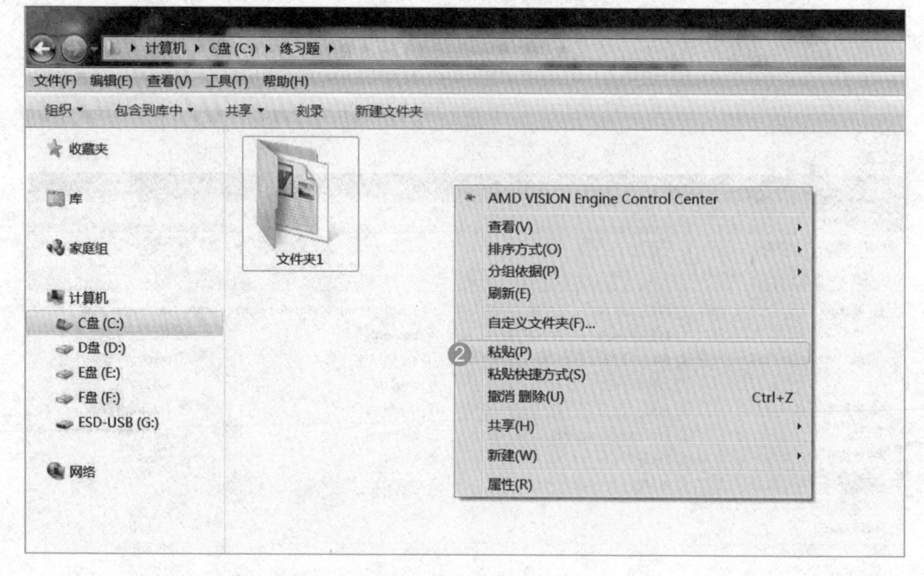

图 2.6 “粘贴”选项

(4) 搜索

在资源管理器窗口右上角的搜索框中，输入要搜索的文件或文件夹名称，这里选择输入文件“sesvc_1916”，点击搜索（标号 1）→搜索完毕后会出现搜索结果列表（标号 2），如图 2.7 所示。

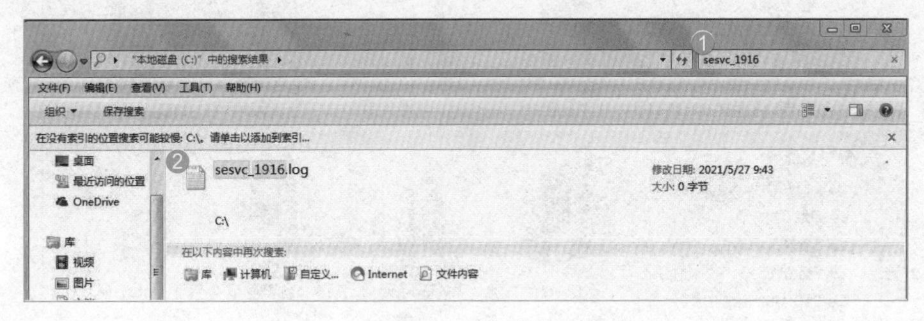

图 2.7 搜索文件

2.1.3 实战演练

习题：

请在“C:\练习题”文件夹下，新建“文件夹 1”和“文件夹 2”两个文件夹，并将“文件夹 1”复制粘贴到“文件夹 2”里。

2.1.3 习题讲解

解析：

① 双击桌面上的“计算机”图标，在打开的窗口中双击 C 盘（标号 1），如图 2.8 所示→在打开的窗口中双击“练习题”文件夹（标号 2），如图 2.9 所示。

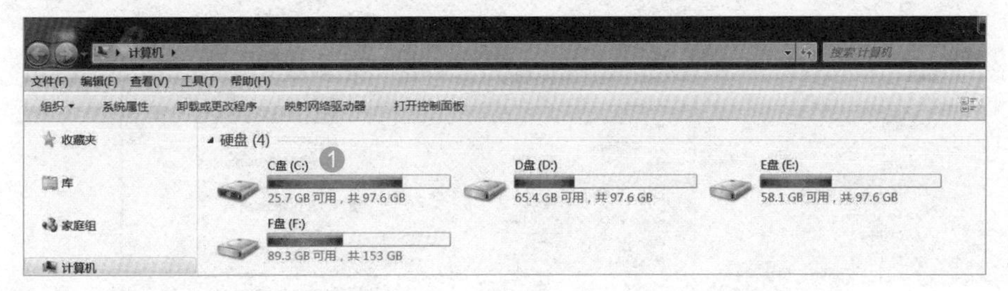

图 2.8 双击“C 盘”

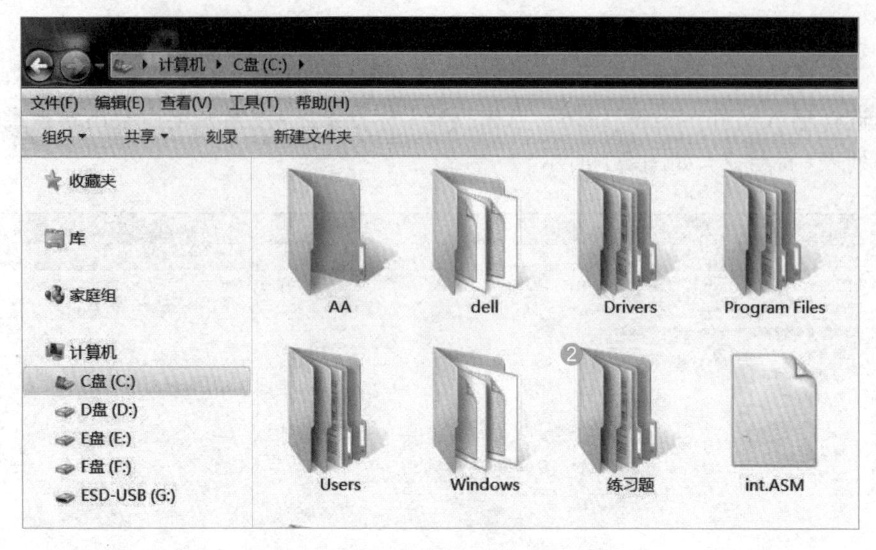

图 2.9 双击“练习题”文件夹

② 在“练习题”文件夹的空白处单击右键→在弹出的快捷菜单中选择“新建”选项(标号 1)→在展开的子菜单中,选择“文件夹”选项(标号 2),如图 2.10 所示→在新建的文件夹中,直接输入文件夹名即可,如图 2.11 所示。

③ 选定文件夹“文件夹 1”(标号 1),单击右键→在弹出的快捷菜单中选择“复制”选项(标号 2)→双击文件夹“文件夹 2”(标号 3),如图 2.12 所示→在打开的窗口中右键单击空白处,在弹出的快捷菜单中选择“粘贴”选项(标号 4),如图 2.13 所示,最终结果如图 2.14 所示。

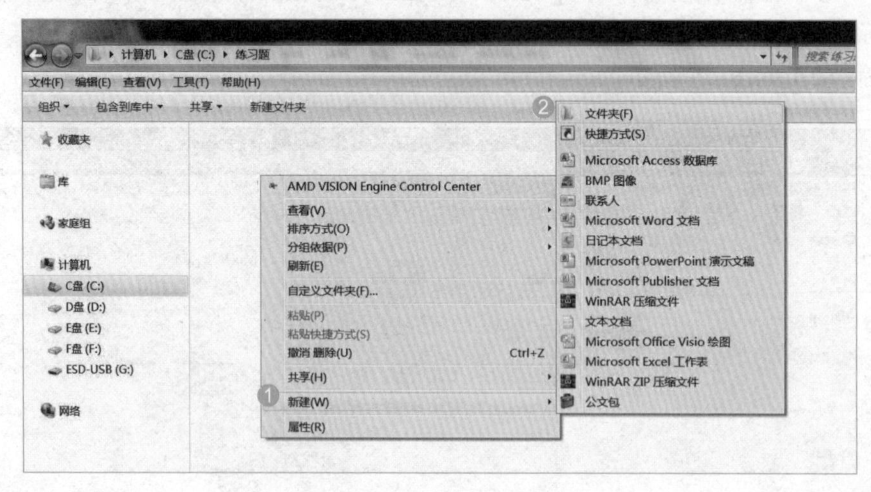

图 2.10 新建文件夹

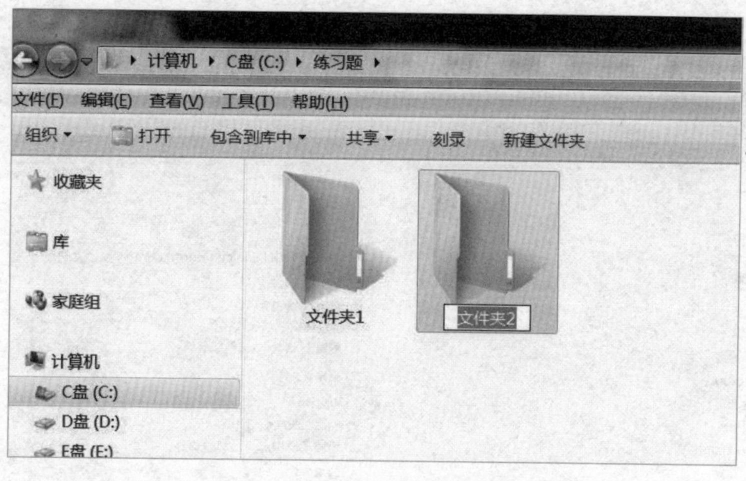

图 2.11 新建文件夹并重命名

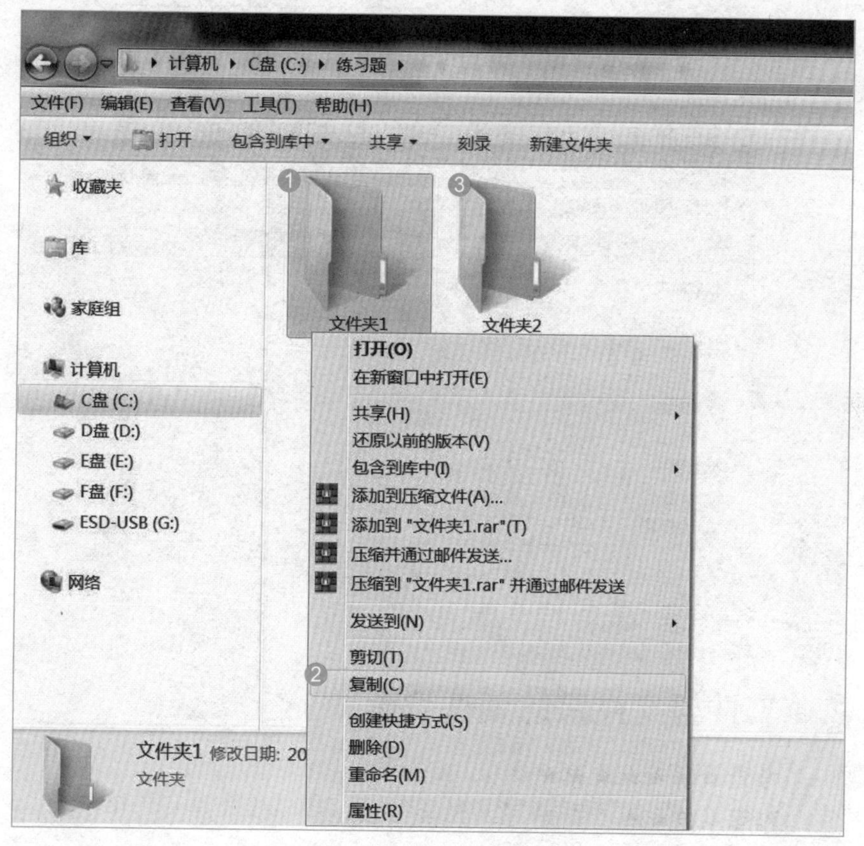

图 2.12 复制“文件夹 1”

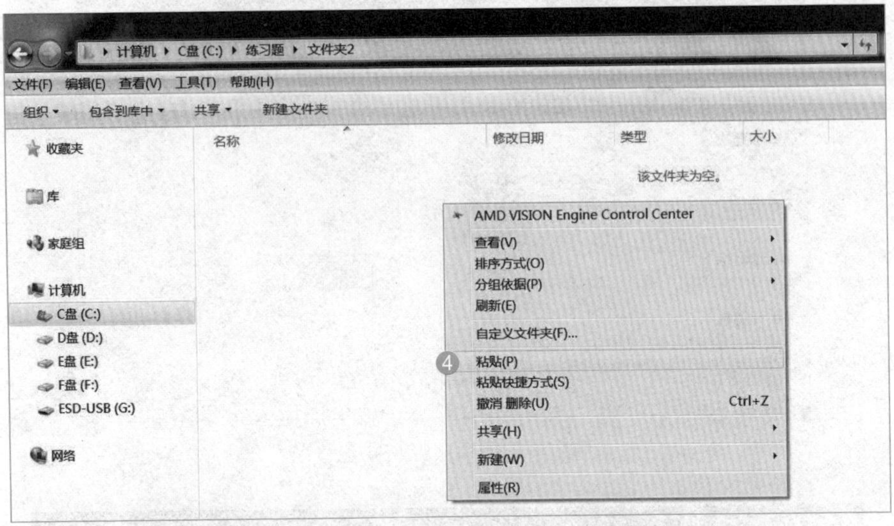

图 2.13　粘贴“文件夹 1”

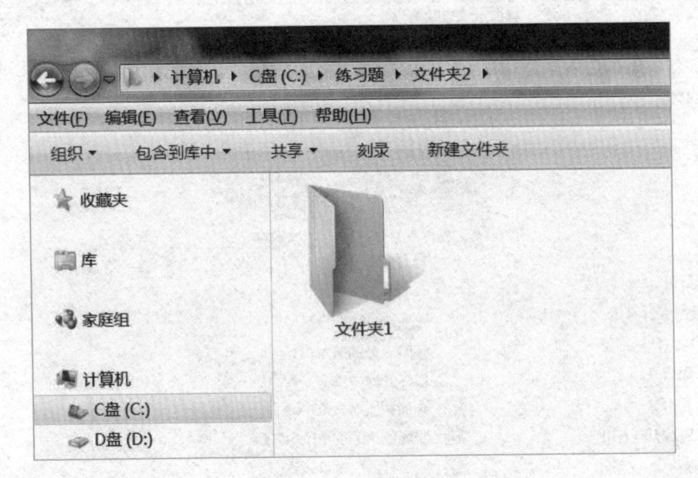

图 2.14　最终结果

2.2 文件与文件夹的属性设置

考查概率★★★★★

难度系数★★☆☆☆

高频考点：文件的属性设置、文件夹的属性设置

2.2.1 文件与文件夹的属性设置简介

属性是一些描述性的信息，可用来帮助查找和整理文件。文件属性是指将文件分为不同类型的文件，以便存放和传输。对文件和文件夹的属性设置包括对文件和文件夹添加只读、隐藏属性、添加文件或文件夹的存档属性等。

2.2.2 高频考点

（1）文件的属性设置

在资源管理器窗口的文件列表中选中文件（标号 1），单击右键→在弹出的快捷菜单中选择“属性”选项（标号 2），如图 2.15 所示→弹出文件的属性对话框，在“常规”选项卡“属性”选项组中可勾选“只读”或“隐藏”复选框，即为该文件添加只读、隐藏属性，如图 2.16 所示。

在图 2.16 中，单击“高级”按钮（标号 1）→在弹出的“高级属性”对话框“文件属性”选项组中勾选“可以存档文件”复选框（标号 2），添加文件的存档属性→点击“确定”按钮保存设置（标号 3），如图 2.17 所示。

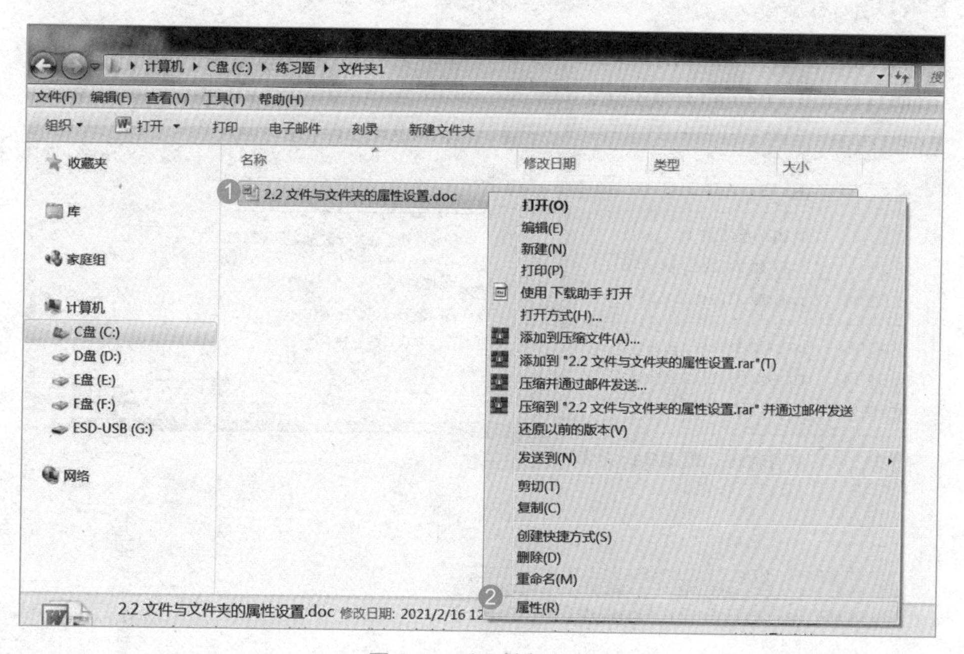

图 2.15 “属性”选项

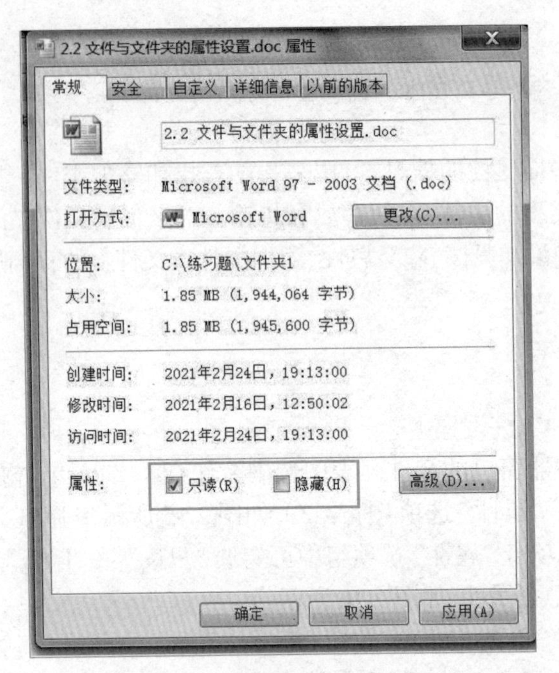

图 2.16 属性对话框

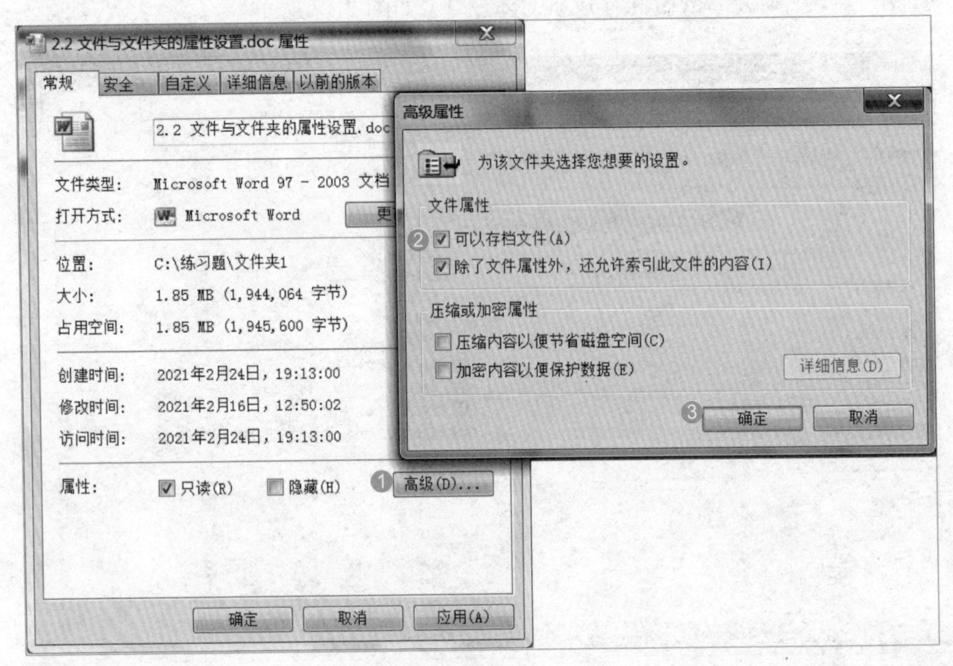

图 2.17 “高级属性”对话框

（2）文件夹的属性设置

在资源管理器窗口的文件列表中选中文件夹（标号 1），单击右键→在弹出的快捷菜单中选择“属性”选项（标号 2），如图 2.18 所示→弹出文件夹的属性对话框，在“常规”选项卡“属性”选项组中可勾选“只读（仅应用于文件夹中的文件）”或“隐藏”复选框（标号 3），即为该文件夹添加只读、隐藏属性，如图 2.19 所示。

在图 2.19 中，单击“高级”按钮（标号 1）→在弹出的“高级属性”对话框的“存档和索引属性”选项组中勾选“可以存档文件夹”复选框（标号 2），添加文件夹的存档属性→点击“确定”按钮保存设置（标号 3），如图 2.20 所示。

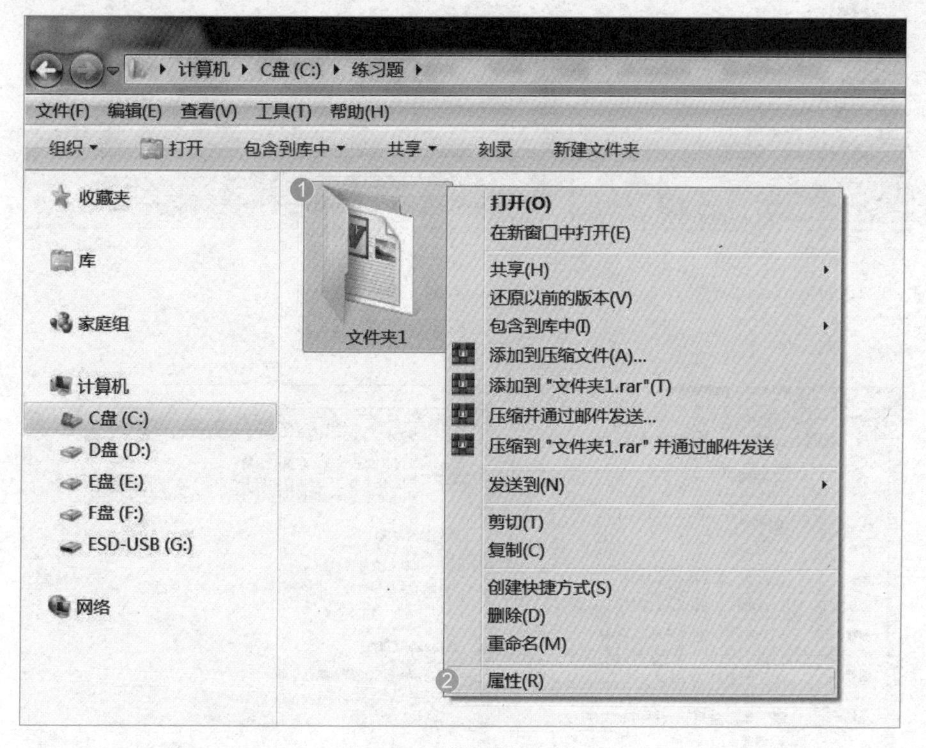

图 2.18 “属性”选项

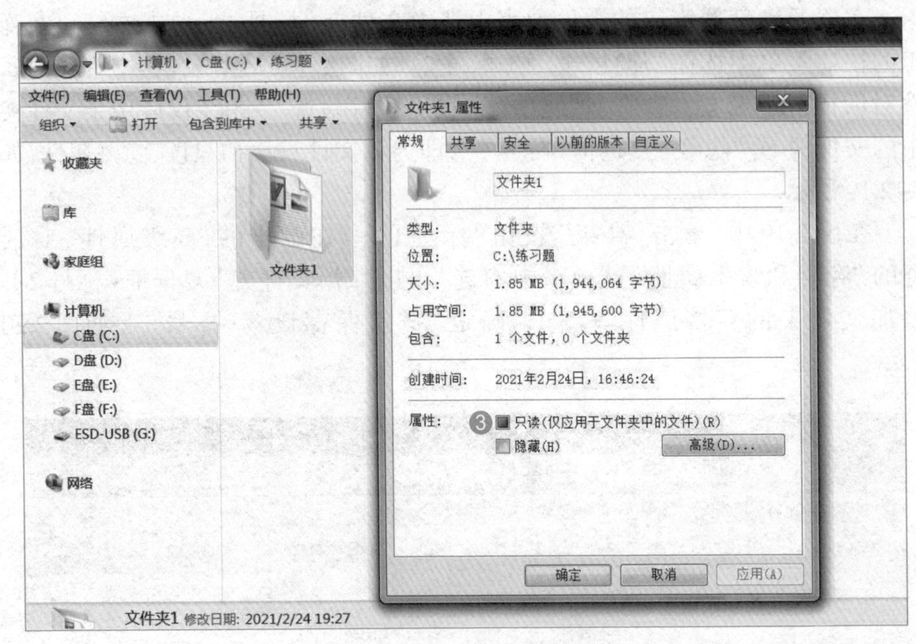

图 2.19 文件夹的属性对话框

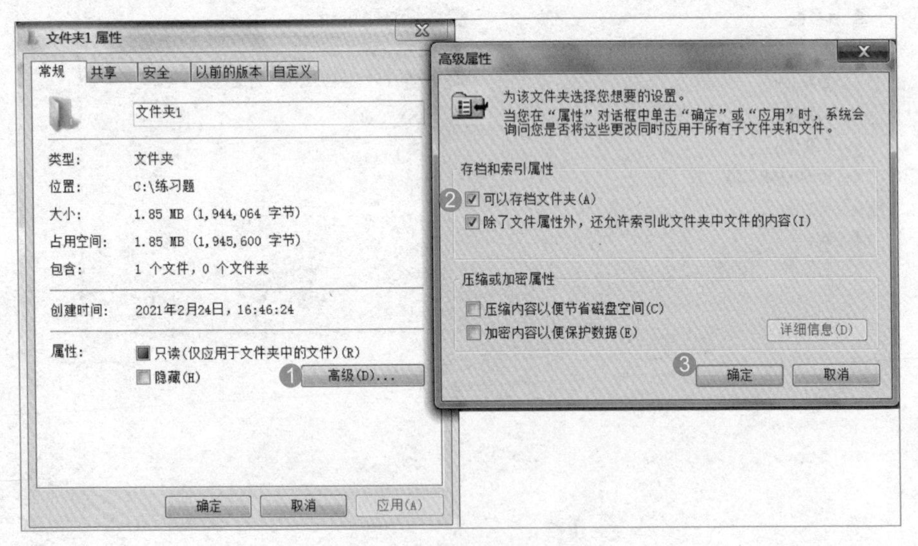

图 2.20 “高级属性”对话框

2.2.3 实战演练

习题：

请给路径“C:\练习题”下的“文件夹1”文件夹设置“只读”属性。

2.2.3
习题讲解

解析：

① 双击桌面上的“计算机”图标，在打开的窗口中双击C盘（标号1），如图2.21所示→在进一步展开的窗口中双击“练习题”文件夹（标号2），如图2.22所示。

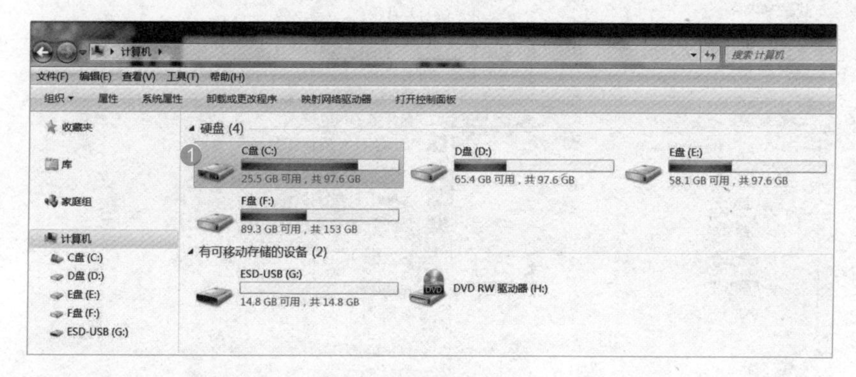

图2.21 双击“C盘”

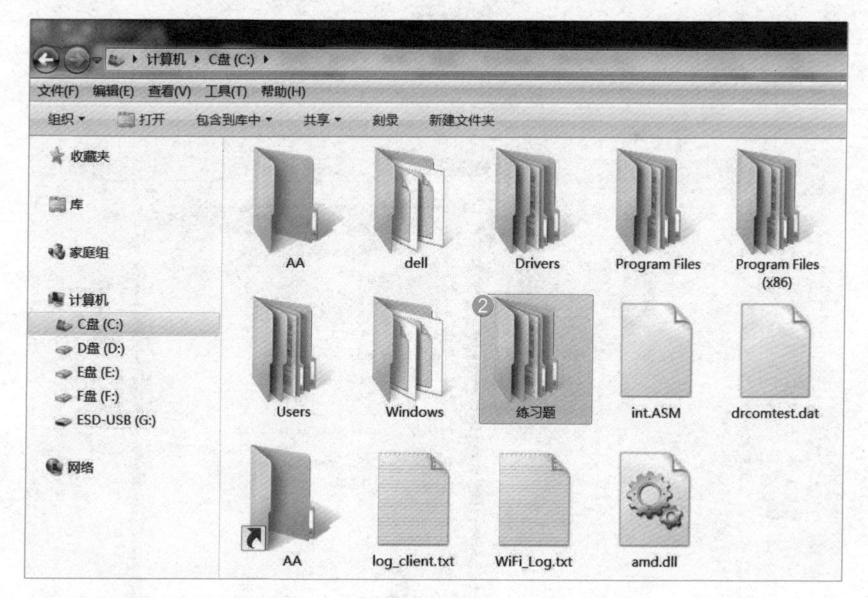

图2.22 双击“练习题”文件夹

② 选中“练习题”文件夹里的“文件夹 1”文件夹(标号 1),单击右键→在弹出的快捷菜单中选择“属性”选项(标号 2),如图 2.23 所示→弹出文件夹的属性对话框,在其“常规”选项卡的“属性”选项组中选择“只读(仅应用于文件夹中的文件)”复选框(标号 3)→点击“确定”按钮保存设置(标号 4),如图 2.24 所示。

图 2.23 “属性”选项

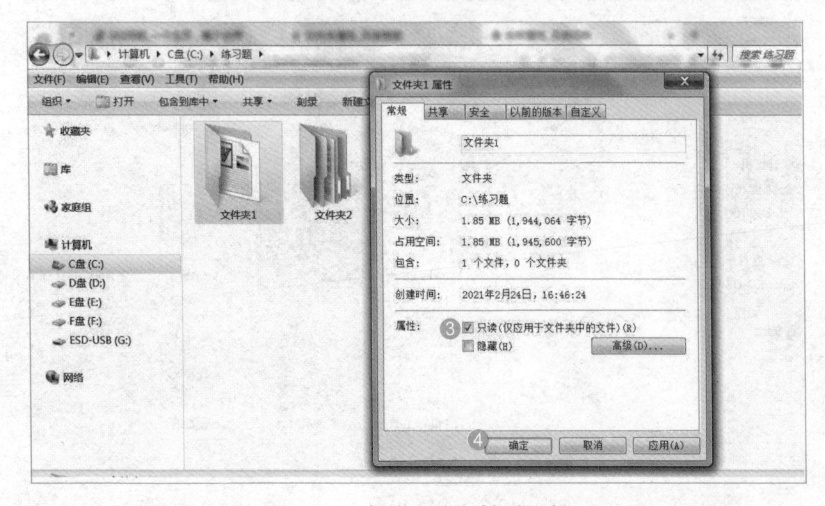

图 2.24 文件夹的属性对话框

2.3 创建快捷方式

考查概率★★★☆☆

难度系数★★☆☆☆

高频考点:快捷方式的创建

2.3.1 创建快捷方式简介

快捷方式是一种快速启动程序、打开文件或文件夹的方法。它是应用程序的快速链接。新建的快捷方式就是一个文件,可以和其他文件一样进行移动、复制、重命名、删除等操作。

2.3.2 高频考点

快捷方式的创建

在资源管理器窗口的文件列表中,选中想要创建快捷方式的文件或文件夹“练习题”(标号 1),单击右键→在弹出的快捷菜单中选择“创建快捷方式”选项(标号 2),如图 2.25 所示→此时会在同一个文件夹下生成一个“练习题”快捷方式文件,如图 2.26 所示。

2.3.3 实战演练

习题:

请给路径“C:\”下的“AA”文件夹创建快捷方式。

2.3.3
习题讲解

解析:

① 双击桌面上的“计算机”图标,在打开的窗口中双击“C盘”,如图 2.27 所示。

② 在打开的窗口中,选中 C 盘里的“AA”文件夹(标号 1),单击右键→在弹出的快捷菜单中选择“创建快捷方式”选项(标号 2),如图 2.28 所示→此时会在同一个文件夹下,生成一个“AA”快捷方式文件,如图 2.29 所示。

图 2.25 “创建快捷方式”选项

图 2.26 新建的快捷方式

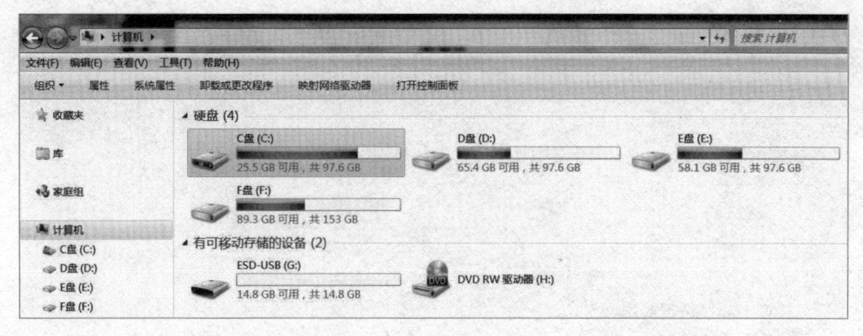

图 2.27 双击“C 盘”

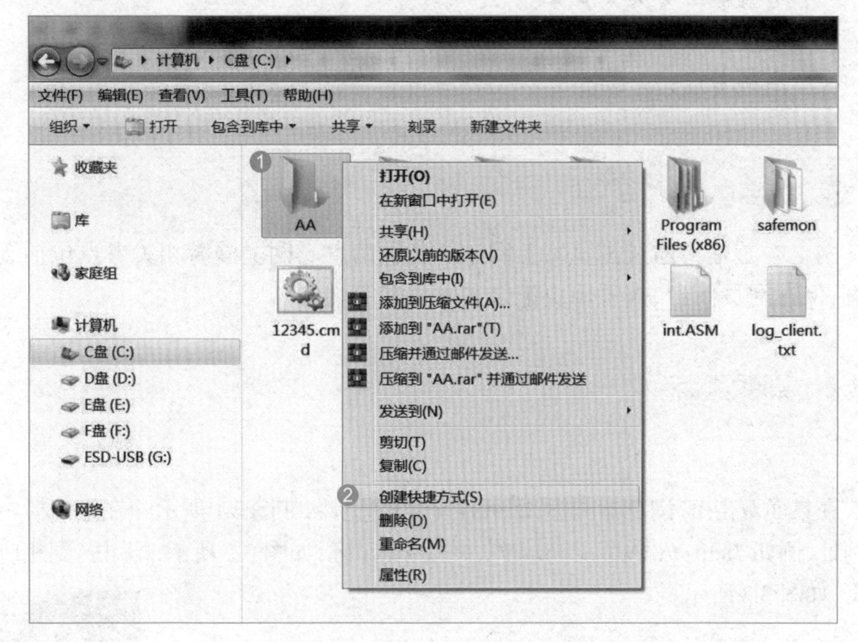

图 2.28 “创建快捷方式”选项

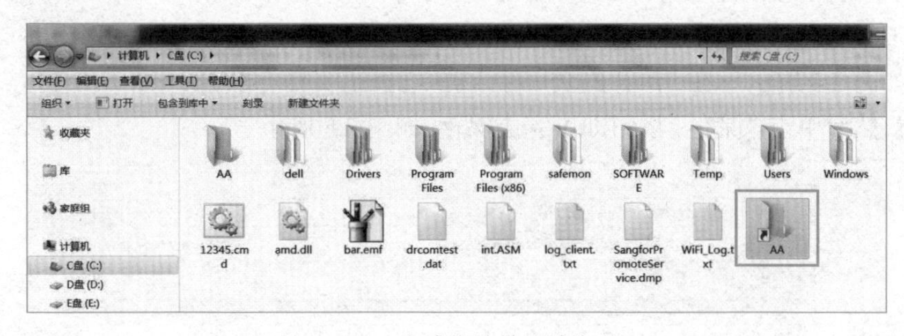

图 2.29 生成的快捷方式文件

第三章 网络操作专题

3.1 网上漫游

考查概率★★★★★

难度系数★★☆☆☆

高频考点：浏览网页、保存网页内容、历史记录和收藏夹

3.1.1 网上漫游简介

网上漫游是指通过浏览器上网浏览各种信息。网上漫游相关考点包括浏览网页、保存网页信息、查看历史记录和收藏夹等内容。

3.1.2 高频考点

（1）浏览网页

在桌面双击 IE 浏览器图标，即可打开 IE 浏览器，如图 3.1 所示→在地址栏中输入网址，例如"http://www.moe.gov.cn/"，并按 Enter 键，如图 3.2 所示，即可转到相应的网页，如图 3.3 所示。

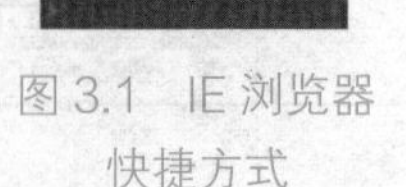

图 3.1　IE 浏览器快捷方式

（2）保存网页内容

单击浏览器右上角"工具"按钮（标号 1）→单击下拉菜单中的"文件"选项（标号 2）→单击"另存为"选项（标号 3），如图 3.4 所示→在"保存网页"对话框中，指定文件存放的位置，然后单击"保存"按钮即可完成保存，如图 3.5 所示。

图 3.2　输入网址

图 3.3　显示网站主页

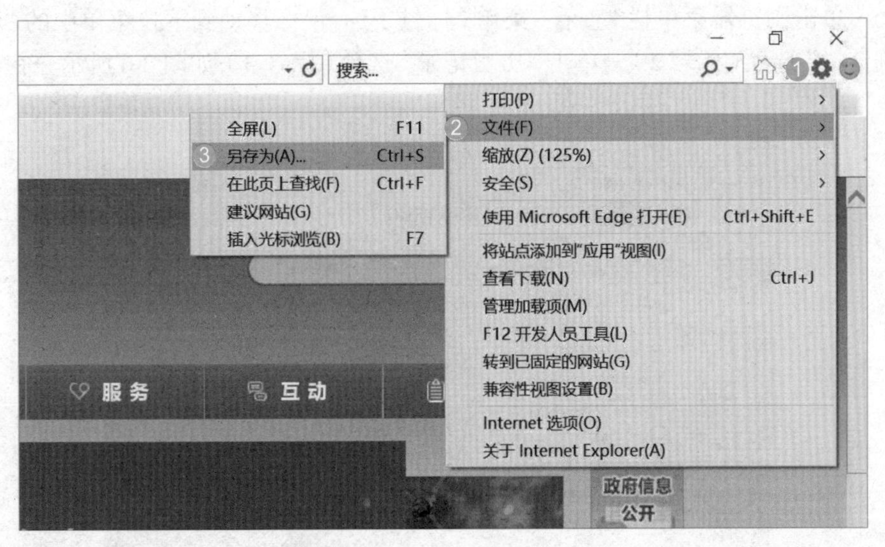

图 3.4　保存当前网页

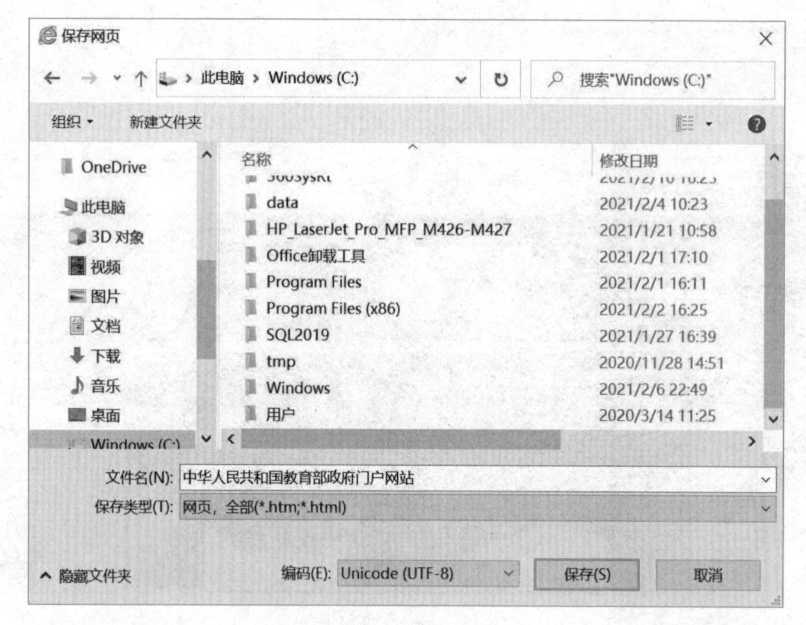

图 3.5 “保存网页”对话框

（3）历史记录和收藏夹

单击浏览器菜单栏“查看”菜单（标号 1）→鼠标移动到下拉菜单中的“浏览器栏”选项（标号 2）→单击“历史记录”选项（标号 3），如图 3.6 所示→在浏

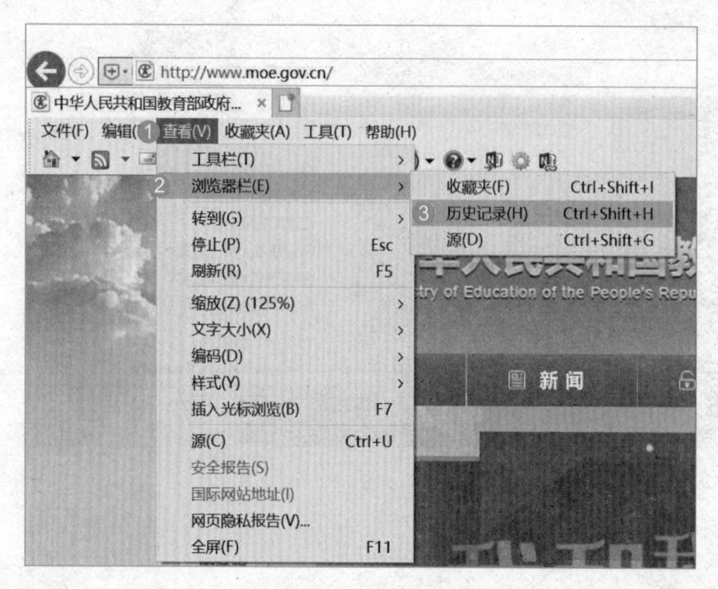

图 3.6 “历史记录”选项

览器左侧,弹出“历史记录”栏,选择要查看的日期,即可查看当日历史记录,如图 3.7 所示。

单击浏览器右上角“查看收藏夹、源和历史记录”按钮(标号 1)→在弹出的栏目中,单击“收藏夹”选项卡(标号 2),即可查看收藏夹栏的网页,如图 3.8 所示。

图 3.7 查看历史记录

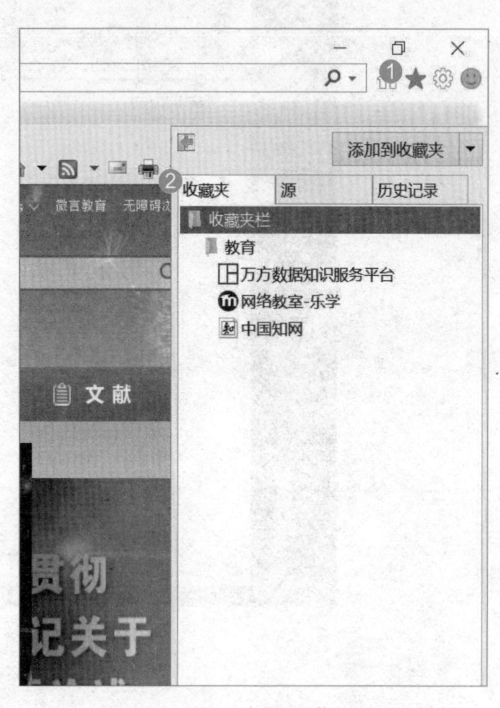

图 3.8 查看收藏夹

单击浏览器右上角“查看收藏夹、源和历史记录”按钮(标号 1)→单击“添加到收藏夹”右侧的下拉箭头(标号 2)→在弹出的菜单中选择“导入和导出”选项(标号 3),如图 3.9 所示。

在弹出的“导入 / 导出设置”窗口中,按照提示选择“导出到文件”,单击“下一步”,如图 3.10 所示→选择“收藏夹”,单击“下一步”,如图 3.11 所示→选择要导出的“收藏夹”,单击“下一步”,如图 3.12 所示→键入文件路径,单击“导出”按钮即可导出收藏夹,如图 3.13 所示。

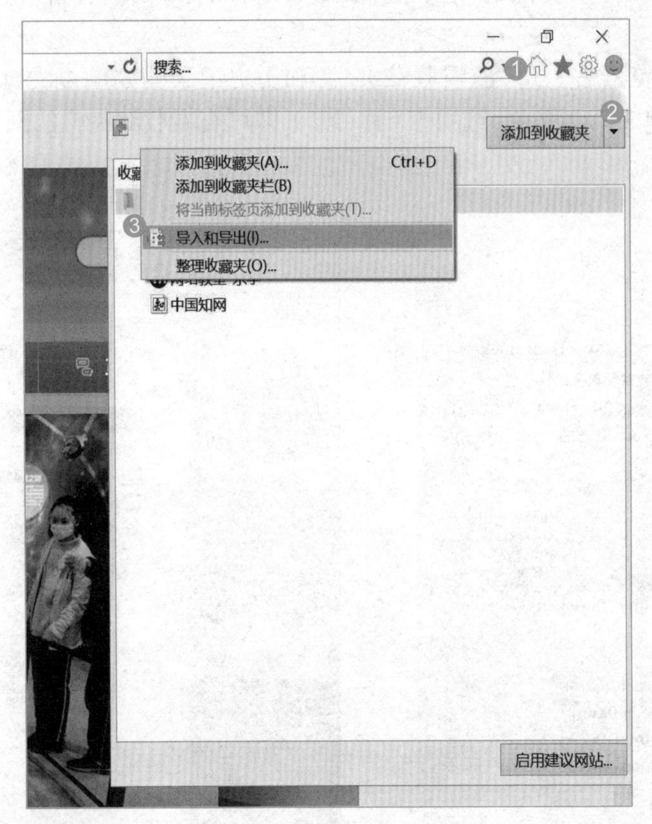

图 3.9 “导入和导出”选项

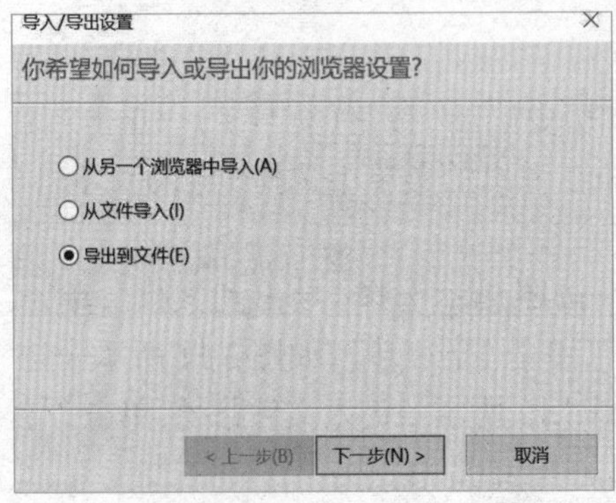

图 3.10 导出到文件

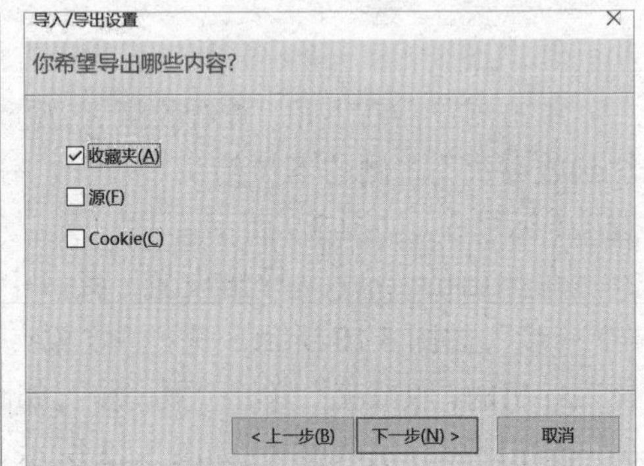

图 3.11 导出收藏夹

图 3.12 选择要导出的收藏夹

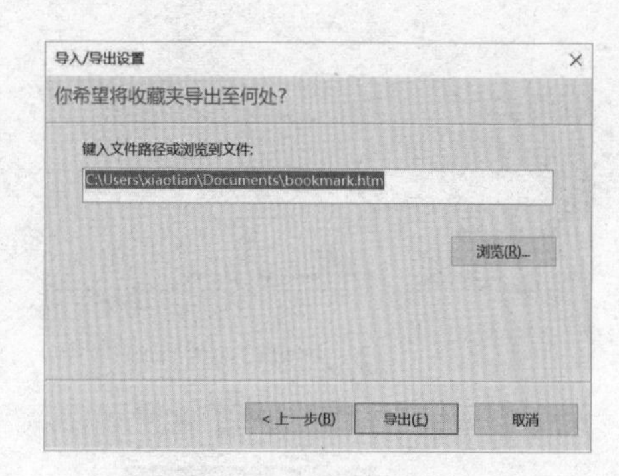

图 3.13 键入文件路径

3.1.3 实战演练

习题:

请在 IE 浏览器中浏览网址为 "https://www.chsi.com.cn/" 的网页,并查看历史记录。

解析:

3.1.3
习题讲解

① 在桌面双击 IE 浏览器图标,即可打开 IE 浏览器,如图 3.1 所示→在地址栏中输入 "https://www.chsi.com.cn/",并按 Enter 键,如图 3.14 所示→显示 "中国高等教育学生信息网" 网站主页,如图 3.15 所示。

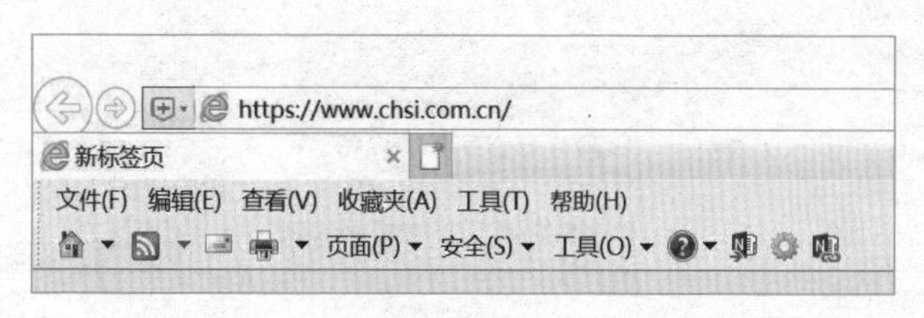

图 3.14 输入网址

② 单击浏览器菜单栏 "查看"(标号 1)→在下拉菜单中选择 "浏览器栏"(标号 2)→单击 "历史记录" 选项(标号 3),如图 3.16 所示→在浏览器左侧,弹出 "历史记录" 栏,选择要查看的日期,即可查看当日历史记录,如图 3.17 所示。

图 3.15　中国高等教育学生信息网

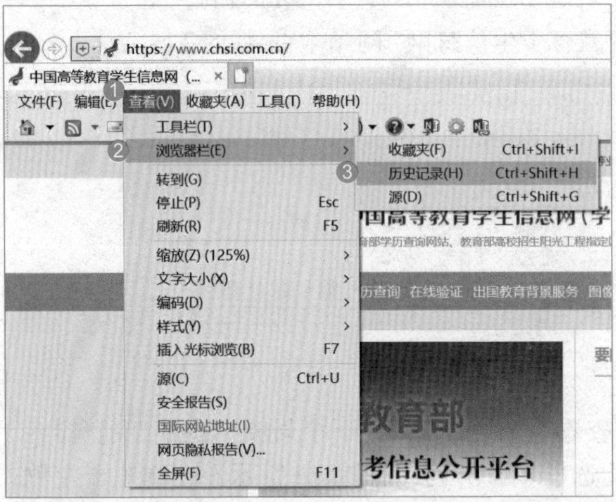

图 3.16　历史记录选项

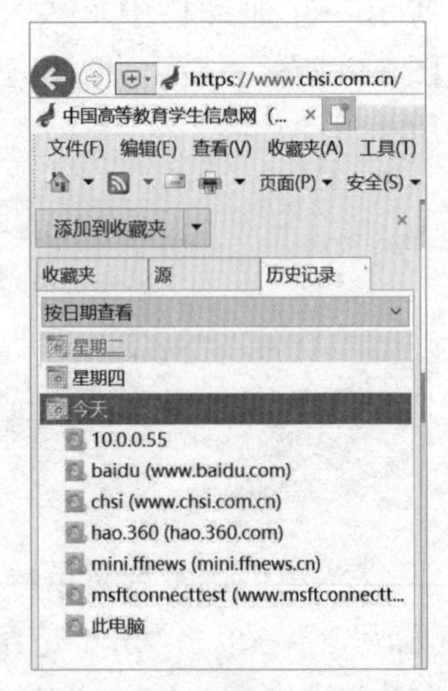

图 3.17　查看历史记录

3.2 使用电子邮件

考查概率★★★★★

难度系数★★★☆☆

高频考点：Outlook 创建邮件、邮件中插入附件、接收邮件并回复

3.2.1 使用电子邮件的基本操作简介

电子邮件是一种用电子手段提供信息交换的通信方式。电子邮件可以发送/接收文字、图像、声音等多种形式的内容。

3.2.2 高频考点

（1）Outlook 创建邮件

鼠标双击 Outlook 2016 软件图标，如是首次打开 Outlook 2016，需对账户进行设置，按照提示选择“下一步”（标号 1），如图 3.18 所示→“是否将 Outlook

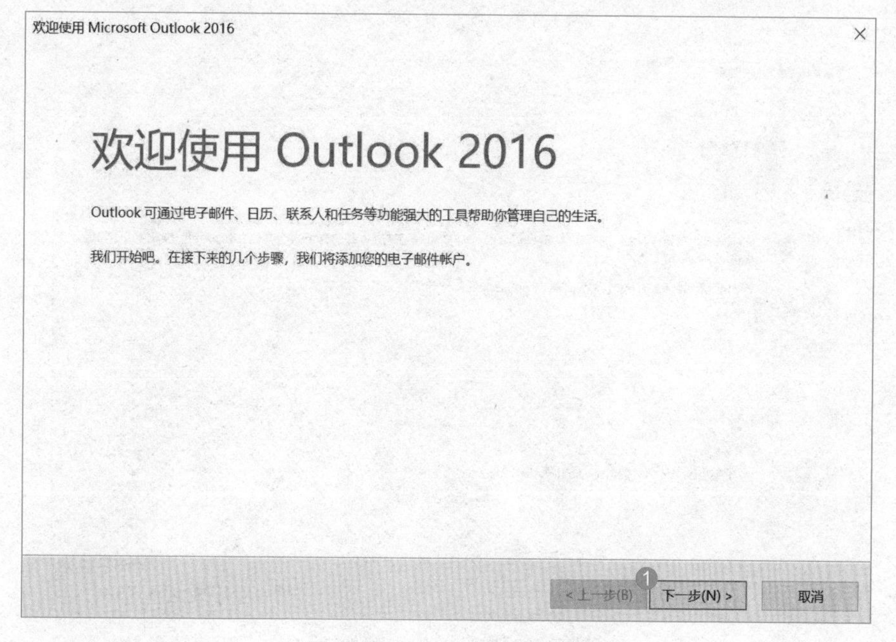

图 3.18 Outlook 欢迎界面

设置为连接到某个电子邮件账户？”选择“否”（标号 2），单击“下一步”（标号 3），如图 3.19 所示→勾选“在没有电子邮件账户的情况下使用 Outlook”复选框（标号 4），单击“完成”按钮（标号 5），如图 3.20 所示。

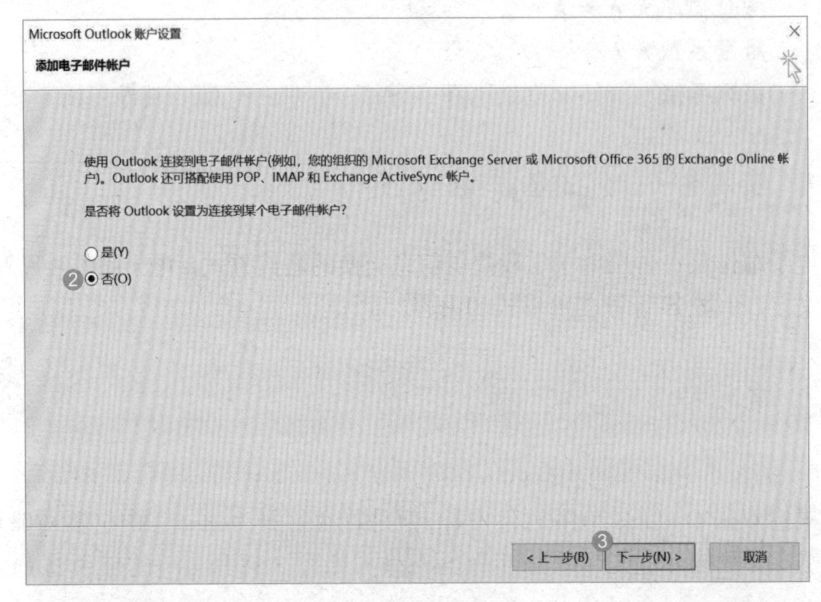

图 3.19　添加电子邮件账户

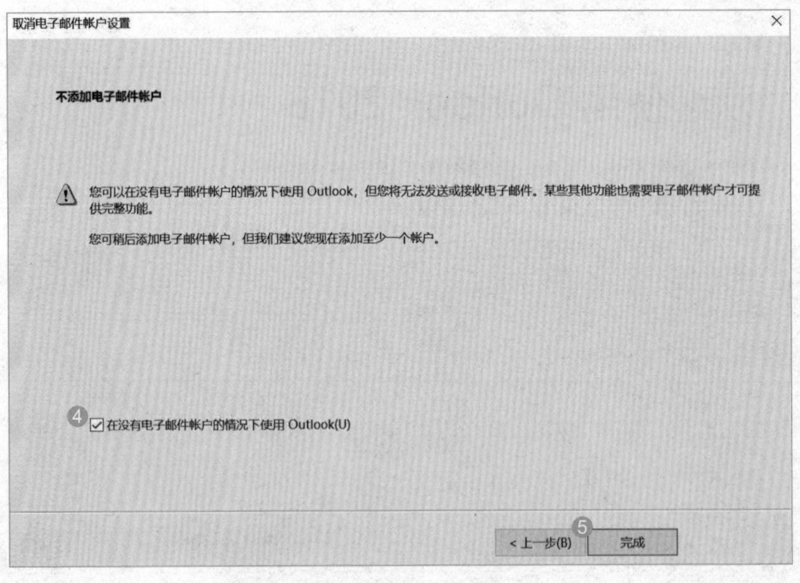

图 3.20　取消电子邮件账户设置

用鼠标双击 Outlook 2016 图标，打开软件→单击“文件”选项卡（标号 1），如图 3.21 所示→在“信息”选项卡中选择“添加账户”（标号 2），如图 3.22 所示→在“添加账户”窗口中，选择“电子邮件账户”（标号 3），并输入姓名、电子邮件地址和密码，如图 3.23 所示→单击“下一步”按钮（标号 4），即完成添加账户的操作。

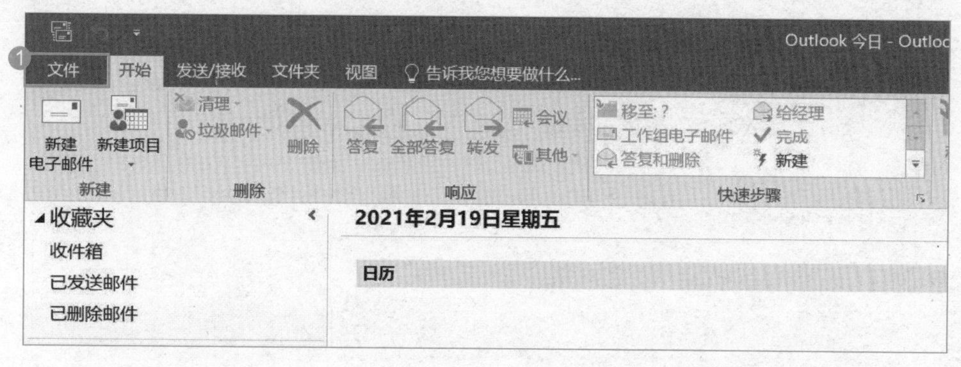

图 3.21 “文件”选项卡

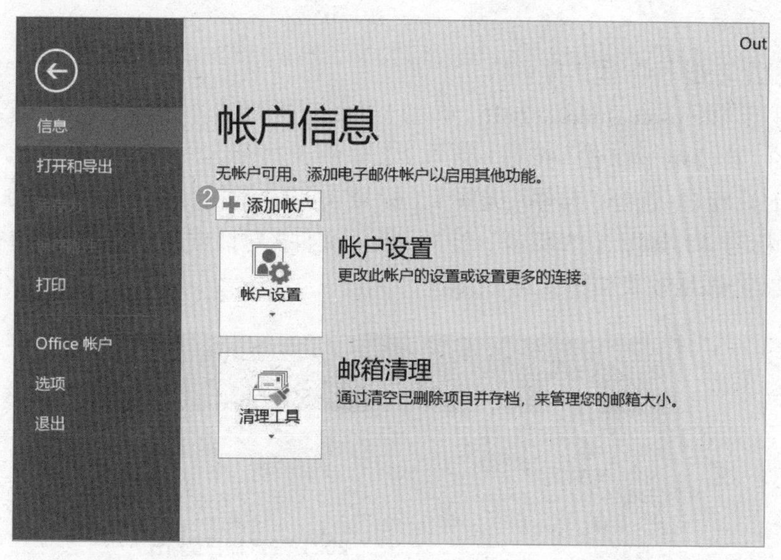

图 3.22 添加账户

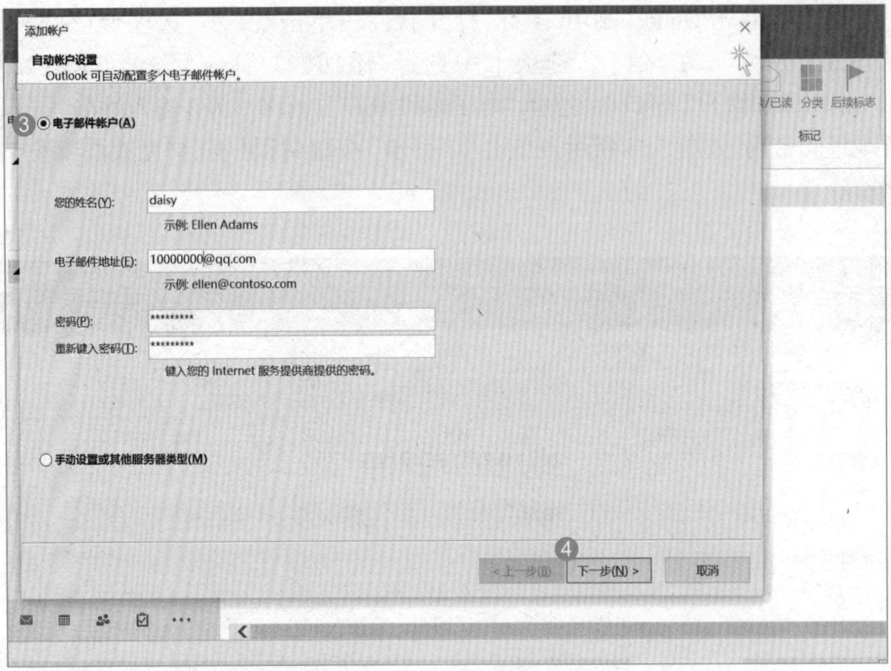

图 3.23 账户设置

（2）在邮件中插入附件

打开 Microsoft Outlook 2016，单击“开始”选项卡（标号 1）中“新建”选项组的“新建电子邮件”按钮（标号 2），如图 3.24 所示→弹出“未命名 – 邮件（HTML）”窗口，选择“邮件”选项卡（标号 3）中“添加”选项组的“附加文件”按钮（标号 4），如图 3.25 所示→打开“插入文件”对话框，在对话框中选择要插入的文件，添加效果如图 3.26 所示。

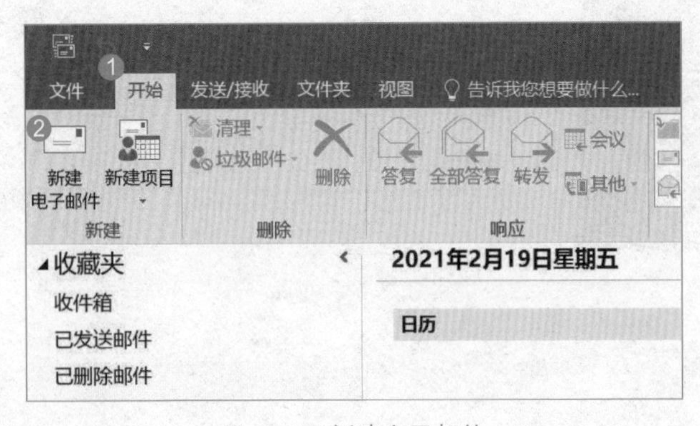

图 3.24 新建电子邮件

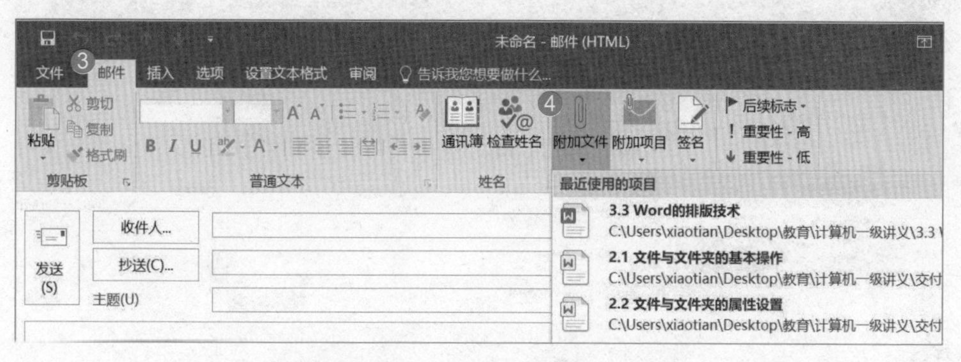

图 3.25 附加文件

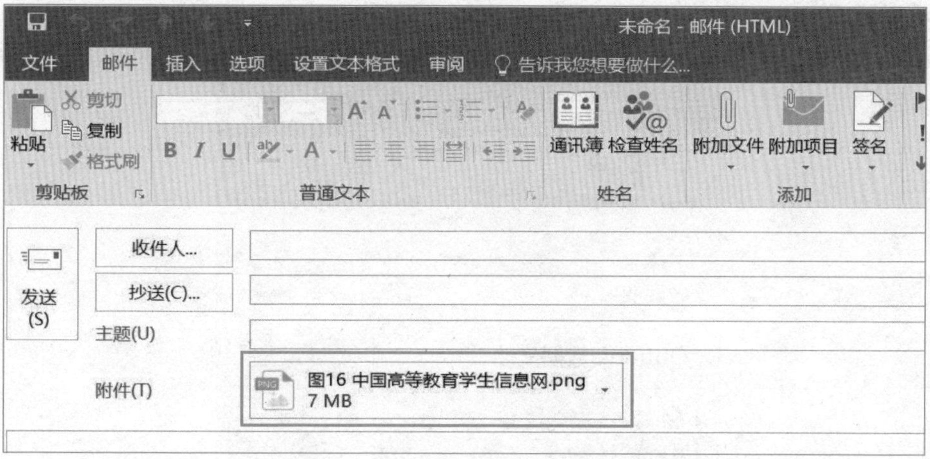

图 3.26 插入附件

（3）接收邮件并回复

单击“开始”选项卡（标号 1）→单击“发送 / 接收”选项组的“发送 / 接收所有文件夹”按钮（标号 2），完成邮件的接收操作，如图 3.27 所示→单击窗口左侧，个人邮箱栏目中的“收件箱”按钮（标号 3），即可查看邮件，如图 3.28 所示。

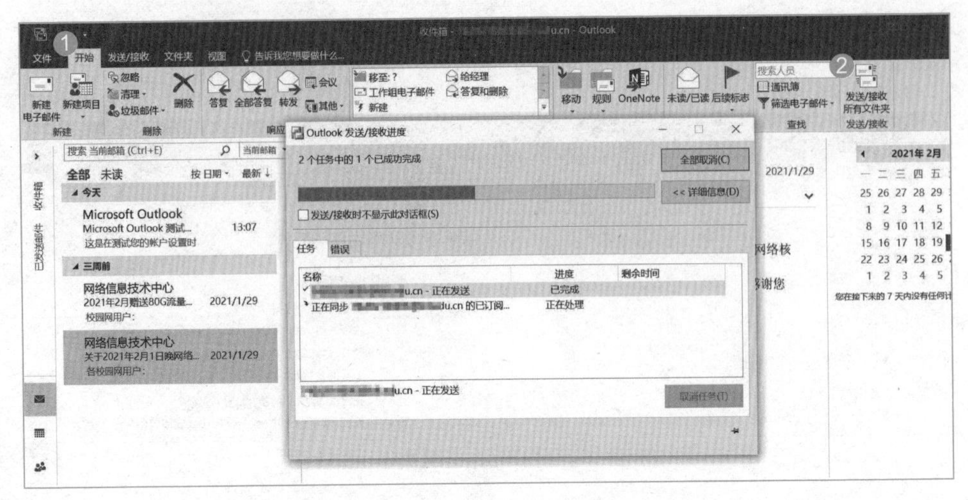

图 3.27 接收邮件

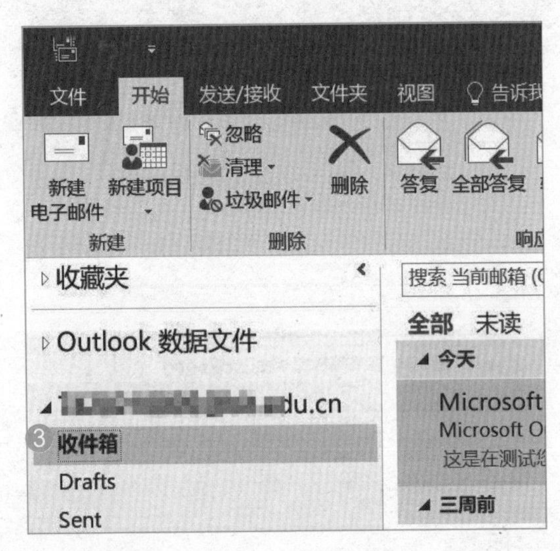

图 3.28 查看邮件

在邮件列表区选择一封邮件（标号 1），右击→在弹出的菜单中选择“答复”（标号 2），如图 3.29 所示→右侧邮件内容显示区域会变成邮件答复区域，输入答复信息→单击“发送”按钮（标号 3），即可完成答复，如图 3.30 所示。

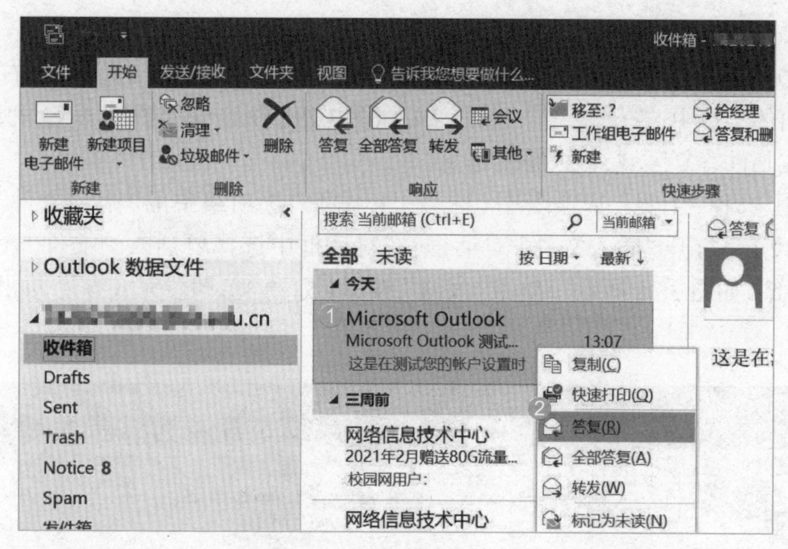

图 3.29 答复邮件

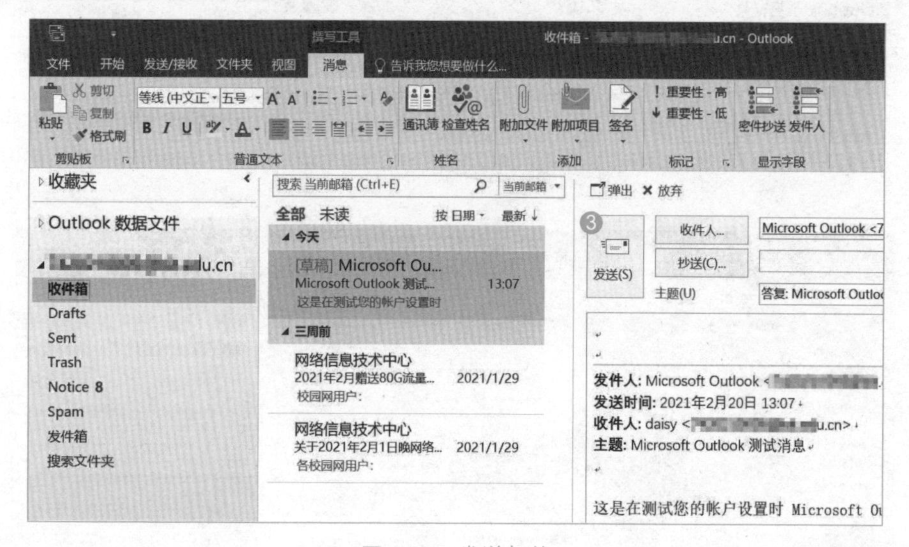

图 3.30 发送邮件

3.2.3 实战演练

3.2.3
习题讲解

习题：

请给邮箱中的邮件答复消息，并插入附件，附件为一张图片。

解析：

① 在邮件列表区选择一封要答复的邮件（标号1），单击右键→在弹出的菜单中选择“答复”（标号2），如图3.29所示→右侧邮件内容显示区域会变成邮件答复区域，输入答复信息。

② 选择“消息”选项卡中（标号1）“添加”选项组中的“附加文件”按钮（标号2）→打开“插入文件”对话框，在对话框中选择要插入的文件“图片1”（标号3），如图3.31所示→单击“发送”按钮（标号4），即可完成答复，如图3.32所示。

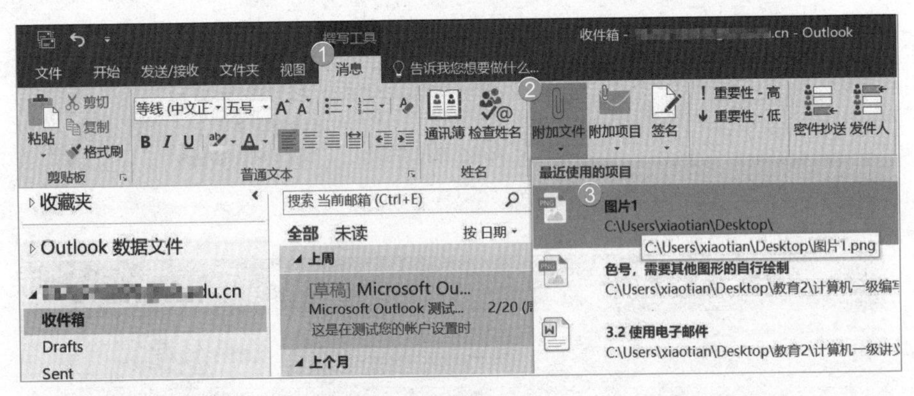

图 3.31　添加附件

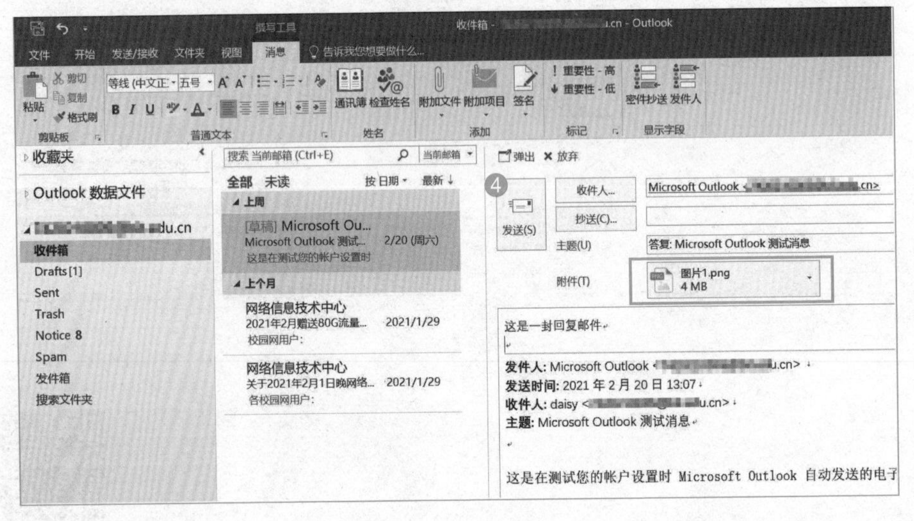

图 3.32　最终界面

第四章 字处理（Word）专题

4.1 文档的新建与保存

考查概率★★★★☆
难度系数★★☆☆☆
高频考点：新建文档、保存文档

4.1.1 文档的新建与保存简介

新建文档是指重新建一个空白文档来输入信息；保存文档是指将文档存储到计算机上，以便下次使用。

4.1.2 高频考点

（1）新建文档

找到“Word 2016”快捷方式图标（标号 1），右击该图标→在弹出的快捷菜单中选择“打开”按钮（标号 2），如图 4.1 所示→在打开的页面中单击“空白文档”，即可打开 Word 字处理窗口，如图 4.2 所示→在新建的空白文档中输入信息，如图 4.3 所示。

图 4.1 打开“Word 2016”

（2）保存文档

第一次保存有文字的新建文档，需单击“文件”选项卡（标号 1），如图 4.4 所示→在弹出的页面中单击“另存为”

按钮(标号2)→单击“浏览”选项(标号3),如图4.5所示→将文件保存在指定的位置,如图4.6所示。

图4.2 新建“空白文档”

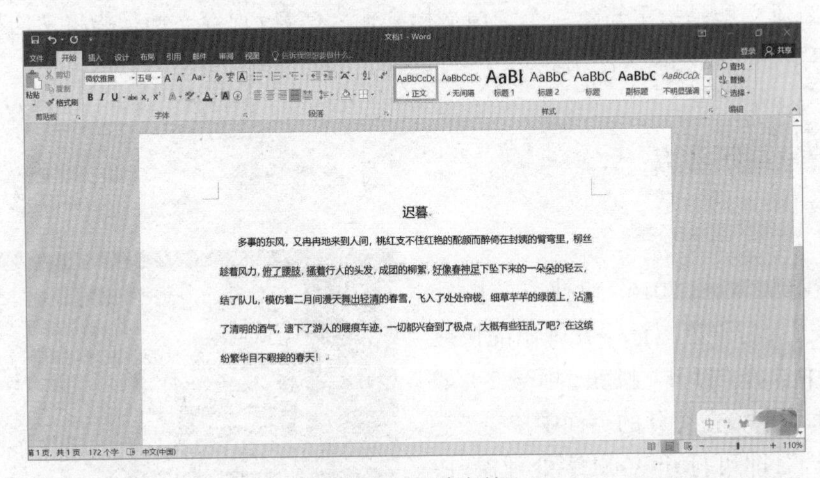

图4.3 新建文档

图4.4 单击“文件”选项卡

图 4.5 另存文档

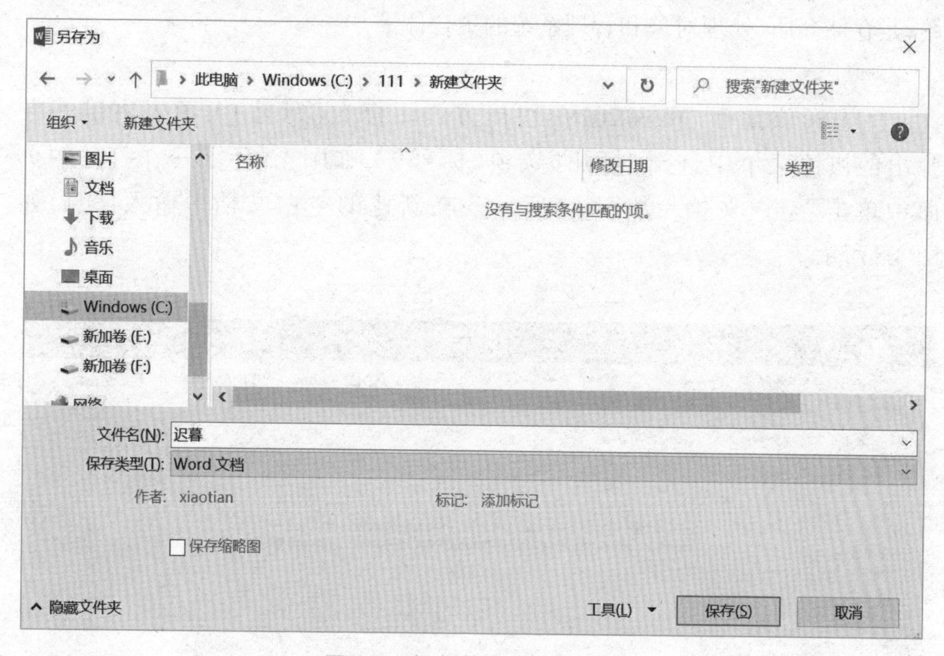

图 4.6 保存文档在指定位置

另存后的文档如需再次保存，直接点击“快速访问工具栏”的“保存”按钮即可（标号 4），如图 4.7 所示。

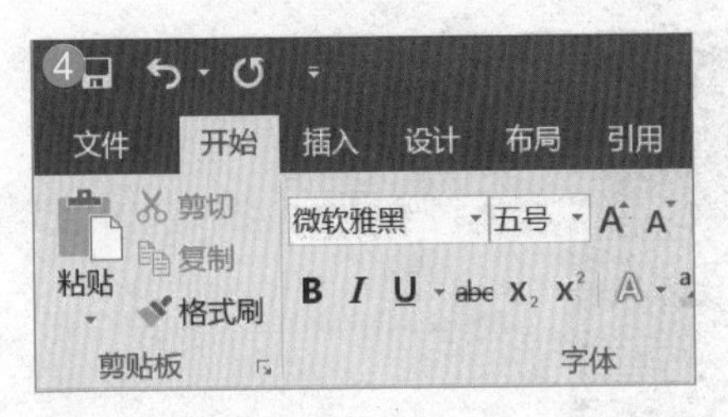

图 4.7 “保存”按钮

4.1.3 实战演练

习题:

请用“Word 2016”新建文档,并输入文字“数据库系统是为适应数据处理的需要而发展起来的一种较为理想的数据处理系统,也是一个为实际可运行的存储、维护和应用系统提供数据的软件系统,是存储介质、处理对象和管理系统的集合体。”

4.1.3
习题讲解

解析:

将光标放置于“Word 2016”快捷方式图标上(标号1),单击右键→在弹出的快捷菜单中选择“打开”选项(标号2),如图4.1所示→在打开的页面中单击“空白文档”,如图4.2所示→在新建的空白文档中输入信息,如图4.8所示。

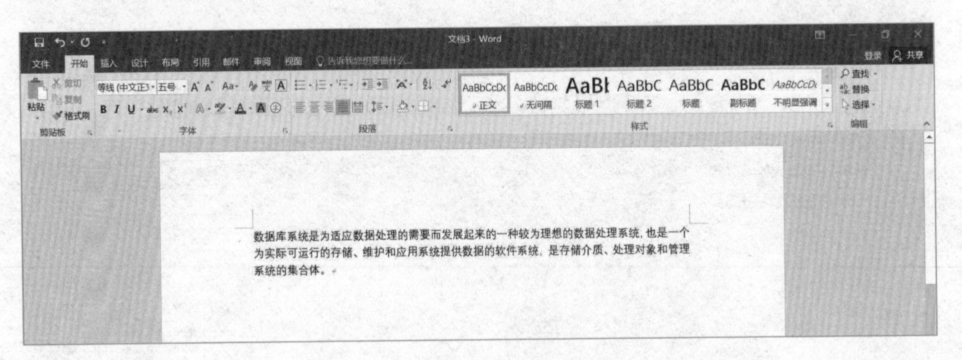

图 4.8 新建文档

4.2 字符格式的设置

考查概率★★★★★

难度系数★★☆☆☆

高频考点：字体、字形和字号设置、字符颜色设置

4.2.1 字符格式的设置简介

Word 2016 是一款文档排版软件，可以对文档内容的字体、字形、字号和字符颜色进行设置，使内容呈现不同的效果，提高阅读性。

4.2.2 高频考点

（1）字体、字形、字号设置

打开文档，选中文档中需要进行设置的内容→单击“开始”选项卡下“字体”选项组中的对话框启动器按钮（标号 1），弹出“字体”对话框→在“字体”选项卡“中文字体”栏目中，选择需要的字体（标号 2）→在“字形”栏目中选择“加粗”“倾斜”等字形（标号 3）→在“字号”栏目中选择需要的字号大小（标号 4）→单击“确定”按钮（标号 5）保存设置，如图 4.9 所示。

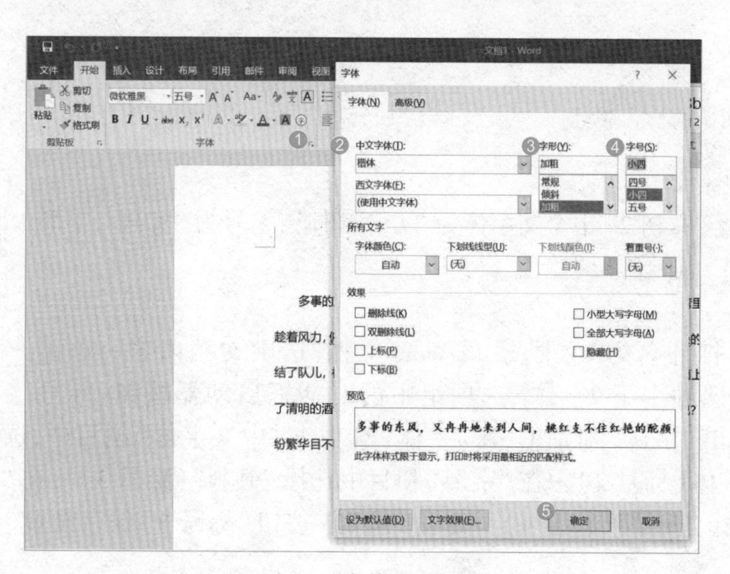

图 4.9 “字体”对话框

(2)字符颜色设置

打开文档,选中文档中需要进行设置的内容,单击“开始”选项卡(标号1)下“字体”选项组中的“字体颜色”下拉按钮(标号2)→在弹出的颜色表中,选择需要的颜色,如图4.10所示。

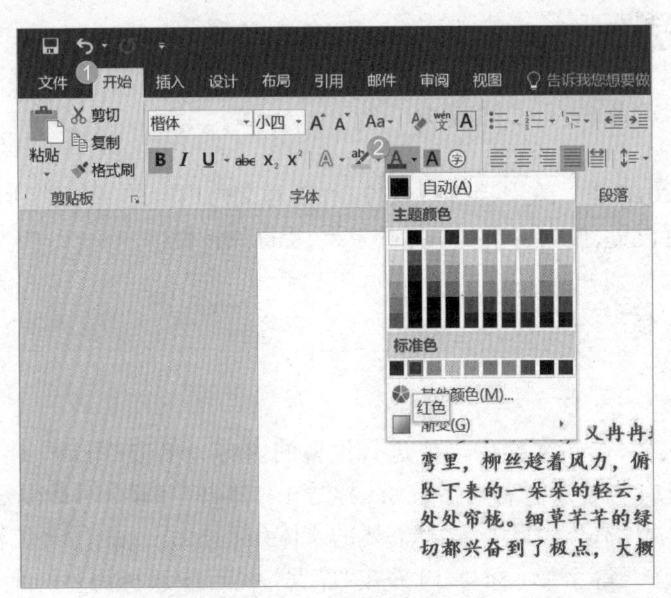

图4.10 设置字符颜色

4.2.3 实战演练

习题:

设置“文档2”中全文字体为“方正舒体”,字号为“五号”,字形为“倾斜”且颜色为“蓝色”。

4.2.3
习题讲解

解析:

① 打开名为“文档2”的Word文档,选中文档内容→单击“开始”选项卡下“字体”选项组中的对话框启动器按钮(标号1)→弹出“字体”对话框,在“字体”选项卡“中文字体”栏目中,选择“方正舒体”字体(标号2)→在“字形”栏目中选择“倾斜”(标号3)→在“字号”栏目中选择“五号”(标号4)→单击“确定”按钮(标号5)保存设置,如图4.11所示。

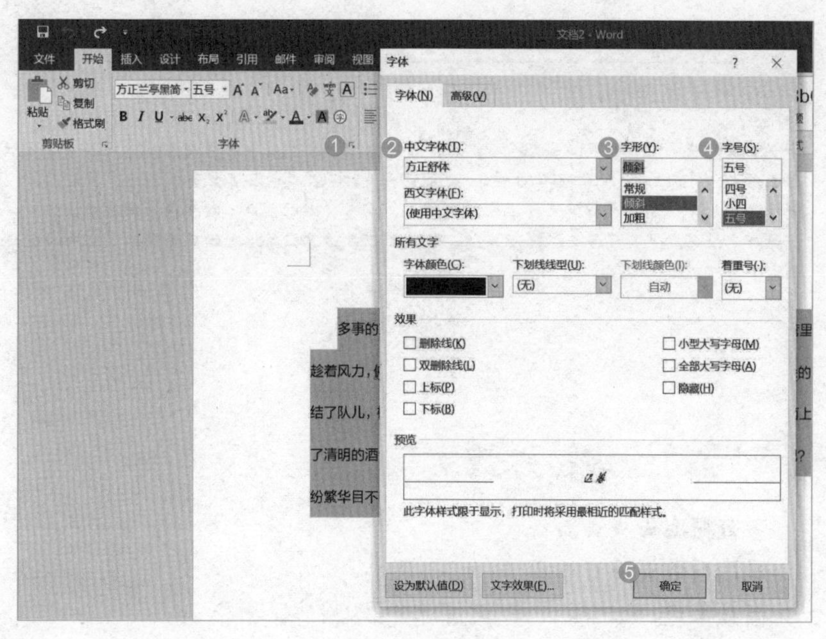

图 4.11　字体设置

② 单击“开始”选项卡下“字体”选项组中的“字体颜色”下拉按钮（标号 1）→在弹出的颜色表中，选择“蓝色”（标号 2），如图 4.12 所示，设置效果如图 4.13 所示。

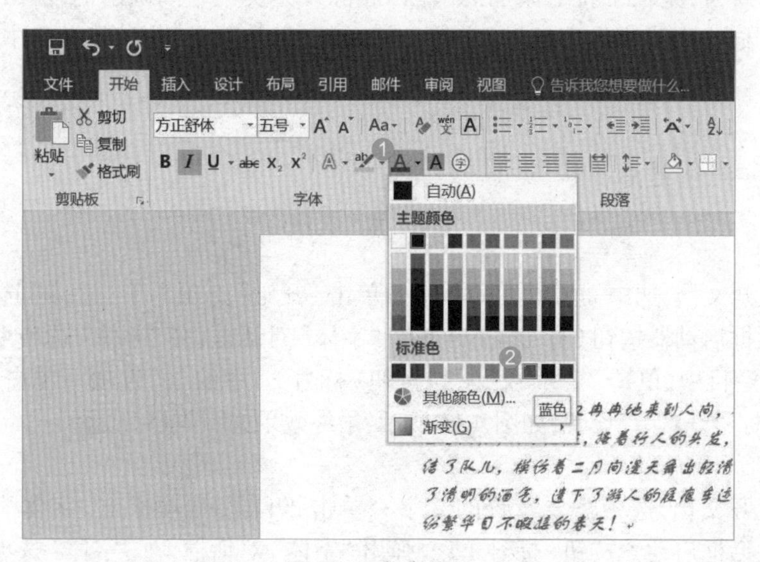

图 4.12　颜色设置

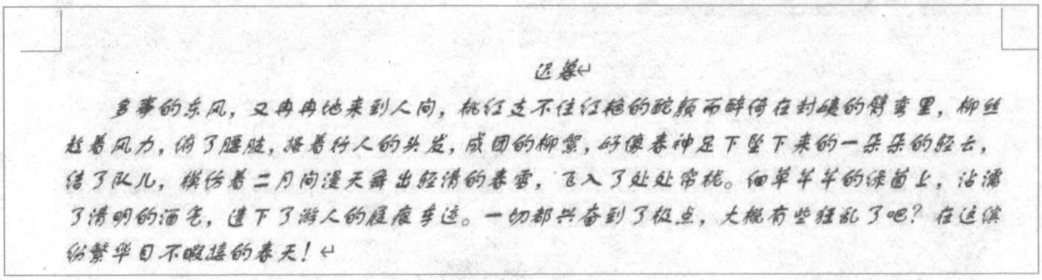

迟暮

多事的东风，又冉冉地来到人间，桃红支不住红艳的酡颜而醉倚在封姨的臂弯里，柳丝趁着风力，偷了腰肢，搔着行人的头发，成团的柳絮，好像春神足下坠下来的一朵朵的轻云，结了队儿，模仿着二月间漫天舞出轻清的春雪，飞入了处处帘栊。细草芊芊的绿茵上，沾濡了清明的酒意，遗下了游人的屐痕车迹。一切都兴奋到了极点，大概有些狂乱了吧？在这缤纷繁华目不暇接的春天！

图 4.13 设置效果

4.3 对字符设置特殊效果

考查概率★★★☆☆

难度系数★★☆☆☆

高频考点：添加着重号、添加删除线、设置上下标

4.3.1 对字符设置特殊效果简介

给字符设置特殊格式可以使字符更加明显突出。着重号是用于引起读者注意的符号，是在字符下添加的圆点；删除线是文字中间画出的线段，常用在批改文档或团队协作等场景；字符上标和下标，在数学、化学等学科中使用较频繁。

4.3.2 高频考点

（1）添加着重号

打开文档，选中需要设置的文字→单击“开始”选项卡下“字体”选项组中的对话框启动器按钮（标号 1）→弹出“字体”对话框，在“字体”选项卡“所有文字”栏目中，单击“着重号”下拉按钮（标号 2）中的“.”选项→单击“确定”按钮（标号 3）保存设置，如图 4.14 所示，最终效果如图 4.15 所示。

（2）添加删除线

打开文档，选中需要设置的文字→单击“开始”选项卡下“字体”选项组中的对话框启动器按钮（标号 1）→弹出“字体”对话框，在“字体”选项卡“效

果”栏目中，勾选“删除线”或“双删除线”（标号 2）→单击“确定”按钮（标号 3）保存设置，如图 4.16 所示，例如选择“双删除线”的最终效果如图 4.17 所示。

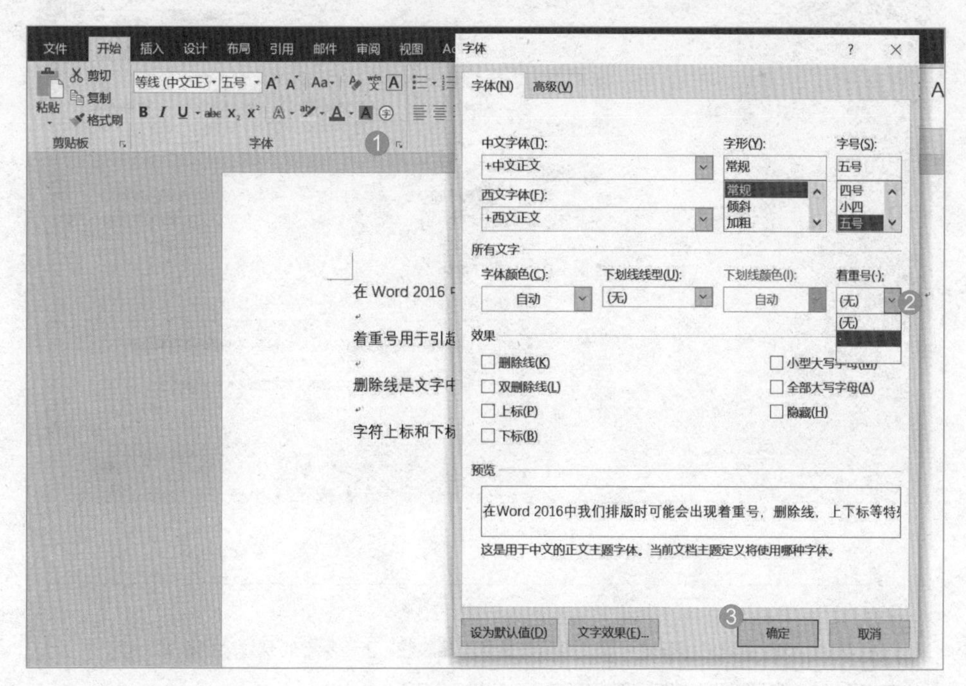

图 4.14 “字体”对话框

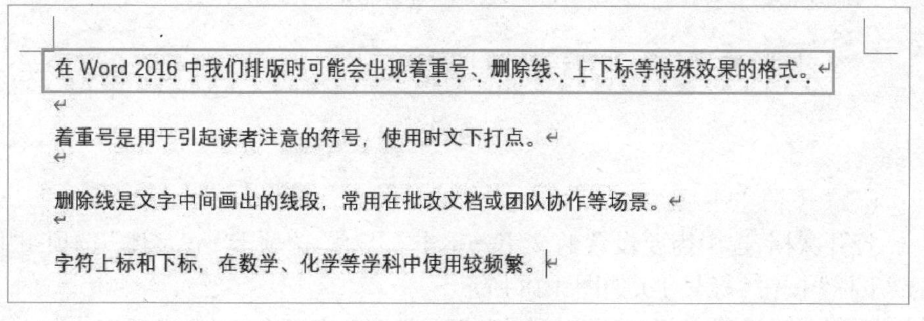

图 4.15 着重号效果

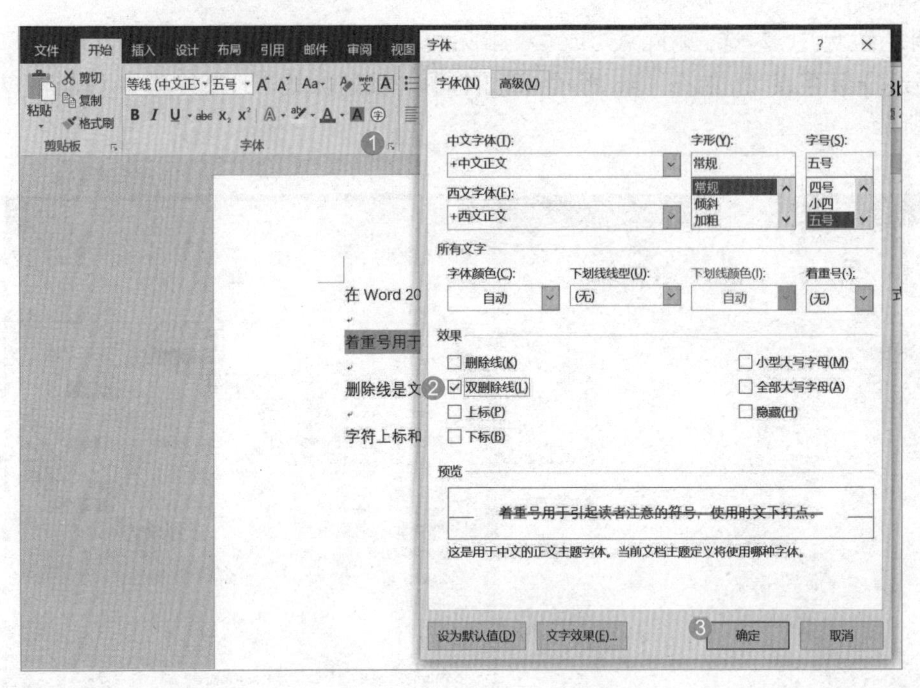

图 4.16 “字体”对话框

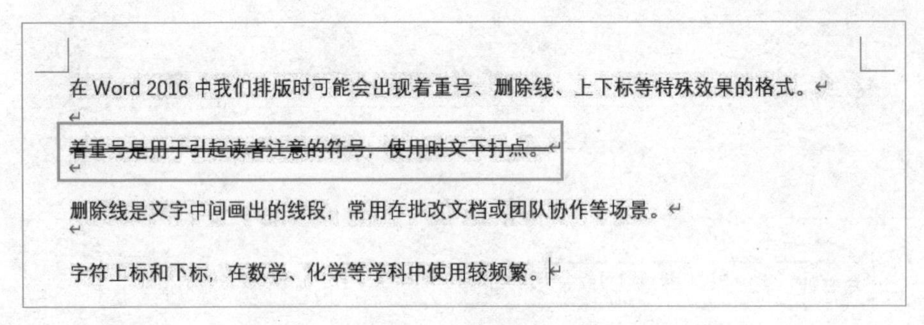

在 Word 2016 中我们排版时可能会出现着重号、删除线、上下标等特殊效果的格式。

着重号是用于引起读者注意的符号，使用时文下打点。

删除线是文字中间画出的线段，常用在批改文档或团队协作等场景。

字符上标和下标，在数学、化学等学科中使用较频繁。

图 4.17 删除线效果

（3）设置上下标

打开文档，选中需要设置的文字→单击“开始”选项卡下“字体”选项组中的“下标”按钮（标号 1），如图 4.18 所示。

选中需要设置上标的文字，单击“开始”选项卡下“字体”选项组中的“上标”按钮（标号 2），如图 4.19 所示。

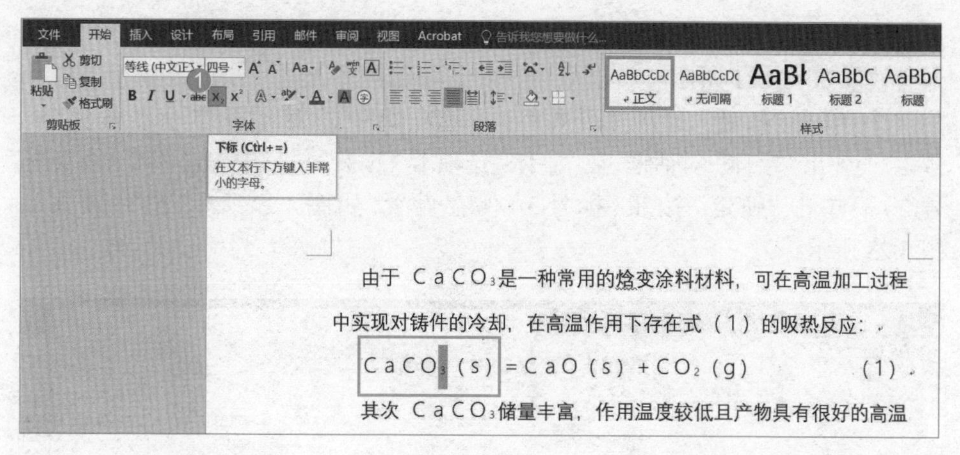

图 4.18 “下标”样式

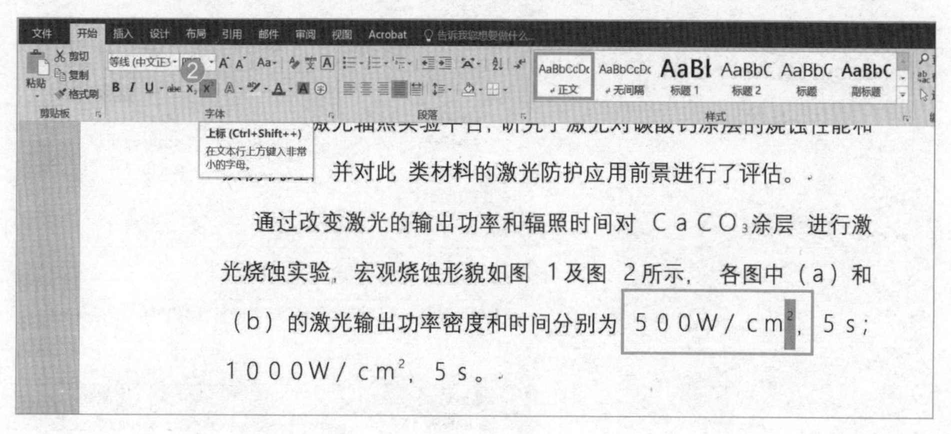

图 4.19 “上标”样式

4.3.3 实战演练

习题：

给文档标题添加着重号，第一段文字添加删除线。

解析：

4.3.3
习题讲解

① 打开文档，选中标题→单击“开始”选项卡下“字体”选项组中的对话框启动器按钮（标号 1），弹出“字体”对话框→在“字体”选项卡“所有文字”栏目中，单击“着重号”下拉按钮（标号 2）→

选择列表中的“.”选项→单击“确定”按钮（标号3）保存设置，如图4.20所示，最终效果如图4.21所示。

② 单击“开始”选项卡下“字体”选项组中的对话框启动器按钮（标号1）→弹出“字体”对话框，在“字体”选项卡“效果”栏目中勾选“删除线”（标号2）→单击“确定”按钮（标号3）保存设置，如图4.22所示，最终效果如图4.23所示。

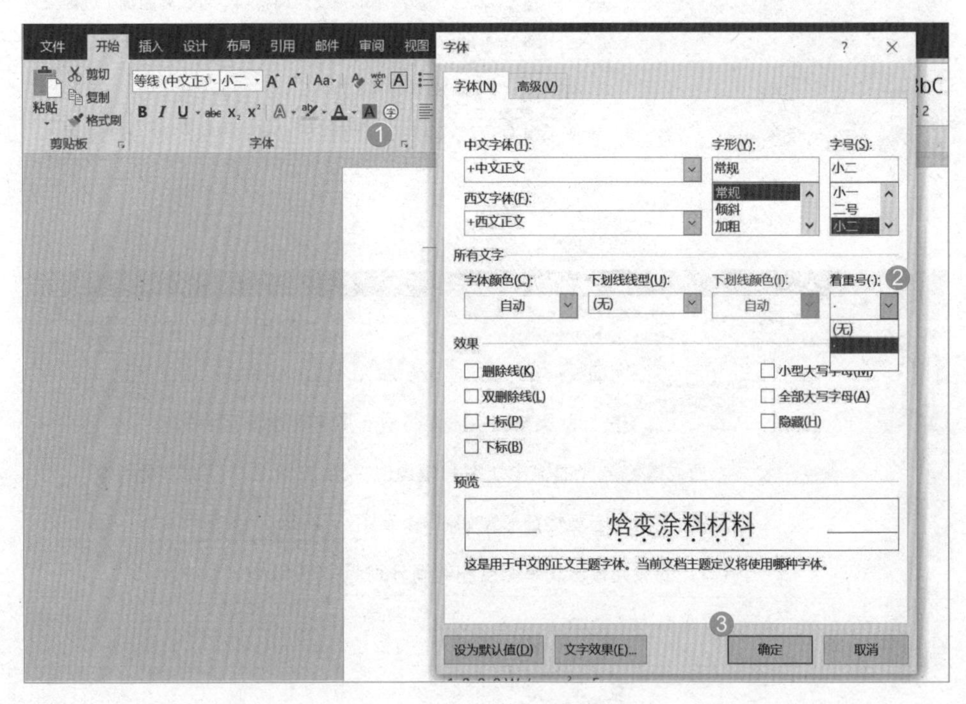

图4.20 “字体”对话框

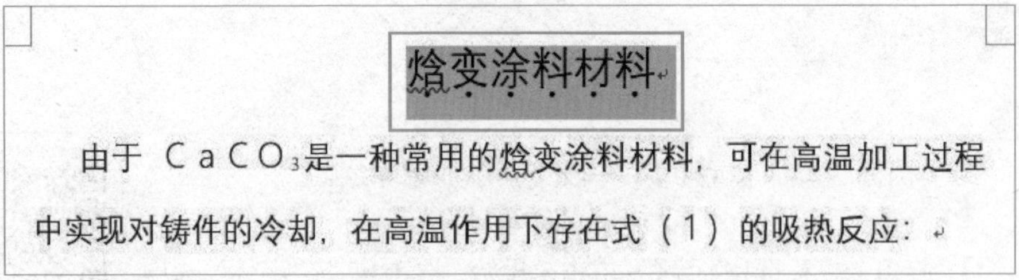

焓变涂料材料

由于 CaCO₃是一种常用的焓变涂料材料，可在高温加工过程中实现对铸件的冷却，在高温作用下存在式（1）的吸热反应：

图4.21 “着重号”效果

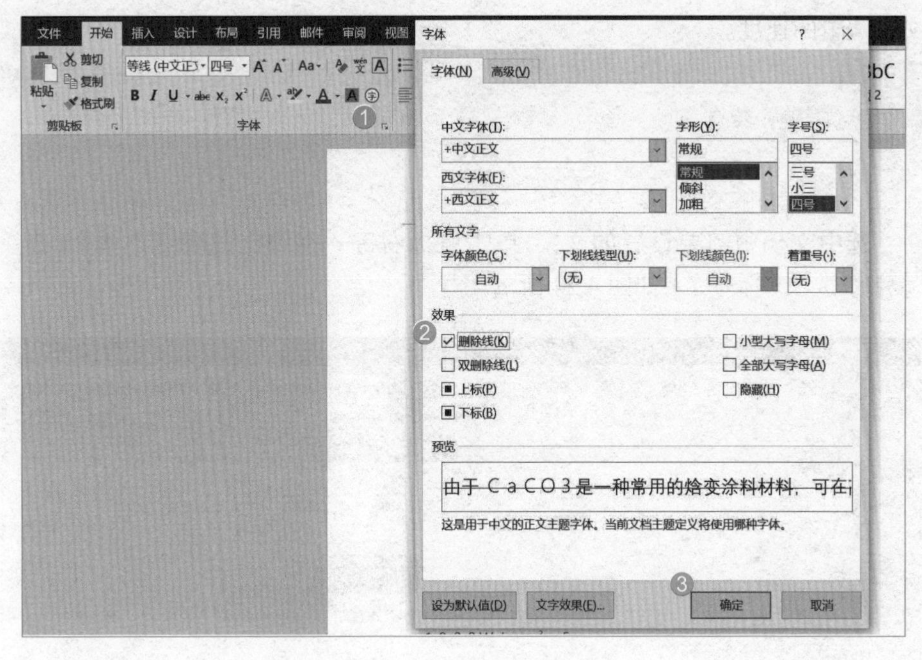

图 4.22 “字体”对话框

~~由于 CaCO$_3$是一种常用的焓变涂料材料，可在高温加工过程中实现对铸件的冷却，在高温作用下存在式（1）的吸热反应：~~

~~CaCO$_3$ (s) = CaO (s) + CO$_2$ (g)　　　　(1)~~

图 4.23 删除线效果

4.4 文本基本操作

考查概率★★★☆☆

难度系数★★☆☆☆

高频考点：文本的复制与粘贴、查找与替换

4.4.1 文本基本操作简介

在 Word 中，文本内容可以针对需求进行复制、替换等操作，极大地提高了

文字编辑的速度。

4.4.2　高频考点

(1)文本的复制与粘贴

选中文档中需要设置的文字,单击鼠标右键→在弹出的快捷菜单中,选择"复制"选项(标号1),如图4.24所示。

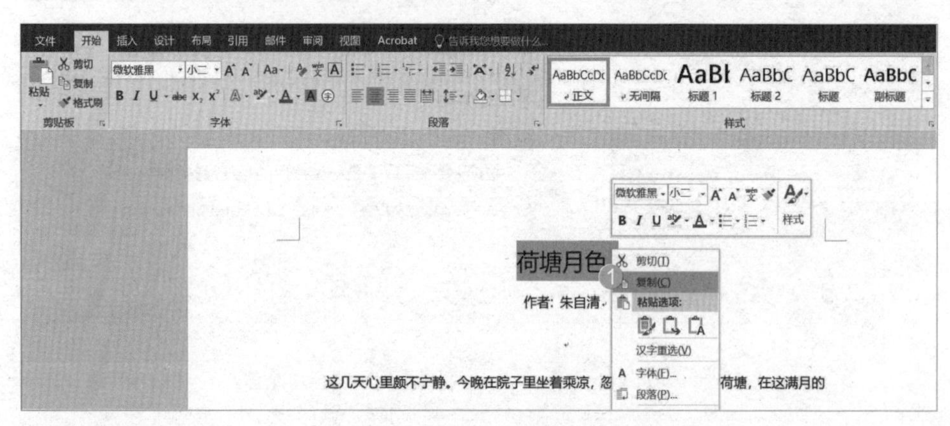

图4.24　"复制"选项

在需要粘贴文字的位置,单击鼠标右键→在弹出的快捷菜单中,选择"粘贴选项"中需要的选项,操作步骤如图4.25所示。例如选择"只保留文本"按钮,效果如图4.26所示。

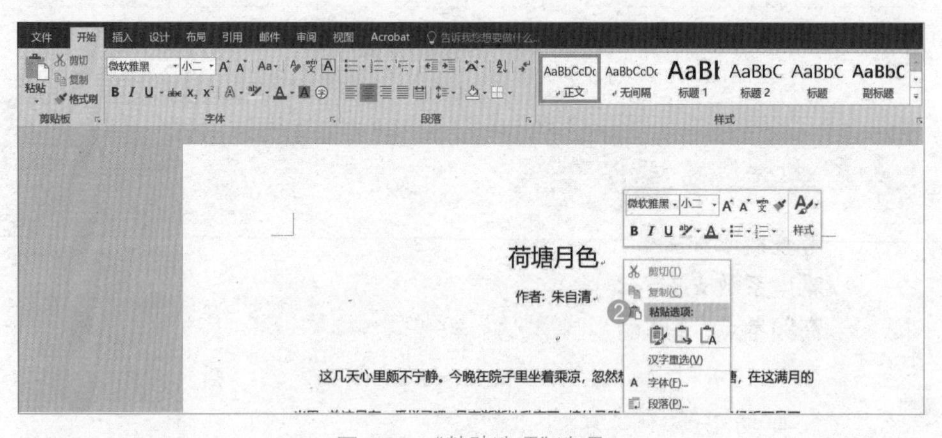

图4.25　"粘贴选项"选项

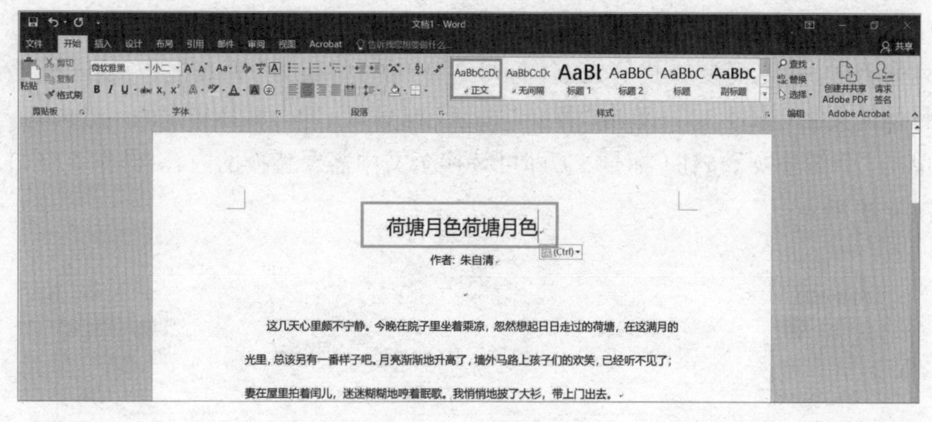

图 4.26 粘贴效果

（2）查找与替换

在文档中点击“开始”选项卡→在“编辑”选项组中，单击“查找”按钮的下拉列表按钮（标号1）→在下拉列表中选择“高级查找”（标号2），如图 4.27 所示→在弹出的“查找和替换”对话框中，选择“查找”选项卡（标号3）→输入需要查找的文字，单击“查找下一处”（标号4），即可看到想要查找的内容，如图 4.28 所示。

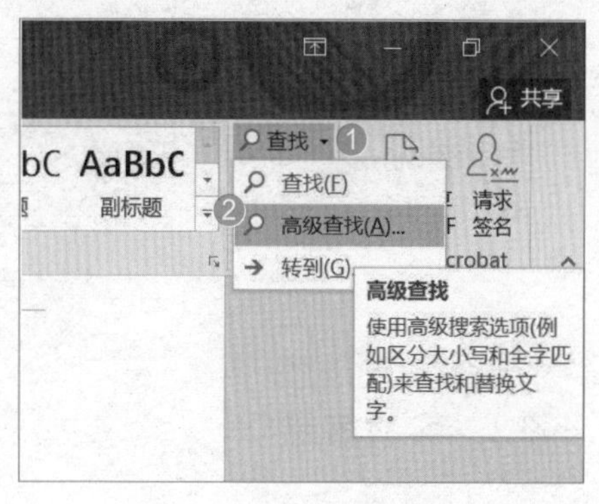

图 4.27 “高级查找”选项

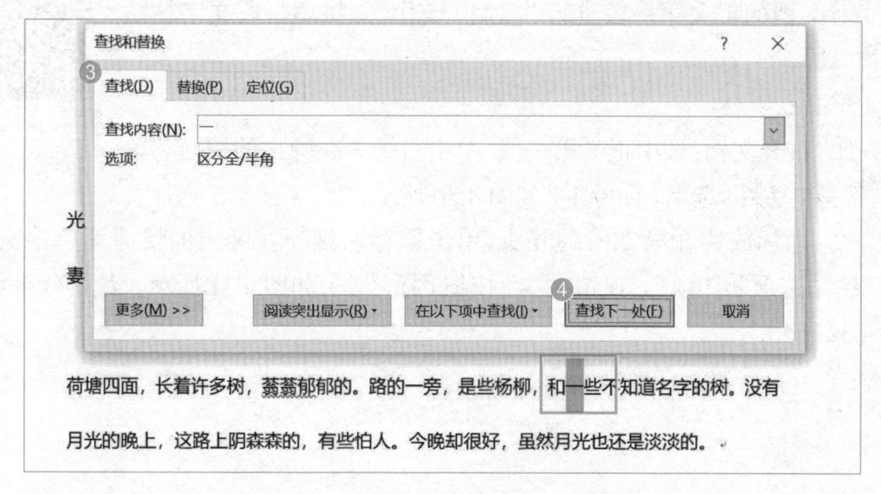

图 4.28 查找文字

在“查找和替换”对话框中，选择“替换”选项卡（标号 1）→在“查找内容”列表框中，输入需要查找的文字（标号 2）→在“替换为”列表框中，输入想要替换的文字（标号 3）→单击“替换”按钮（标号 4），即可替换指定的一处内容。单击“全部替换”按钮（标号 5），即可替换全文中需要替换的内容，操作步骤如图 4.29 所示。

图 4.29 替换文字

4.4.3 实战演练

习题：

对文档的正文第一段进行“复制”操作，并将第一段文字粘贴到第二段。

4.4.3
习题讲解

解析：

① 打开文档，选中正文第一段，单击右键→在弹出的快捷菜单中，选择“复制”选项（标号 1），如图 4.30 所示。

② 光标放置在第二段的开头，单击鼠标右键→在弹出的快捷菜单中，选择“粘贴选项”中的“只保留文本”按钮（标号 2），如图 4.31 所示。最终效果如图 4.32 所示。

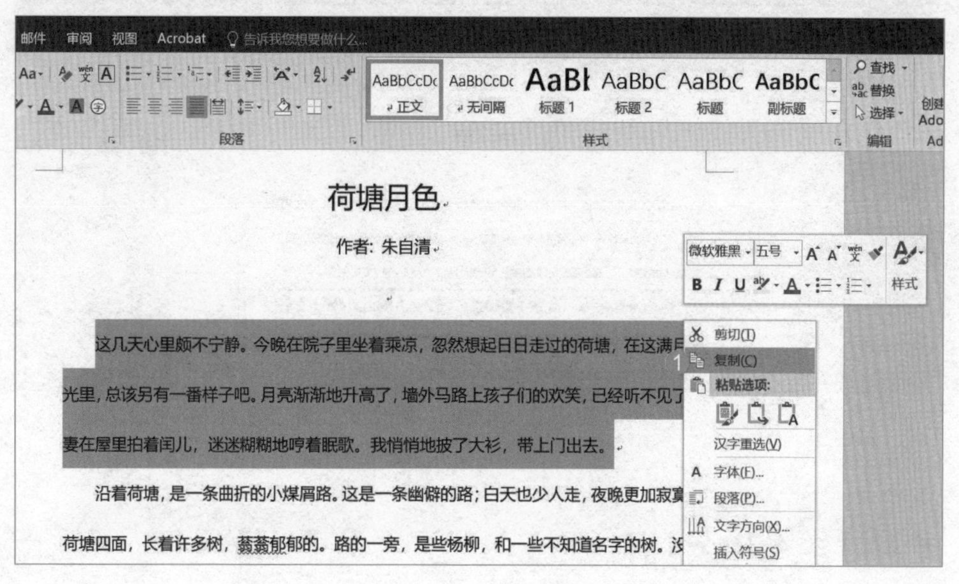

图 4.30　“复制”按钮

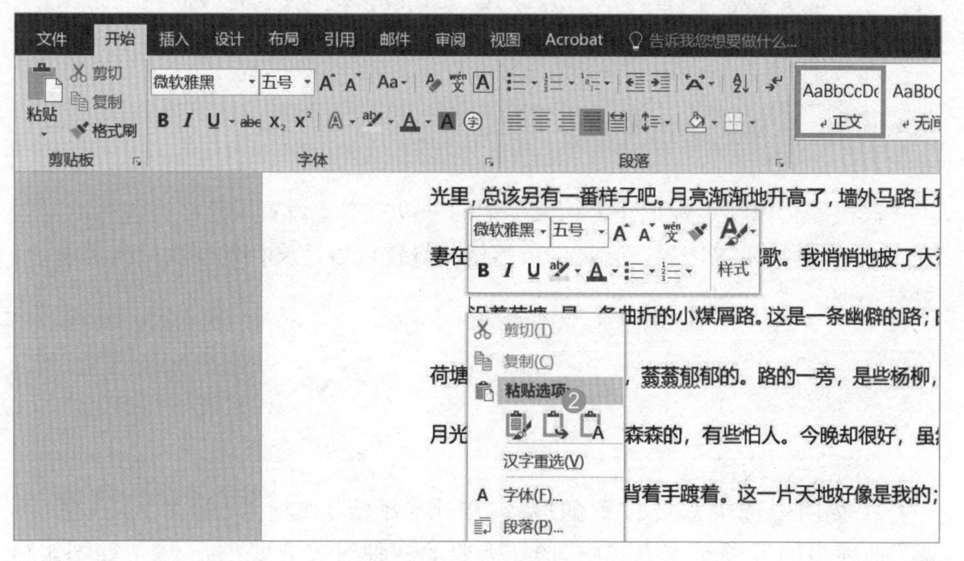

图 4.31　粘贴选项

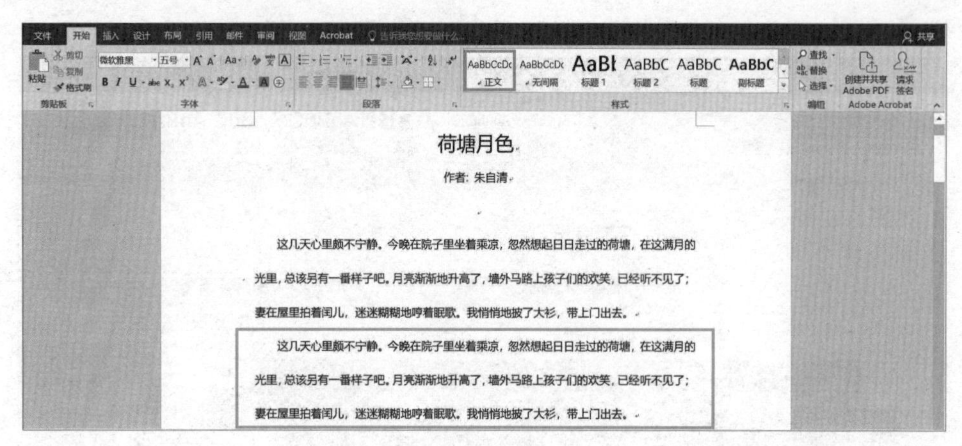

图 4.32 粘贴效果

4.5 段落格式的设置

考查概率★★★☆☆

难度系数★★★☆☆

高频考点：设置段落对齐方式、设置段落缩进、设置段间距与行距、项目符号和段落编号

4.5.1 段落格式的设置简介

段落是指以特定标记作为结束标记的一段文本。设置段落格式包括设置对齐方式、段落缩进等内容。合理的段落格式设置可以使文档的层次结构更清晰、更有条理。

4.5.2 高频考点

(1) 设置段落对齐方式

在文档中选中需要设置的段落，单击“开始”选项卡(标号 1)→在“段落”选项组的五种对齐方式中，选择需要的一种对齐方式(标号 2)，如图 4.33 所示。

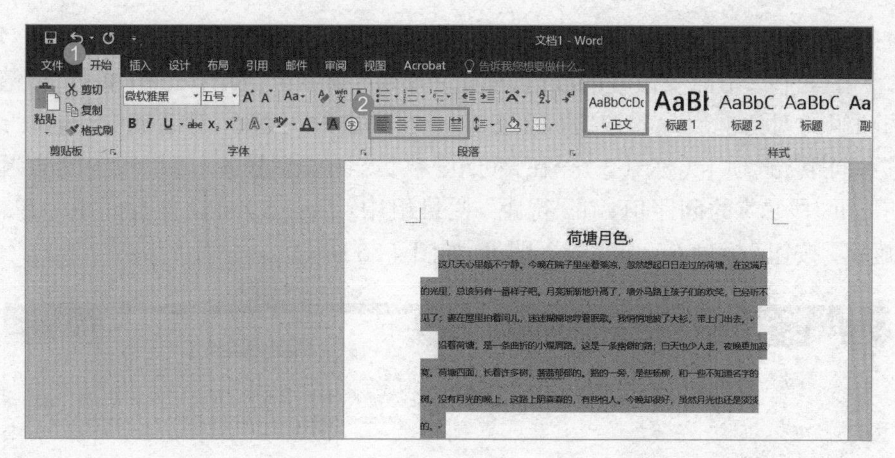

图 4.33 设置段落对齐方式

(2) 设置段落缩进

在文中选中需要设置的段落，单击“开始”选项卡(标号 1)→单击“段落”选项组的对话框启动器按钮(标号 2)→在弹出的“段落”对话框中，选择“缩进和间距”选项卡(标号 3)→在“缩进”栏目组中，可以设置段落“左侧”和“右侧”的缩进值；在“特殊格式”中可设置“首行缩进”或“悬挂缩进”的缩进值→选择完成后，单击“确定”按钮(标号 4)保存设置即可，如图 4.34 所示。

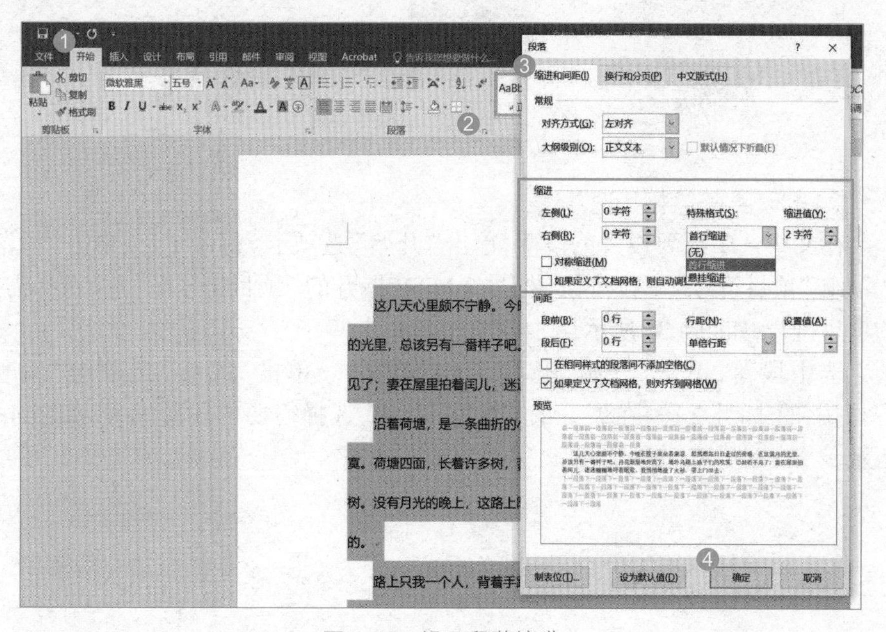

图 4.34 设置段落缩进

（3）设置段间距与行距

在文中选中需要设置的段落，单击“开始”选项卡（标号 1）→单击“段落”选项组的对话框启动器按钮（标号 2）→在弹出的“段落”对话框中，选择“缩进和间距”选项卡（标号 3）→在“间距”栏目组中（标号 4），可以设置段落“段前”和“段后”的间距值；在“行距”栏目组中（标号 5）可设置行间距→单击“确定”按钮（标号 6），保存设置即可，如图 4.35 所示。

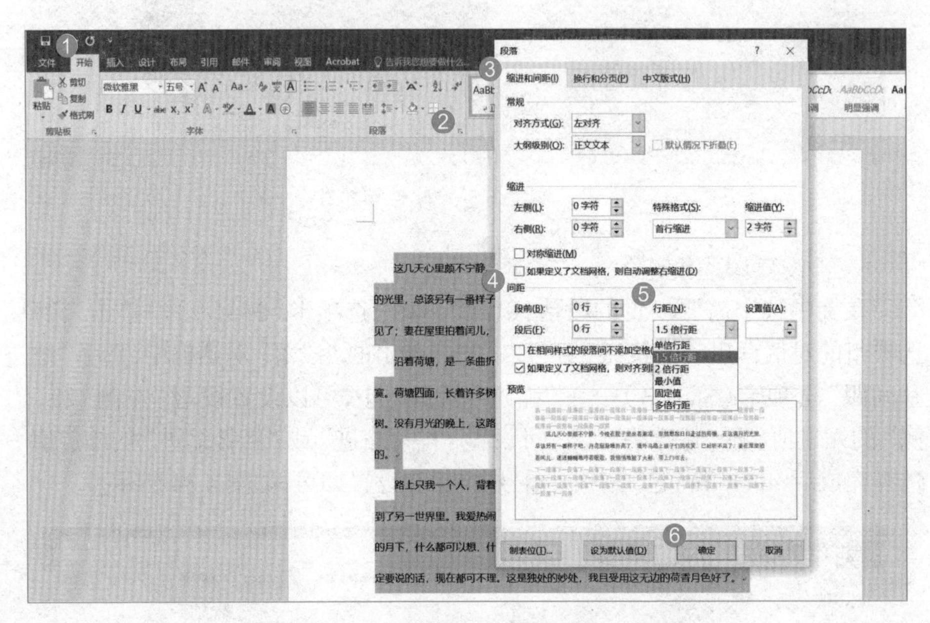

图 4.35 设置段间距与行距

（4）项目符号和段落编号

在文中选中需要设置的段落，单击“开始”选项卡（标号 1）→单击“段落”选项组“项目符号”下拉按钮（标号 2）→在展开的“项目符号库”中，选择需要的项目符号，如图 4.36 所示。

选中段落，单击“开始”选项卡（标号 1）→单击“段落”选项组“编号”下拉按钮（标号 2）→在展开的“编号库”中，选择需要的段落编号，如图 4.37 所示。

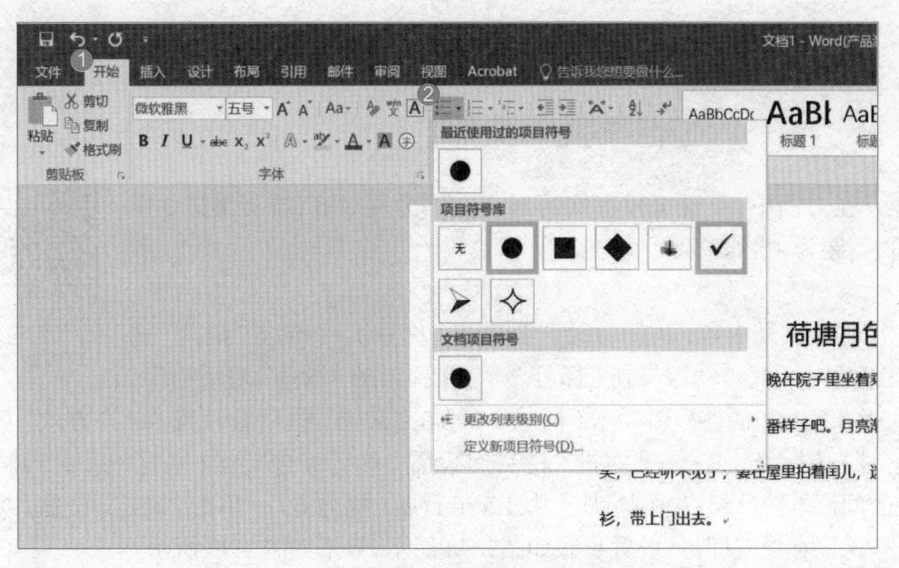

图 4.36 设置项目符号

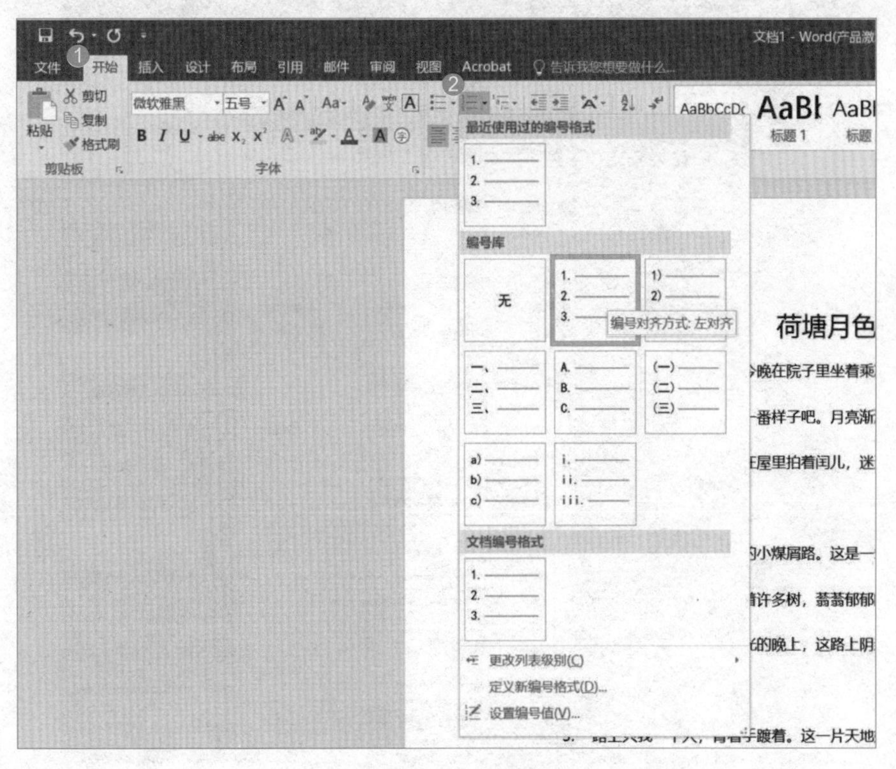

图 4.37 设置段落编号

4.5.3 实战演练

习题:

在文档中,设置每段正文的对齐方式为左对齐,首行缩进 2 字符,行距为 1.5 倍行距。

4.5.3
习题讲解

解析:

选中文档内容,单击“开始”选项卡(标号 1)→单击“段落”选项组的对话框启动器按钮(标号 2)→在弹出的“段落”对话框中,选择“缩进和间距”选项卡(标号 3)→在“常规”栏目组设置“对齐方式”为左对齐(标号 4)→在“缩进”栏目组设置“首行缩进”为 2 字符(标号 5)→在“间距”栏目组设置“行距”为 1.5 倍行距(标号 6)→单击“确定”按钮(标号 7),保存设置即可,设置步骤如图 4.38 所示,效果如图 4.39 所示。

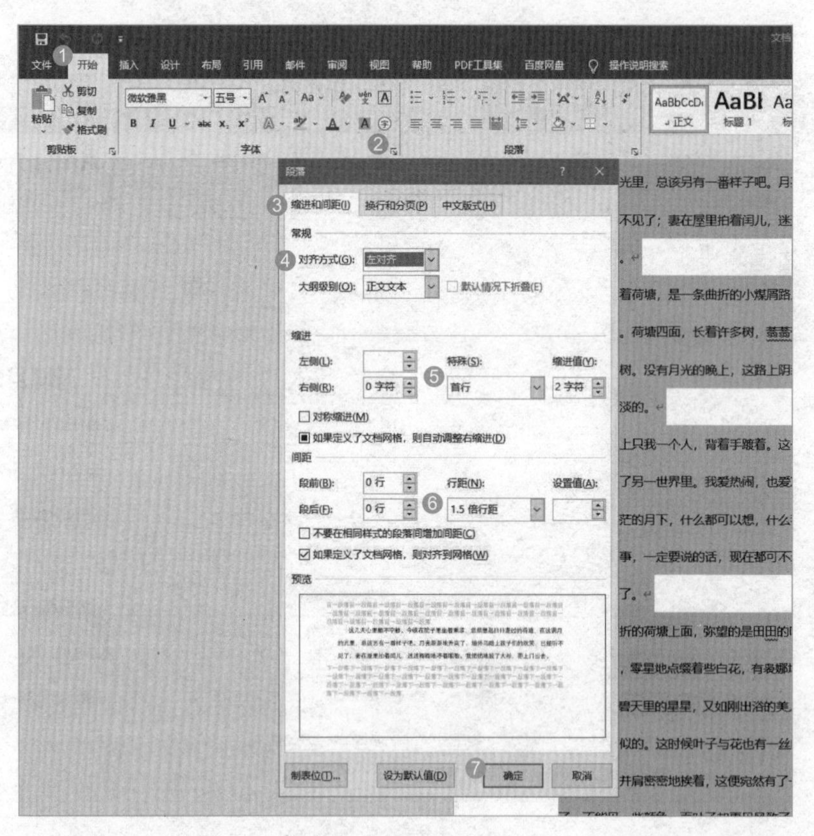

图 4.38 “段落”对话框

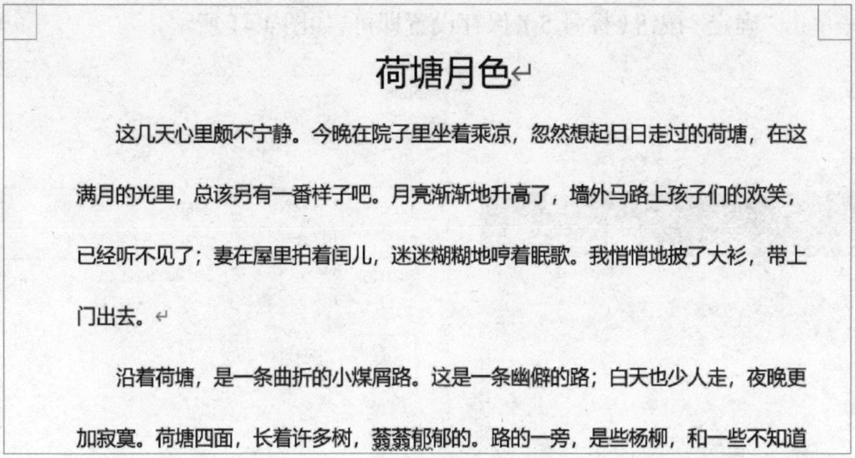

荷塘月色↵

这几天心里颇不宁静。今晚在院子里坐着乘凉，忽然想起日日走过的荷塘，在这满月的光里，总该另有一番样子吧。月亮渐渐地升高了，墙外马路上孩子们的欢笑，已经听不见了；妻在屋里拍着闰儿，迷迷糊糊地哼着眠歌。我悄悄地披了大衫，带上门出去。↵

沿着荷塘，是一条曲折的小煤屑路。这是一条幽僻的路；白天也少人走，夜晚更加寂寞。荷塘四面，长着许多树，蓊蓊郁郁的。路的一旁，是些杨柳，和一些不知道

图 4.39 设置效果

4.6 页面设置

考查概率★★★☆☆
难度系数★★★☆☆
高频考点：设置页边距、调整纸张方向及大小、分栏

4.6.1 页面设置简介

页面设置主要用于调整文档中页面的呈现效果，包含修改页边距、调整纸张大小等，通过设置能使文章层次感更强，排版更加美观。

4.6.2 高频考点

（1）设置页边距

打开文档，将光标置于页面中，单击“布局”选项卡（标号 1）→在“页面设置”选项组中，单击“页边距”下拉按钮（标号 2）→在展开的列表中，选择需要的页边距类型。如果要自定义页边距，可选择“自定义边距”命令项（标号 3），如图 4.40 所示→在弹出的“页面设置”对话框中，选择“页边距”选项卡（标

号4）→在“页边距”栏目中可以设置文字与页面“上”“下”“左”“右”的距离→单击“确定”按钮（标号5），保存设置即可，如图4.41所示。

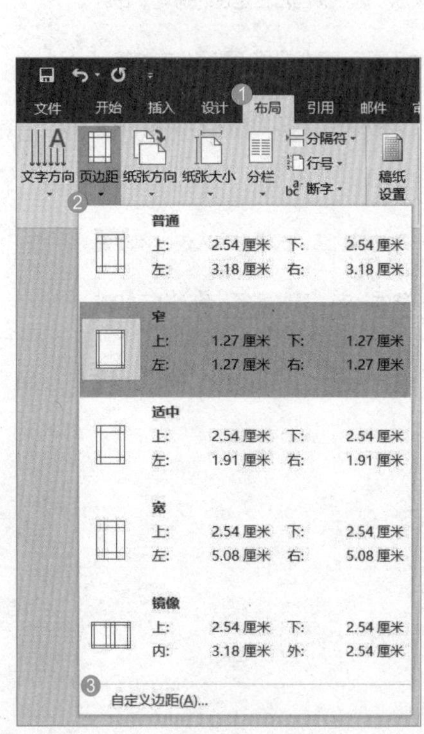

图4.40 设置页边距

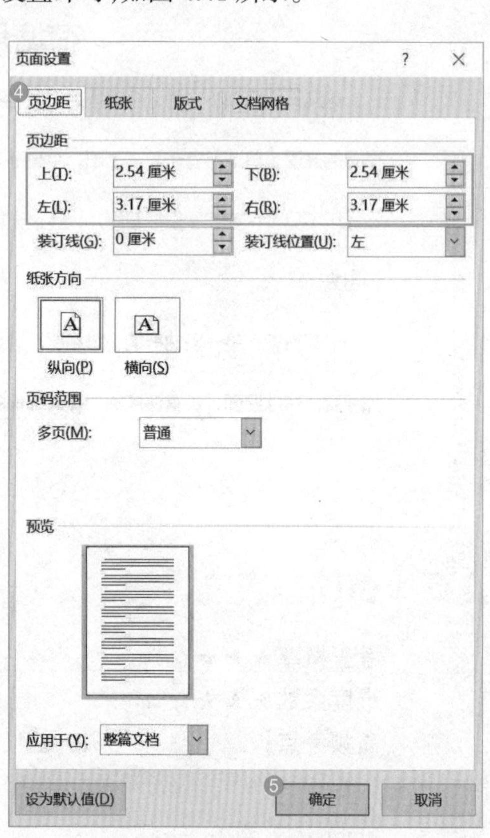

图4.41 自定义页边距

（2）调整纸张方向及大小

打开文档，将光标置于页面中，单击“布局”选项卡（标号1）→在“页面设置”选项组中，单击“纸张方向”下拉按钮（标号2）→在展开的列表中，选择纸张方向，如图4.42所示。

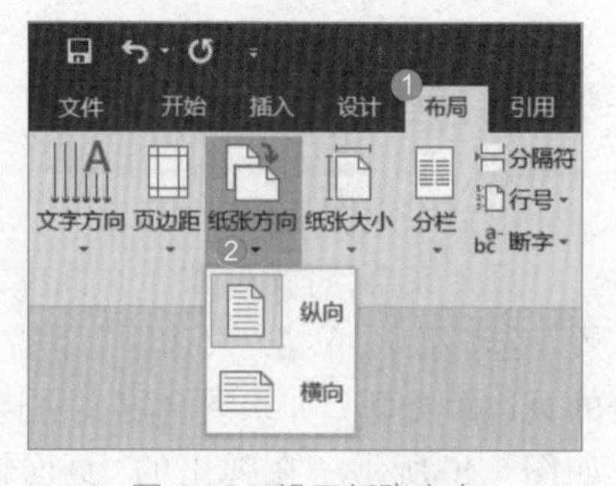

图4.42 设置纸张方向

打开文档，将光标置于页面中，单击“布局”选项卡（标号1）→在“页面设置”选项组中，单击“纸张大小”下拉按钮（标号2）→在展开的列表中，选择纸张大小，如

图 4.43 所示。

（3）分栏

选中需要分栏的区域，单击“布局”选项卡（标号 1）→在“页面设置”选项组中，单击“分栏”下拉按钮（标号 2）→在展开的列表中，选择栏数。如要进行更详细的设置，可单击“更多分栏”选项（标号 3），如图 4.44 所示。

图 4.43 设置纸张大小

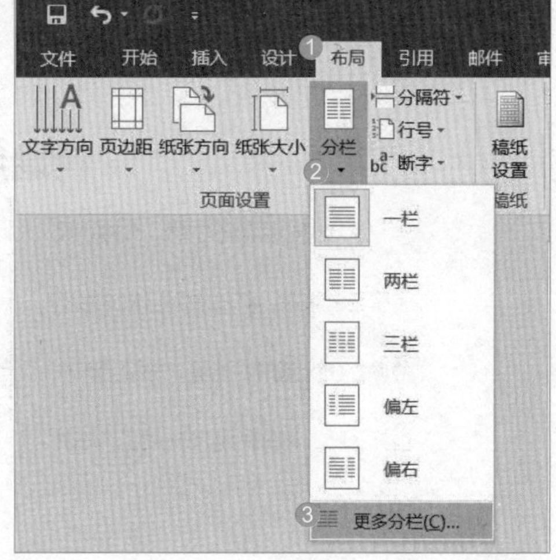

图 4.44 “分栏”按钮

在弹出的“分栏”对话框中，选定“预设”框中一种分栏格式（标号 1）→设置“宽度和间距”栏中的“间距”和“宽度”（标号 2）→根据需要勾选“分隔线”复选框（标号 3）→单击“确定”按钮（标号 4），如图 4.45 所示。设置效果如图 4.46 所示。

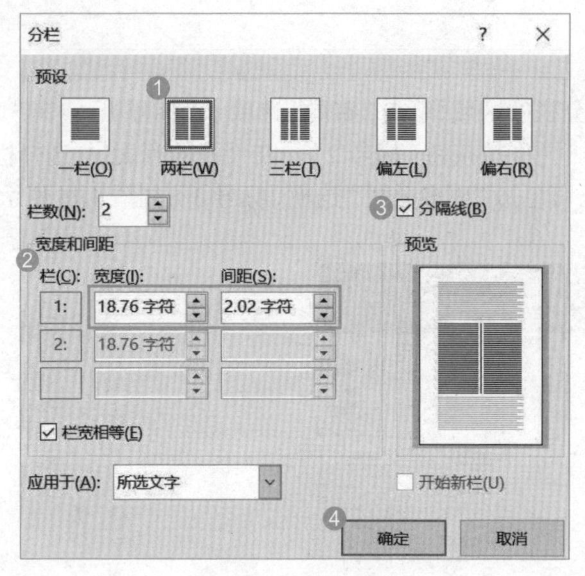

图 4.45 "分栏"对话框

荷塘月色

这几天心里颇不宁静。今晚在院子里坐着乘凉，忽然想起日日走过的荷塘，在这满月的光里，总该另有一番样子吧。月亮渐渐地升高了，墙外马路上孩子们的欢笑，已经听不见了；妻在屋里拍着闰儿，迷迷糊糊地哼着眠歌。我悄悄地披了大衫，带上门出去。

图 4.46 分栏设置效果

4.6.3 实战演练

习题：

将文档纸张大小设置为 A3 纸，页边距为"窄"，纸张方向为"横向"。

4.6.3
习题讲解

解析：

① 将光标置于页面中，单击“布局”选项卡（标号 1）→在“页面设置”选项组中，单击“纸张大小”下拉按钮（标号 2）→在展开的列表中，选择“A3”（标号 3），如图 4.47 所示。

② 单击“布局”选项卡（标号 1）→在“页面设置”选项组中，单击“页边距”下拉按钮（标号 2）→在展开的列表中，选择“窄”（标号 3），如图 4.48 所示。

③ 单击“布局”选项卡（标号 1）→在“页面设置”选项组中，单击“纸张方向”下拉按钮（标号 2）→在展开的列表中，选择“横向”（标号 3），如图 4.49 所示。最终效果如图 4.50 所示。

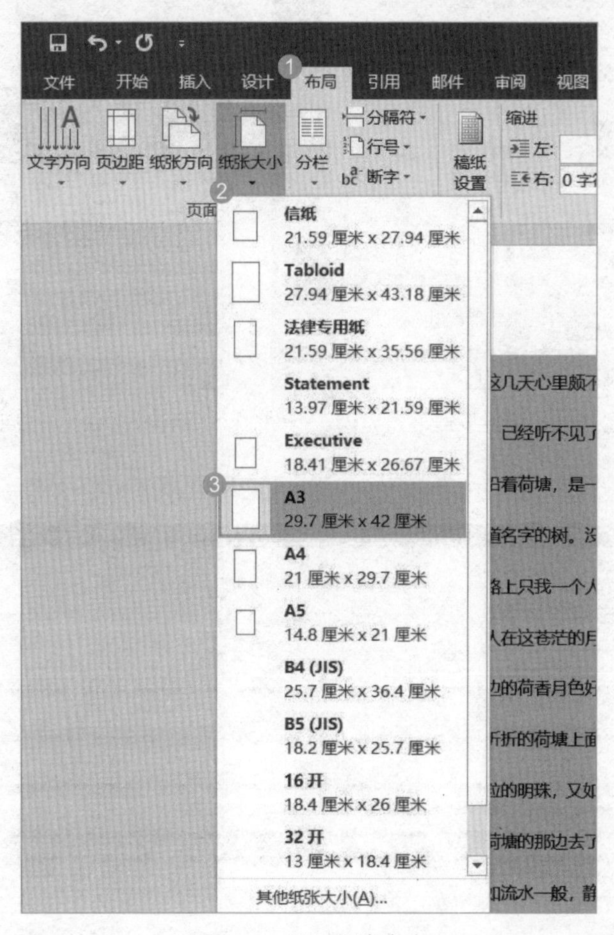

图 4.47 设置纸张大小

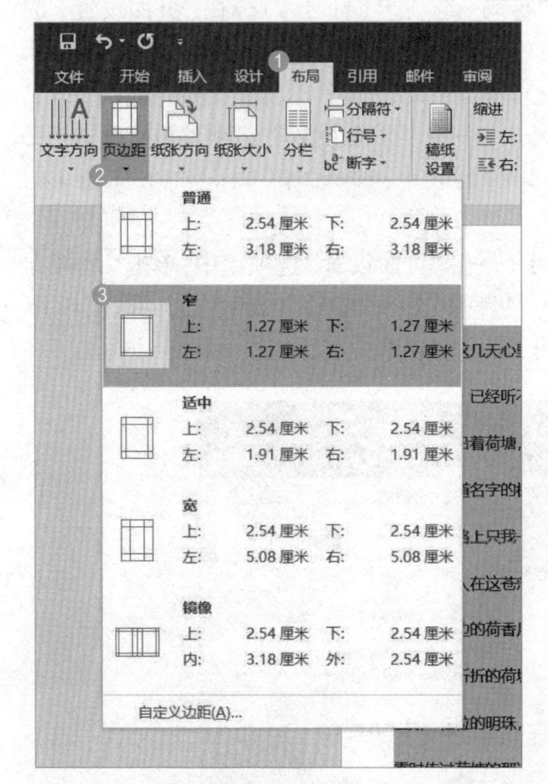

图 4.48 设置页边距

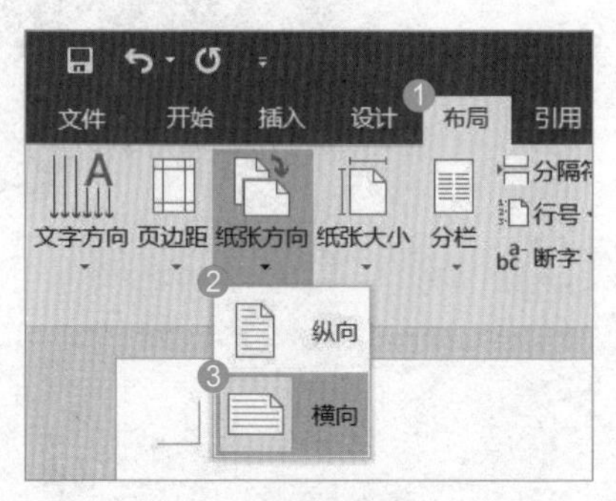

图 4.49 设置纸张方向

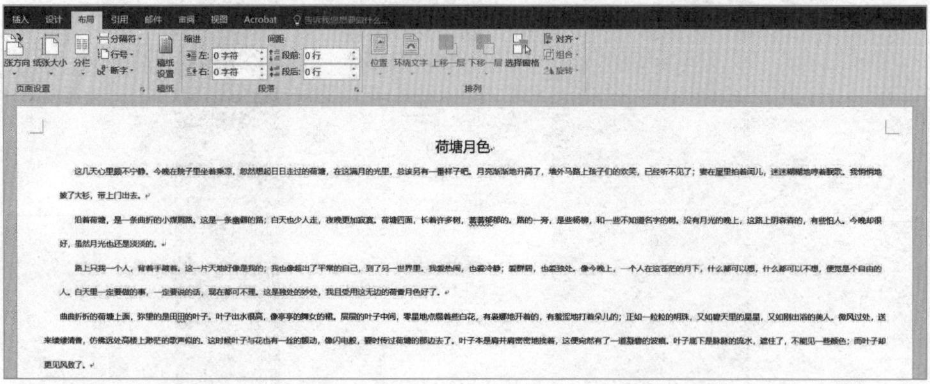

图 4.50 最终效果

4.7 页面边框和底纹

考查概率★★★☆☆
难度系数★★★☆☆
高频考点：页面边框、底纹

4.7.1 页面边框和底纹简介

页面边框指文档中页面周围的边框，可以设置普通的线型页面边框和各种图标样式的艺术型页面边框；底纹指对选中的文字或段落，设置有图案和颜色的底纹，从而使 Word 文档更富有表现力。

4.7.2 高频考点

（1）页面边框

将光标置于页面中，选择“开始”选项卡（标号 1）→在“段落”选项组中，单击“边框”下拉按钮（标号 2）→在展开的下拉列表中，单击“边框和底纹”（标号 3），如图 4.51 所示。

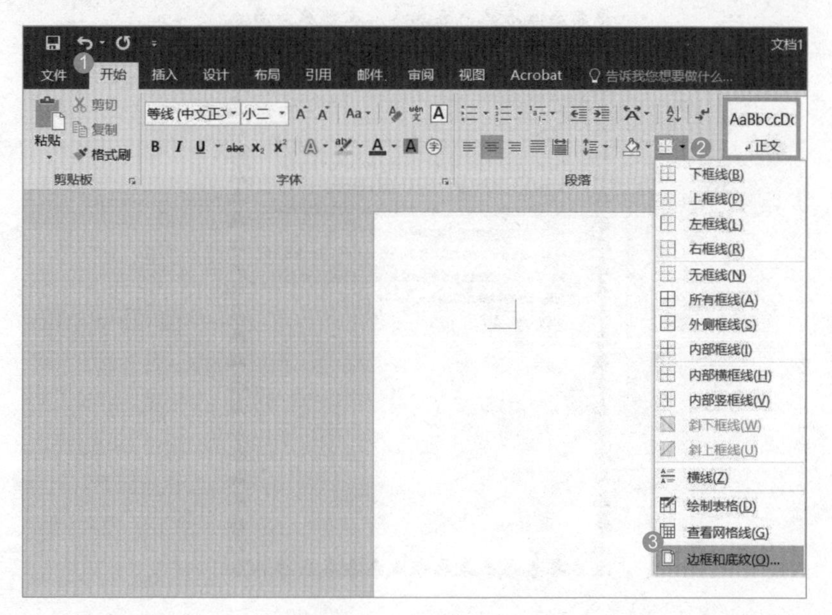

图 4.51 “边框”按钮

在弹出的“边框和底纹”对话框中,选择“页面边框”选项卡(标号 1)→在“艺术型”下拉框中选择一种样式(标号 2)→单击“确定”按钮(标号 3),如图 4.52 所示。选择艺术型中的树木最终效果如图 4.53 所示。

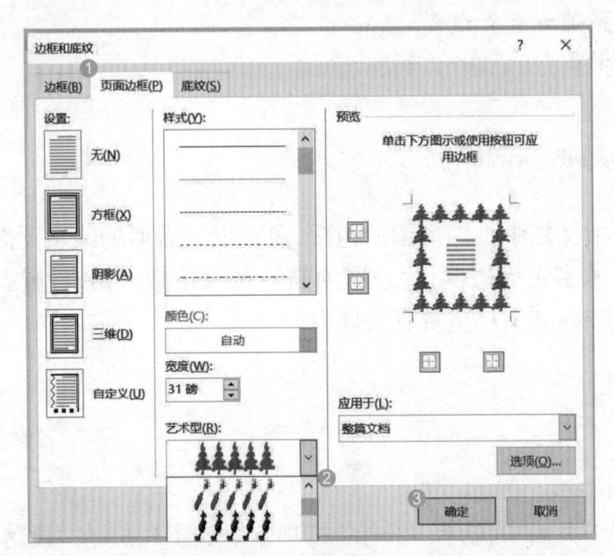

图 4.52 “边框和底纹”对话框

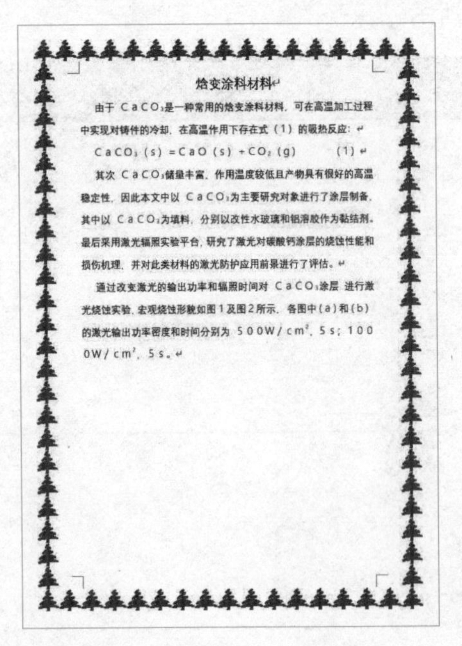

焓变涂料材料

由于 $CaCO_3$ 是一种常用的焓变涂料材料,可在高温加工过程中实现对铸件的冷却,在高温作用下存在式(1)的吸热反应:

$CaCO_3(s)=CaO(s)+CO_2(g)$ (1)

其次 $CaCO_3$ 储量丰富,作用温度较低且产物具有很好的高温稳定性,因此本文中以 $CaCO_3$ 为主要研究对象进行了涂层制备,其中以 $CaCO_3$ 为填料,分别以改性水玻璃和铝溶胶作为黏结剂。最后采用激光辐照实验平台,研究了激光对碳酸钙涂层的烧蚀性能和损伤机理,并对此类材料的激光防护应用前景进行了评估。

通过改变激光的输出功率和辐照时间对 $CaCO_3$ 涂层 进行激光烧蚀实验,宏观烧蚀形貌如图 1 及图 2 所示,各图中(a)和(b)的激光输出功率密度和时间分别为 500W/cm²,5s;1000W/cm²,5s。

图 4.53 页面边框设置效果

（2）底纹

选中需要设置底纹的内容，选择“开始”选项卡（标号 1）→在“段落”选项组中，单击“边框”下拉按钮（标号 2）→在展开的下拉列表中，单击“边框和底纹”（标号 3），如图 4.51 所示。

在弹出的“边框和底纹”对话框中，选择“底纹”选项卡（标号 1）→在“填充”栏目中（标号 2），选择一种颜色用于填充→在“图案”栏目中（标号 3），选择需要的“样式”和“颜色”，用于设置页面的底纹图案→在“应用于”栏目中（标号 4）选择“段落”或“文字”，即可设置填充的具体位置→单击“确定”按钮（标号 5）保存设置，如图 4.54 所示，最终效果如图 4.55 所示。

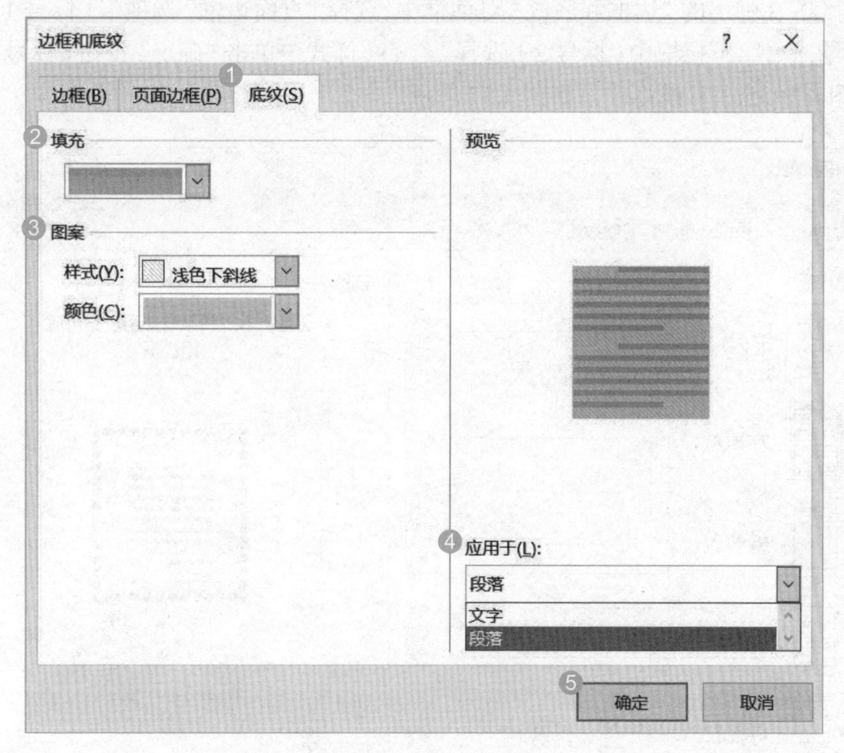

图 4.54 设置“底纹”

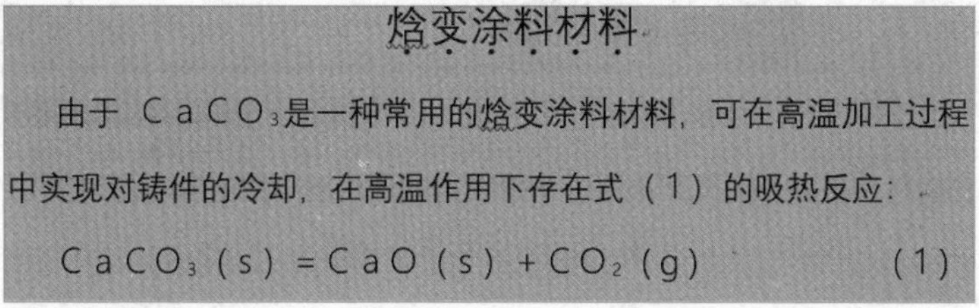

焓变涂料材料

由于 $CaCO_3$ 是一种常用的焓变涂料材料，可在高温加工过程中实现对铸件的冷却，在高温作用下存在式（1）的吸热反应：

$$CaCO_3(s) = CaO(s) + CO_2(g) \quad (1)$$

图 4.55 底纹设置效果

4.7.3 实战演练

习题：

请给文档设置页面边框，要求边框样式为“艺术型”中的“红心”。

4.7.3
习题讲解

解析：

① 将光标置于页面中，选择“开始”选项卡（标号 1）→在“段落”选项组中，单击“边框”下拉按钮（标号 2）→在展开的下拉列表中，单击“边框和底纹”（标号 3），如图 4.51 所示。

② 在弹出的“边框和底纹”对话框中，选择“页面边框”选项卡（标号 1）→在“艺术型”下拉框中（标号 2），选择“红心”样式→单击“确定”按钮（标号 3），如图 4.56 所示。最终效果如图 4.57 所示。

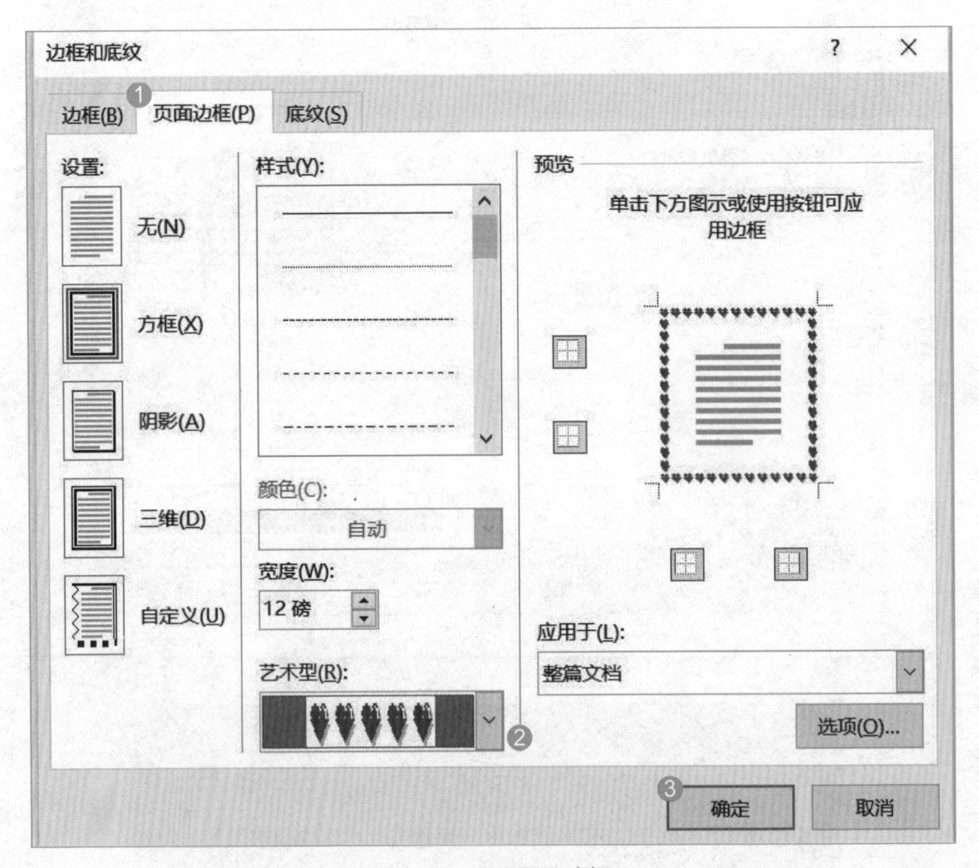

图 4.56 设置页面边框

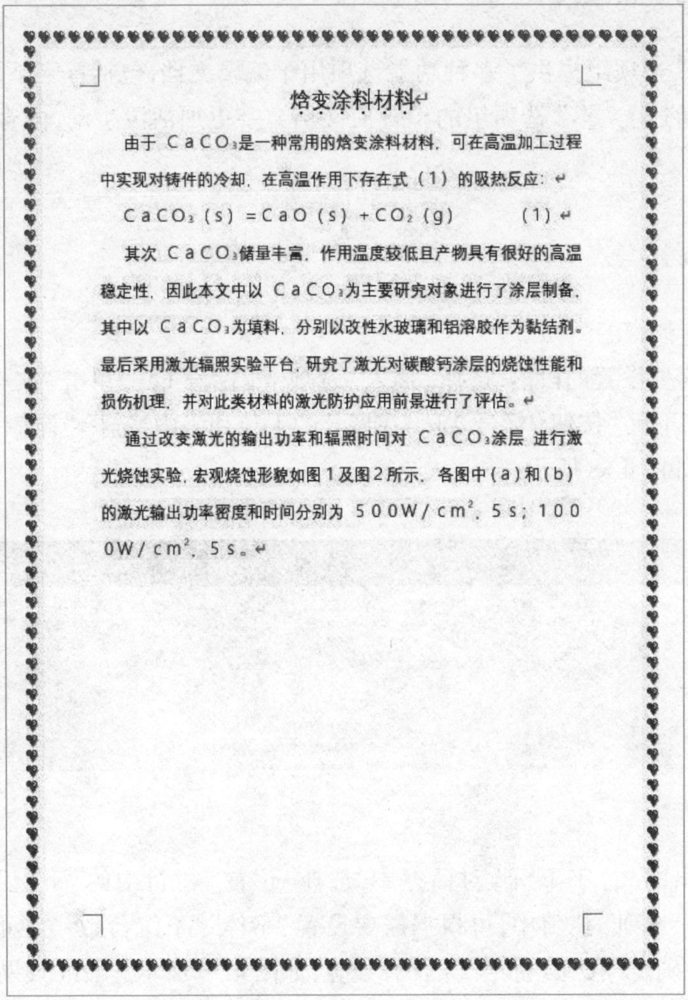

焓变涂料材料

由于 $CaCO_3$是一种常用的焓变涂料材料，可在高温加工过程中实现对铸件的冷却，在高温作用下存在式（1）的吸热反应：

$CaCO_3(s)=CaO(s)+CO_2(g)$ (1)

其次 $CaCO_3$储量丰富，作用温度较低且产物具有很好的高温稳定性，因此本文中以 $CaCO_3$为主要研究对象进行了涂层制备，其中以 $CaCO_3$为填料，分别以改性水玻璃和铝溶胶作为黏结剂。最后采用激光辐照实验平台，研究了激光对碳酸钙涂层的烧蚀性能和损伤机理，并对此类材料的激光防护应用前景进行了评估。

通过改变激光的输出功率和辐照时间对 $CaCO_3$涂层进行激光烧蚀实验，宏观烧蚀形貌如图1及图2所示，各图中(a)和(b)的激光输出功率密度和时间分别为 500W/cm²，5s；1000W/cm²，5s。

图 4.57 页面边框样式最终效果

4.8 文本设置

考查概率★★☆☆☆

难度系数★★★☆☆

高频考点：首字下沉、文本框

4.8.1 文本设置简介

“文本”选项组提供了多种功能选项用于编辑文档,包括首字下沉、文本框等。可以通过“文本”选项组的设置使文档文字更加活泼生动,内容排版更加灵活。

4.8.2 高频考点

(1)首字下沉

单击需要设置的段落,选择“插入”选项卡(标号 1)→单击“文本”选项组中的“首字下沉”按钮(标号 2)→在展开的下拉列表中,选择“首字下沉选项”(标号 3),如图 4.58 所示。

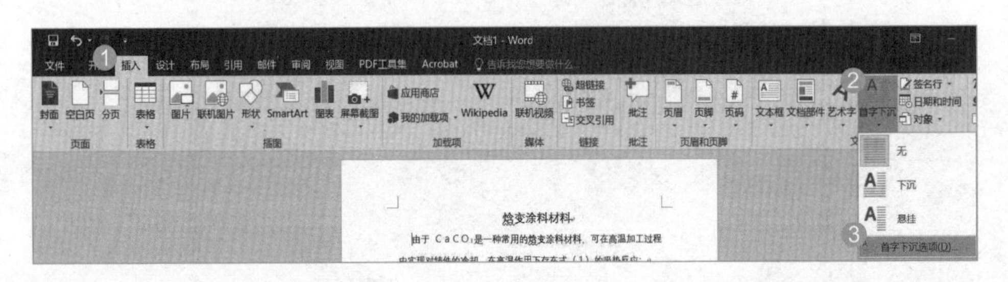

图 4.58 “首字下沉”按钮

在弹出的“首字下沉”对话框中,选择“位置”栏目中的“下沉”按钮(标号 1)→在“选项”栏目中,可根据需要设置“字体”“下沉行数”“距正文”的距离→单击“确定”按钮(标号 2),保存设置,如图 4.59 所示。最终效果如图 4.60 所示。

(2)文本框

将光标置于需要插入文本框的页面,点击“插入”选项卡(标号 1)→在“文本”选项组中点击“文本框”按钮(标号 2),此时会弹出“内置”下拉列表(标号 3),显示 Word 自带的多种文本框样式,如图 4.61 所示。

根据需要在“内置”下拉列表中选择一种样式,然后直接输入内容替换原有的文字,例如选择“简单文本框”样式,效果如图 4.62 所示。

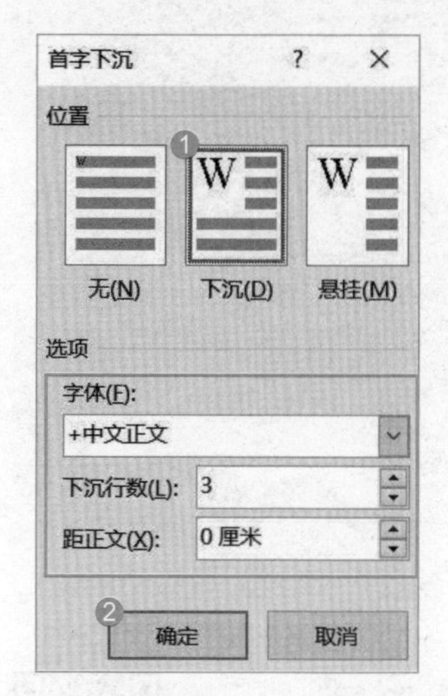

图 4.59　“首字下沉”对话框

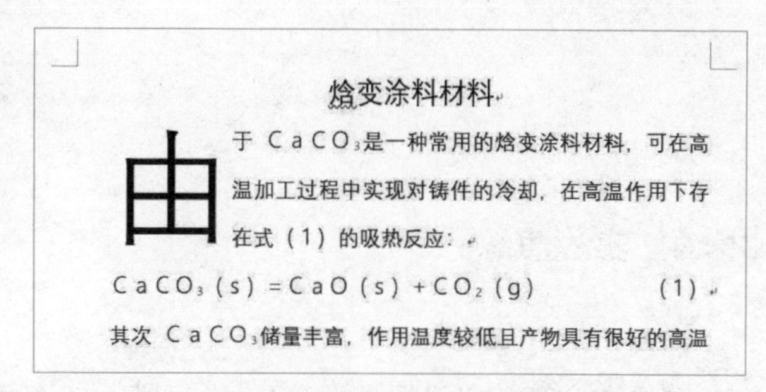

图 4.60　“首字下沉”样式

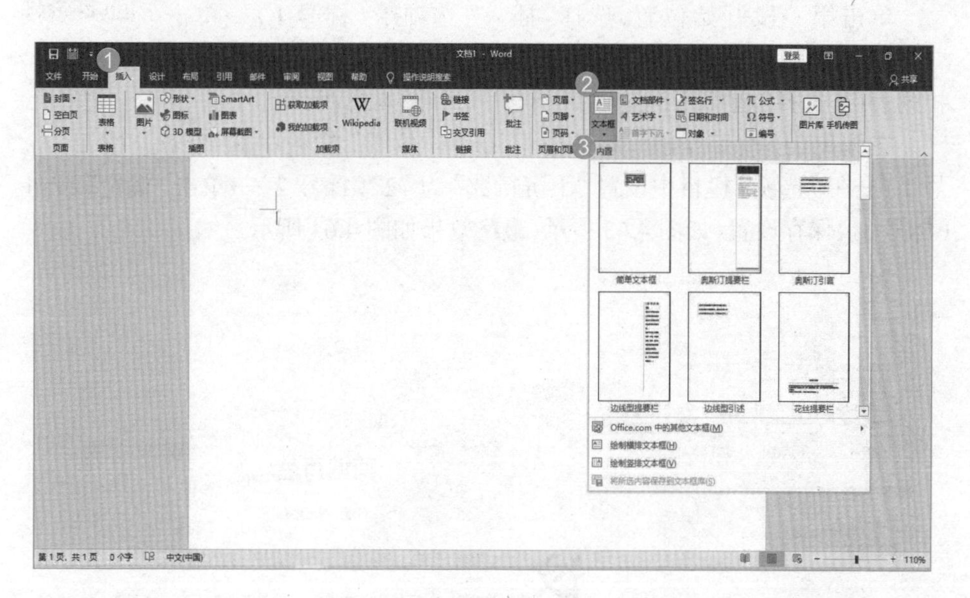

图 4.61　插入“文本框”

点击文本框，在“绘图工具 | 格式”选项卡中可对文本框的形状样式内容进行设置。

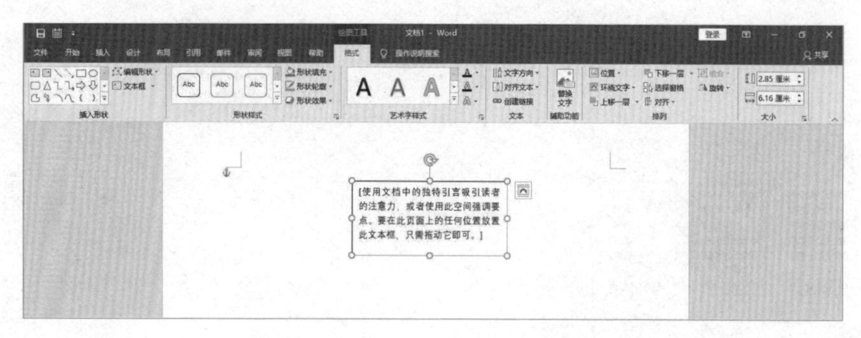

图 4.62 插入“文本框”效果

4.8.3 实战演练

习题：

请给文章第一段设置“首字下沉”，下沉的行数为“2 行”。

4.8.3
习题讲解

解析：

单击第一段开始位置，选择“插入”选项卡(标号 1)→单击“文本”选项组中的“首字下沉”下拉按钮(标号 2)→在展开的下拉列表中，选择“首字下沉选项”(标号 3)，如图 4.58 所示。

在弹出的“首字下沉”对话框中，选择“位置”栏目中的“下沉”按钮(标号 1)→在“选项”栏目中设置“下沉行数”为“2”(标号 2)→单击“确定”按钮(标号 3)，保存设置，如图 4.63 所示，最终效果如图 4.64 所示。

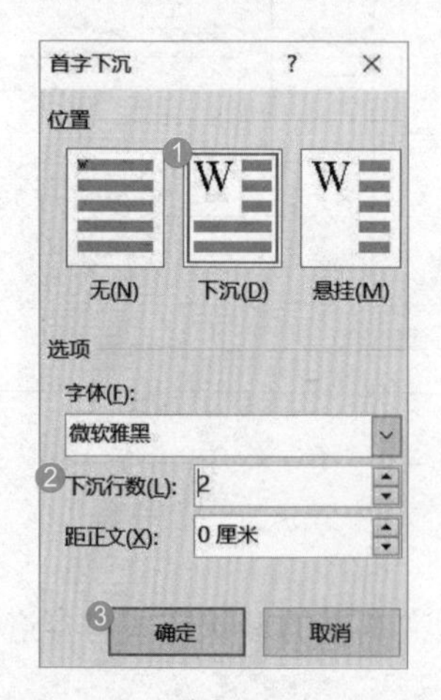

图 4.63 “首字下沉”对话框

荷塘月色

作者: 朱自清

这几天心里颇不宁静。今晚在院子里坐着乘凉，忽然想起日日走过的荷塘，在这满月的光里，总该另有一番样子吧。月亮渐渐地升高了，墙外马路上孩子们的欢笑，已经听不见了；妻在屋里拍着闰儿，迷迷糊糊地哼着眠歌。我悄悄地披了大衫，带上门出去。

图 4.64 “首字下沉”样式效果

4.9 页眉和页脚

考查概率★★☆☆☆

难度系数★★★☆☆

高频考点：编辑页眉、编辑页脚

4.9.1 页眉和页脚简介

每个页面的顶部区域为页眉，底部区域为页脚。页眉和页脚常用于显示文档的附加信息，可以插入页码、时间、图形、文档标题、文件名或作者姓名等。

4.9.2 高频考点

（1）编辑页眉

双击文档页面的顶部或底部，打开“页眉和页脚工具”→在“设计”选项卡中（标号 1），选择“页眉和页脚”选项组中的“页眉”下拉按钮（标号 2）→在展开的列表中，选择一种需要的页眉样式→在“选项”选项组中，可以根据需要勾选“首页不同”和“奇偶页不同”，对不同页设置不同的页眉，如图 4.65 所示→在页眉处输入文字，即可看到最终样式，如图 4.66 所示。

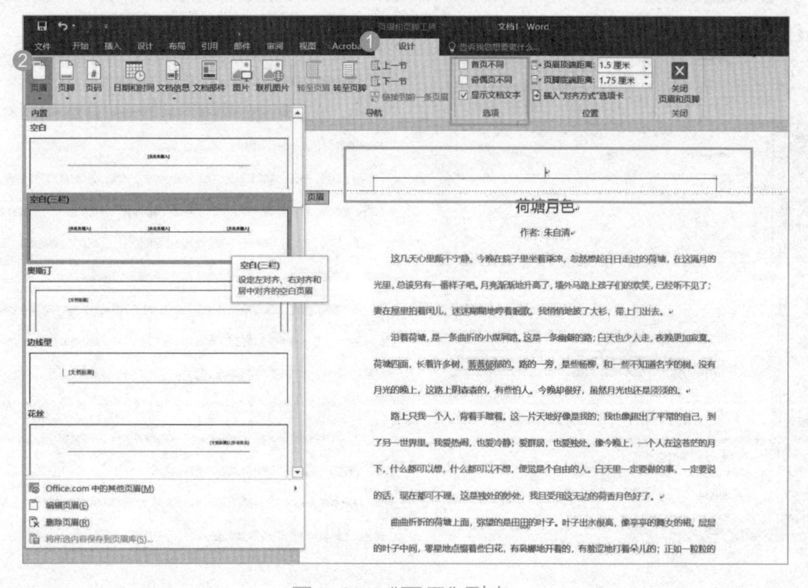

图 4.65 “页眉”列表

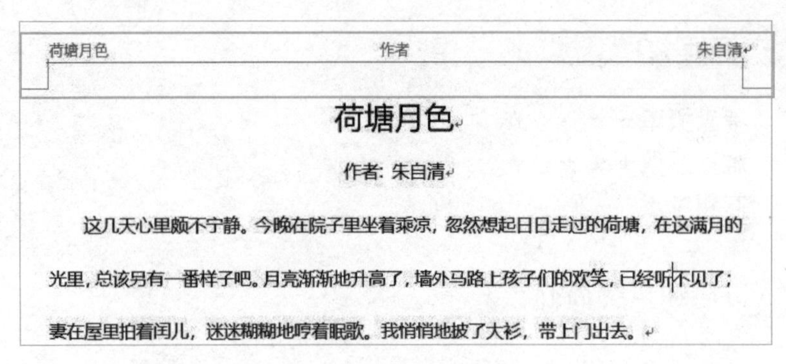

荷塘月色
作者
朱自清
荷塘月色
作者: 朱自清
这几天心里颇不宁静。今晚在院子里坐着乘凉，忽然想起日日走过的荷塘，在这满月的
光里，总该另有一番样子吧。月亮渐渐地升高了，墙外马路上孩子们的欢笑，已经听不见了；
妻在屋里拍着闰儿，迷迷糊糊地哼着眠歌。我悄悄地披了大衫，带上门出去。

图 4.66 页眉样式效果

（2）编辑页脚

双击文档页面的顶部或底部，打开“页眉和页脚工具”→在“设计”选项卡中（标号 1），选择“页眉和页脚”选项组中的“页脚”下拉按钮（标号 2）→在展开的列表中，选择一种需要的页脚样式→在“选项”选项组中，可以根据需要勾选“首页不同”和“奇偶页不同”，对不同页设置不同的页脚，如图 4.67 所示→在页脚处输入文字，即可看到最终的效果，如图 4.68 所示。

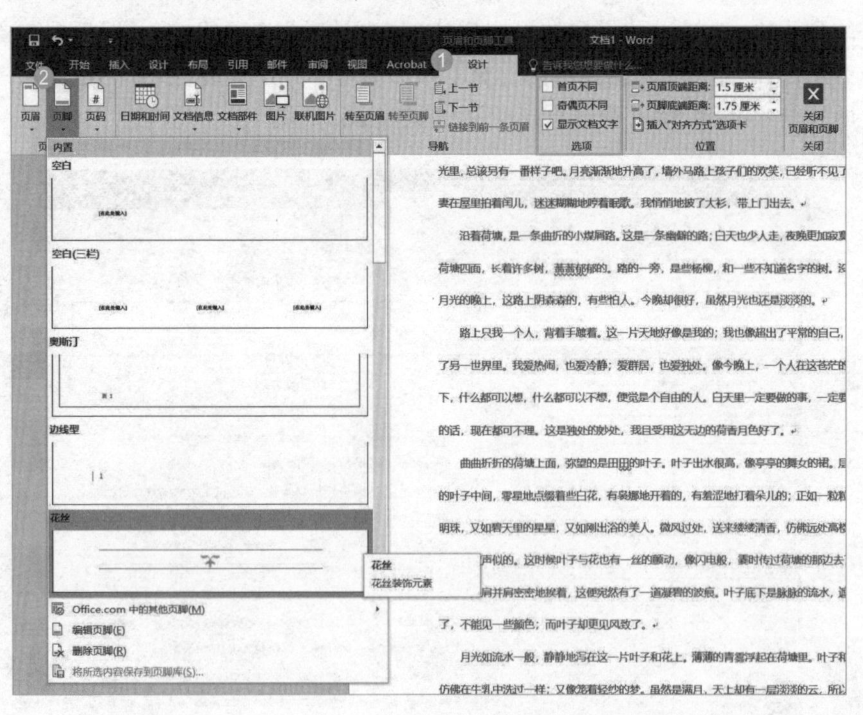

图 4.67 “页脚”按钮

月光如流水一般，静静地泻在这一片叶子和花上。薄薄的青雾浮起在荷塘里。叶子和花仿佛在牛乳中洗过一样；又像笼着轻纱的梦。虽然是满月，天上却有一层淡淡的云，所以不能朗照；但我以为这恰是到了好处——酣眠固不可少，小睡也别有风味的。月光是隔了树照

图 4.68 页脚样式效果

4.9.3 实战演练

习题：

为文档加上“空白”页眉样式，输入文字“荷塘月色”。

解析：

双击文档页面的顶部或底部，打开“页眉和页脚工具”→在“设计”选项卡中（标号 1），选择“页眉和页脚”选项组中的“页眉”下拉按钮（标号 2）→在展开的列表中，选择任一种页眉样式，如图 4.65 所示→在页眉处输入“荷塘月色”，即可看到最终效果，如图 4.69 所示。

4.9.3
习题讲解

荷塘月色

荷塘月色

作者：朱自清

图 4.69 页眉样式

4.10 表格的基本操作

考查概率★★★★★

难度系数★★★☆☆

高频考点：表格的插入与删除、表格与文本相互转换、表格的合并与拆分

4.10.1　表格的基本操作简介

表格是一种组织、整理数据的工具，方便数据的处理和分析。表格的基本操作包括表格的合并、拆分等内容，方便我们更好地呈现数据。

4.10.2　高频考点

（1）表格的插入与删除

新建一个Word空白文档，将光标置于页面中，单击“插入”选项卡（标号1）→在“表格”选项组中，单击“表格”下拉按钮（标号2）→在展开的下拉列表中，在上部的表格区用鼠标拉出所需行列数的表格或单击“插入表格”选项→选择插入表格的行数和列数即可，如图4.70所示，最终插入表格样式如图4.71所示。

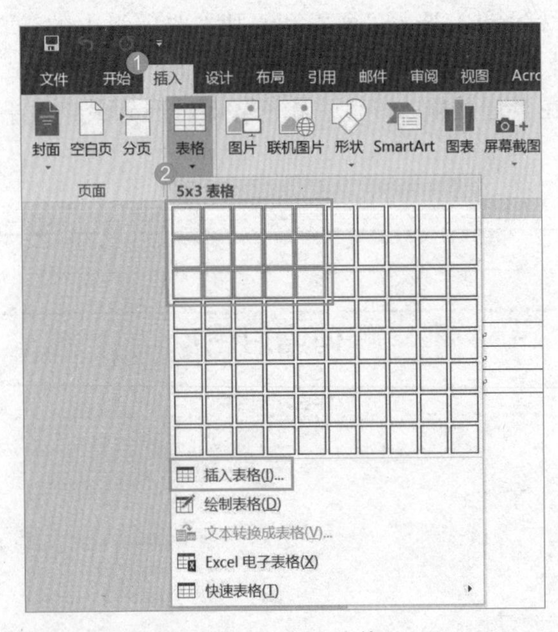

图4.70　插入表格

图 4.71 表格样式

选中需要删除的表格，单击鼠标右键→在弹出的快捷菜单中，单击“删除单元格”选项（标号 1），如图 4.72 所示→在弹出的“删除单元格”对话框中，选择一种删除方式（标号 2），即可删除单元格，如图 4.73 所示，删除单元格后的效果如图 4.74 所示。

（2）表格与文本相互转换

在文档中输入如下内容：

课程名称	上课时间	任课教师
C 语言	周一 1 ~ 2	张一
大学数学	周三 3 ~ 4	王小
计算机网络	周五 7 ~ 8	张良

选中文本，单击“插入”选项卡（标号 1）→在“表格”选项组中，单击“表格”下拉按钮（标号 2）→在展开的下拉列表中，单击“文本转换成表格”选项（标号 3），如图 4.75 所示。

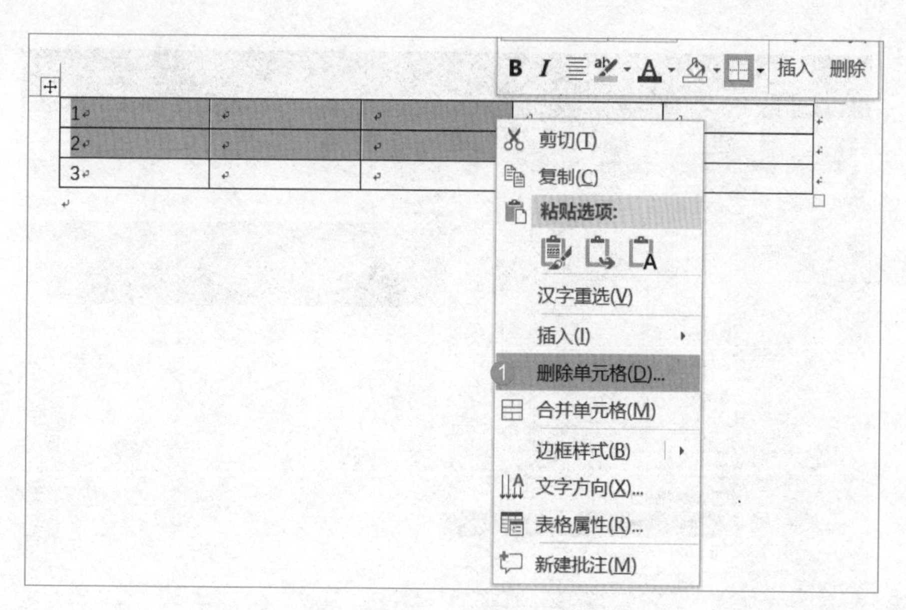

图 4.72 “删除单元格”选项

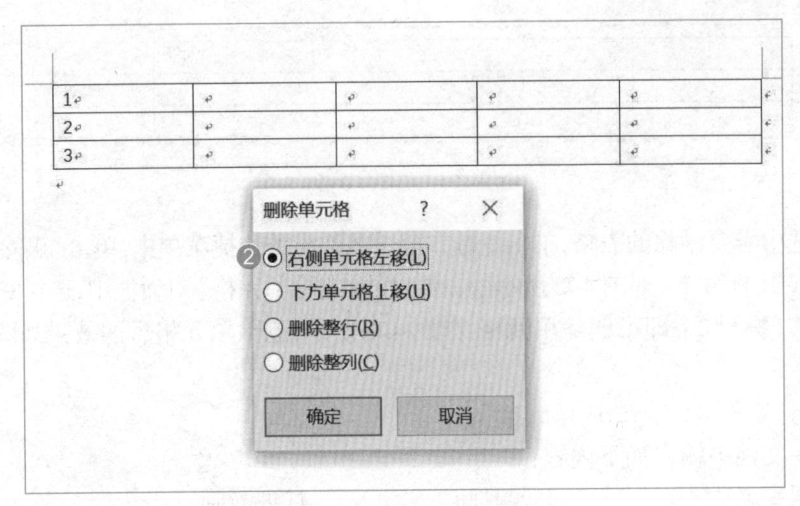

图 4.73 “删除单元格”对话框

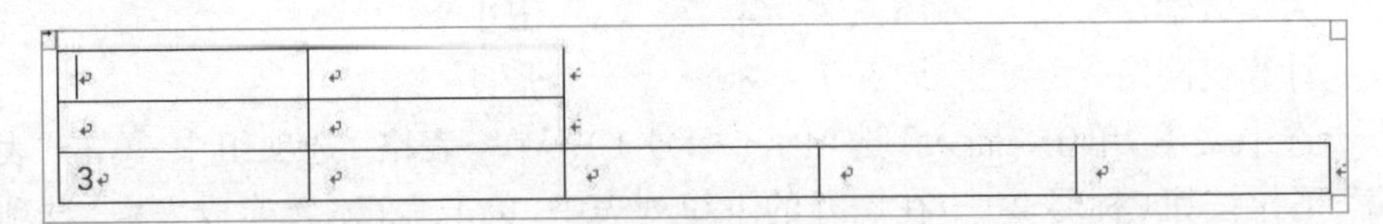

图 4.74 删除单元格后的效果

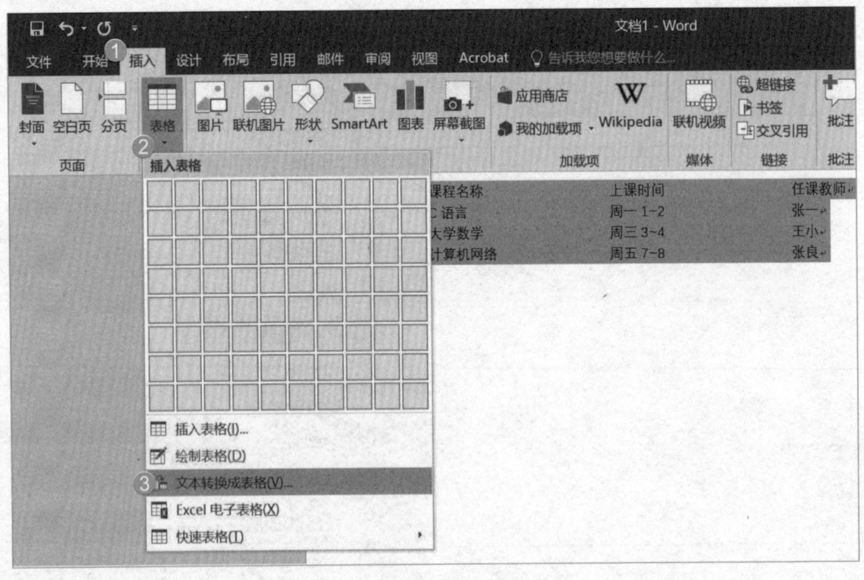

图 4.75 “文本转换成表格”选项

在弹出的“将文字转换成表格”对话框中，在“表格尺寸”栏目中（标号 1）可以输入表格的行数和列数→在“‘自动调整’操作”栏目中，可选择表格为“固定列宽”，也可选择“根据内容调整表格”或“根据窗口调整表格”的尺寸→在“文字分隔位置”栏目中，可根据需要选择文字分隔的方式→单击“确定”按钮（标号 2）保存设置，如图 4.76 所示。最终生成的表格如图 4.77 所示。

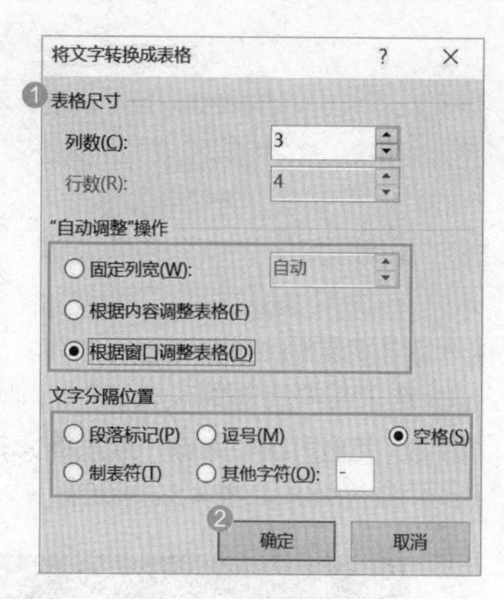

图 4.76 “将文字转换成表格”对话框

选中表格，单击“表格工具”中的“布局”选项卡（标号 1）→在“数据”选项组中，单击“转换为文本”按钮（标号 2）→弹出“表格转换成文本”对话框，在对话框中选择一种“文字分隔符”方式，单击“确定”按钮（标号 3），如图 4.78 所示，表格转换为文字的效果如图 4.79 所示。

课程名称	上课时间	任课教师
C 语言	周一 1~2	张一
大学数学	周三 3~4	王小
计算机网络	周五 7~8	张良

图 4.77 生成表格效果

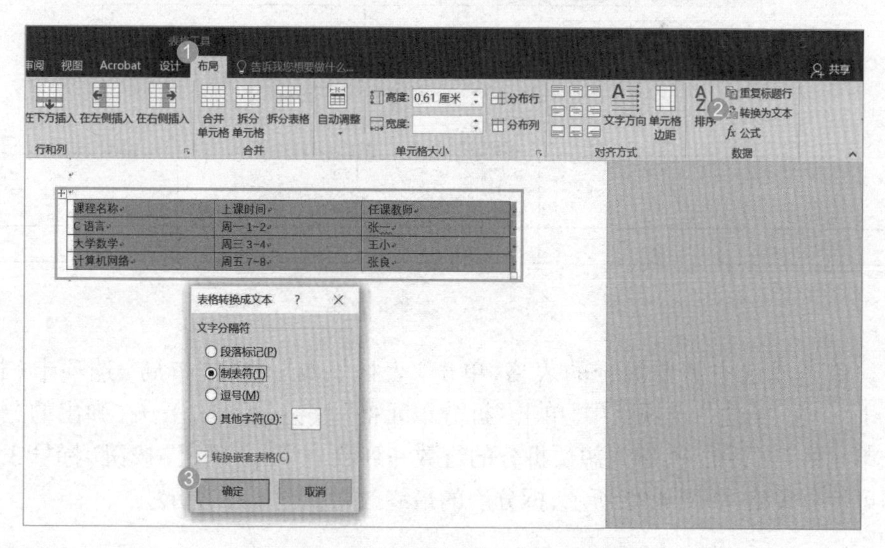

图 4.78 “表格转换成文本”对话框

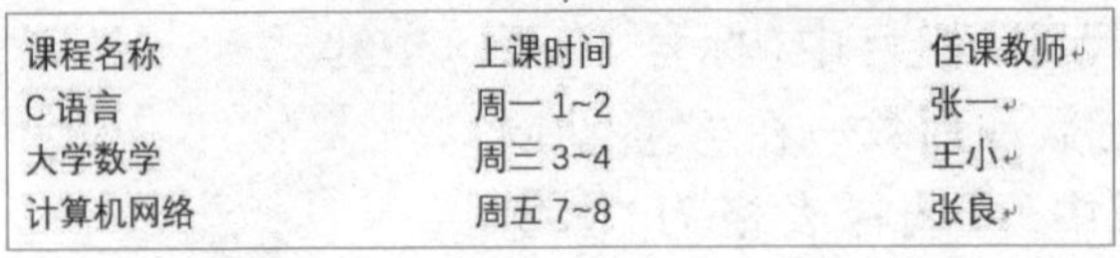

课程名称 上课时间 任课教师
C 语言 周一 1~2 张一
大学数学 周三 3~4 王小
计算机网络 周五 7~8 张良

图 4.79 表格转换为文字效果

(3)表格的合并与拆分

选中需要合并的表格,单击“表格工具”中的“布局”选项卡(标号 1)→在“合并”选项组中,单击“合并单元格”按钮(标号 2),即可合并表格,如图 4.80 所示,最终效果如图 4.81 所示。

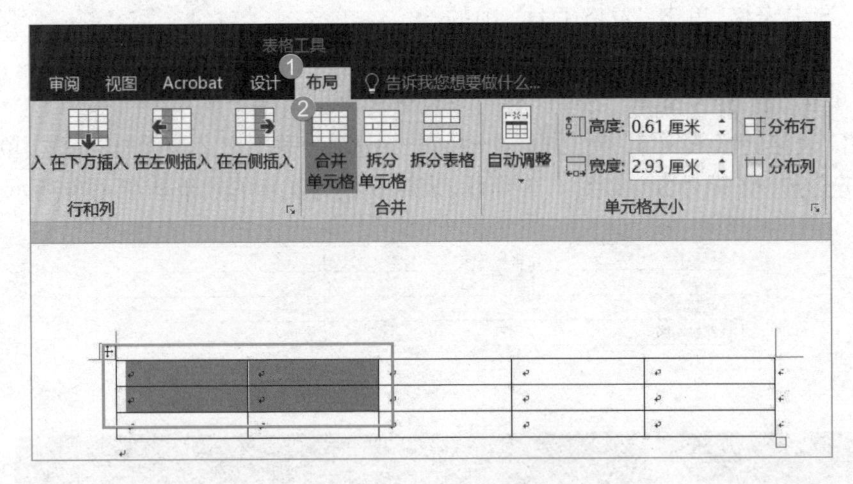

图 4.80 “合并单元格”按钮

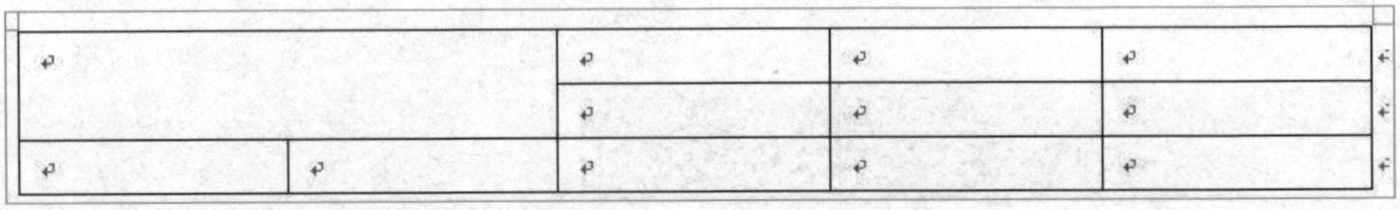

图 4.81 合并表格效果

单击或选中需要拆分的表格,单击“表格工具”中的“布局”选项卡(标号 1)→在“合并”选项组中,单击“拆分单元格”按钮(标号 2)→在弹出的“拆分单元格”对话框中,输入想要拆分的行数和列数→单击”确定”按钮(标号 3),即可拆分表格,如图 4.82 所示,拆分后的最终效果如图 4.83 所示。

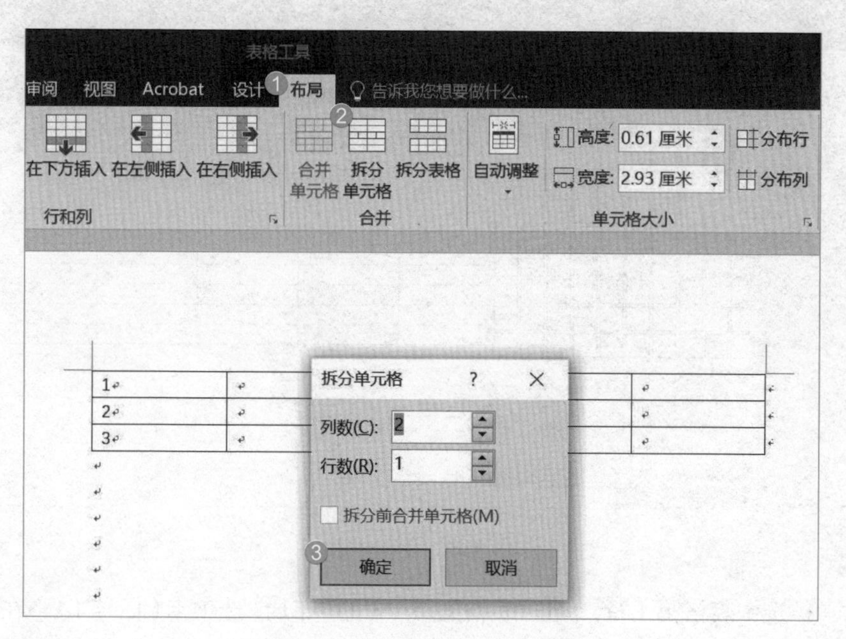

图 4.82　“拆分单元格”对话框

1				
2				
3				

图 4.83　表格拆分后的效果

4.10.3　实战演练

习题：

在文档中插入 5 行 5 列的表格，并且合并表格的第 1 行。

4.10.3
习题讲解

解析：

① 新建一个 Word 空白文档，将光标置于页面中，单击“插入”选项卡（标号 1）→在“表格”选项组中，单击“表格”下拉按钮（标号 2）→在展开的下拉列表中，在上部的表格区用鼠标拉出一个 5×5 的表格后点击鼠标，如图 4.84 所示。

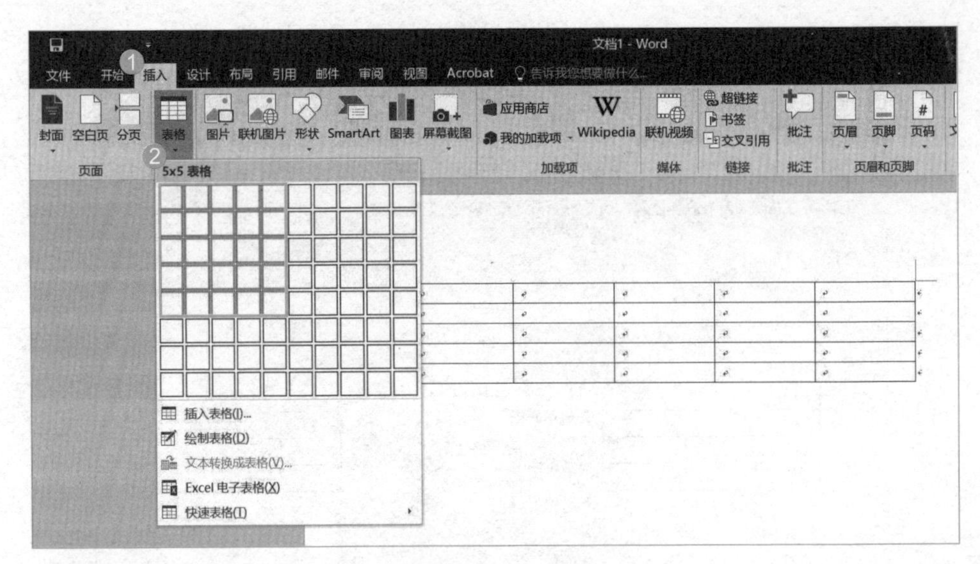

图 4.84 插入表格

② 选中表格第1行,单击“表格工具”中的“布局”选项卡(标号1)→在“合并”选项组中,单击“合并单元格”按钮(标号2),即可合并表格,效果如图4.85所示。

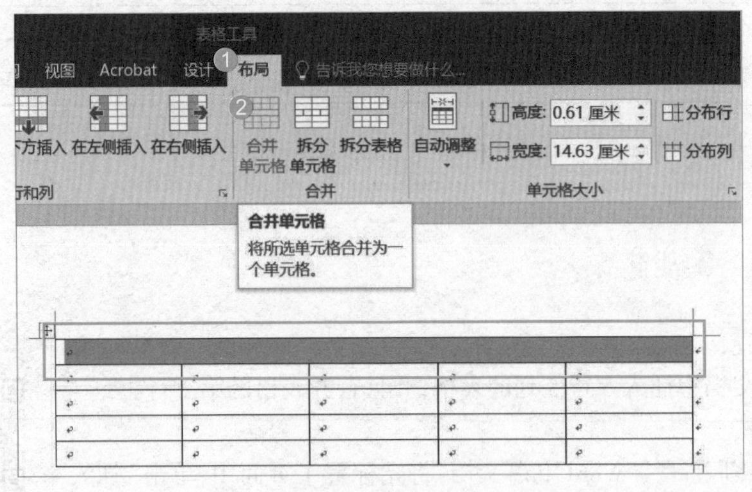

图 4.85 设置效果

4.11 表格的美化

考查概率★★★★☆

难度系数★★★☆☆

高频考点：表格的框线设置、表格对齐及行高、列宽

4.11.1 表格的美化简介

表格应该布局合理、结构清晰。可以通过设置、调整表格的布局与样式，使得表格易读且美观。

4.11.2 高频考点

（1）表格的框线设置

选中表格，单击“表格工具”中的“设计”选项卡（标号 1）→在“边框”选项组中，单击“边框样式”（标号 2）下拉按钮，选择需要的边框样式，如图 4.86 所示。

在“笔画粗细”（标号 3）下拉按钮中，可选择边框的粗细，如图 4.87 所示→在“笔颜色”（标号 4）下拉按钮中，可选择边框的颜色，如图 4.88 所示。

单击“边框”下拉按钮（标号 5），在展开的下拉列表中选择需要的框线，如图 4.89 所示。

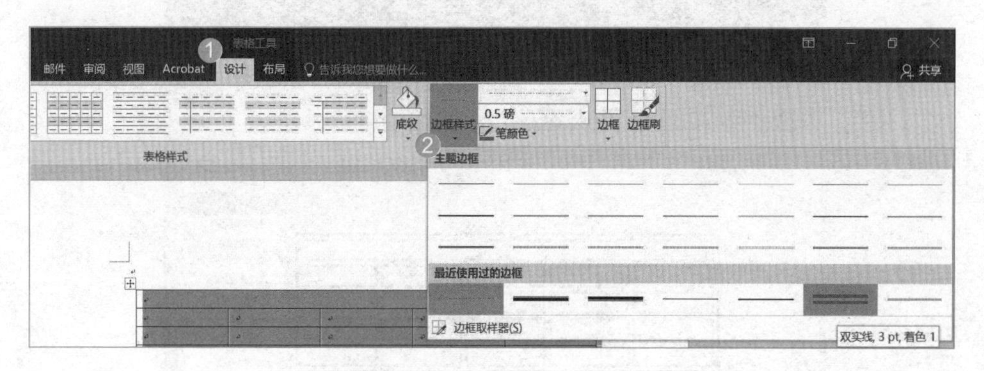

图 4.86 “边框样式”下拉按钮

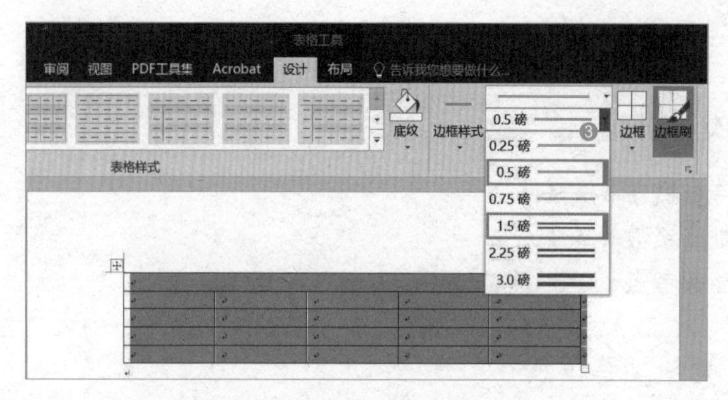

图 4.87 “笔画粗细”下拉按钮

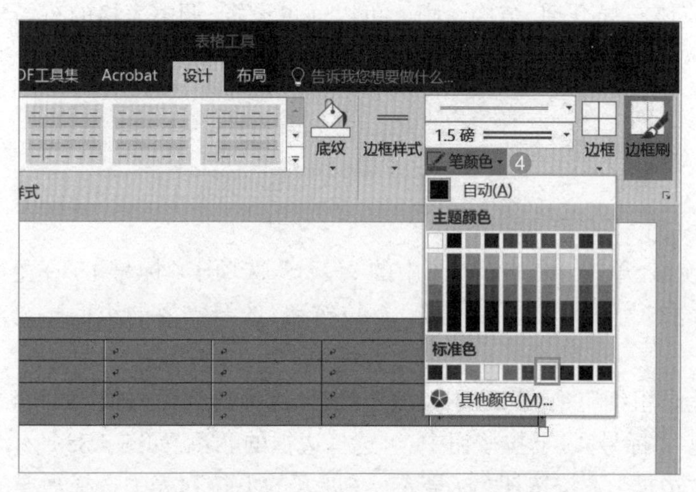

图 4.88 “笔颜色”下拉按钮

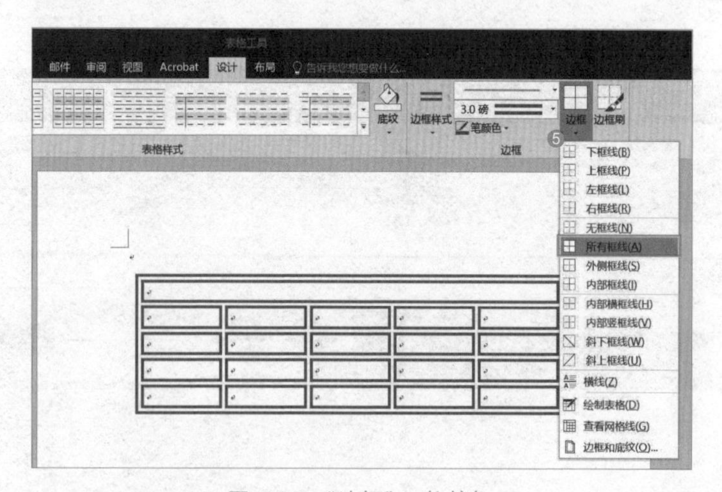

图 4.89 “边框”下拉按钮

（2）表格对齐及行高、列宽

选中表格，单击“表格工具”中的“布局”选项卡（标号 1）→在“对齐方式”选项组中（标号 2），选择一种对齐方式→单击“表”选项组中的“属性”按钮（标号 3），对行高、列宽进行设置，如图 4.90 所示。

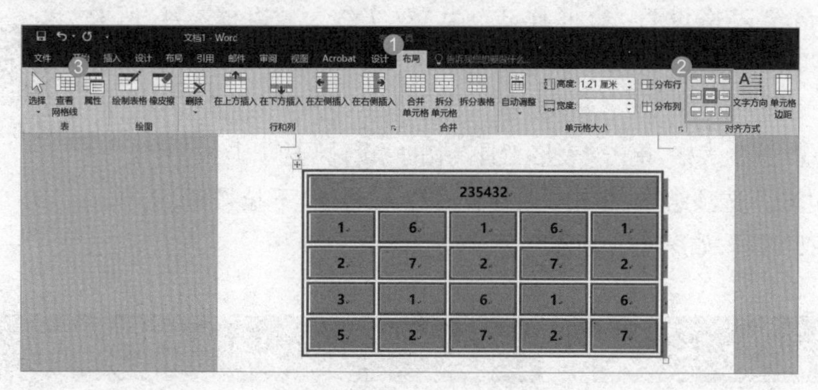

图 4.90　选择对齐方式

在弹出的“表格属性”对话框中，可以通过“行”（标号 1）和“列”（标号 2）两个选项卡修改行高和列宽。在“尺寸”栏目中，填写“指定高度”或“指定宽度”数值，单击“确定”按钮（标号 3），即可完成表格的行高、列宽设置，如图 4.91 所示。

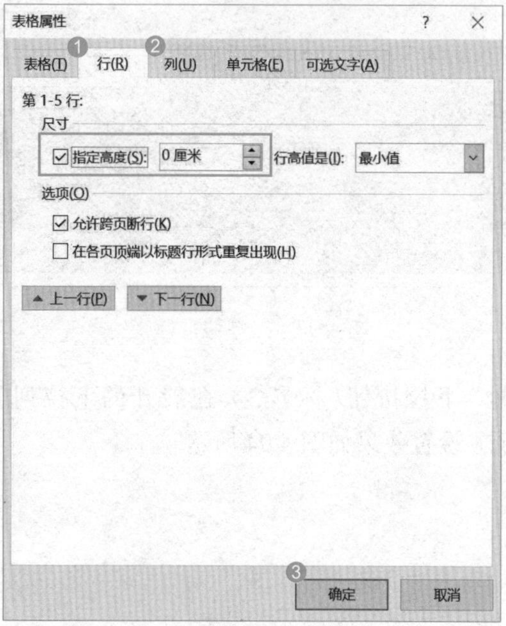

表格属性
表格(T)　行(R)　列(U)　单元格(E)　可选文字(A)
第 1-5 行:
尺寸
指定高度(S): 0 厘米　行高值是(I): 最小值
选项(O)
允许跨页断行(K)
在各页顶端以标题行形式重复出现(H)
上一行(P)　下一行(N)
确定　取消

图 4.91　“表格属性”对话框

4.11.3 实战演练

习题:

请给表格设置“边框样式”为“双实线”,“边框”为“所有框线”。

4.11.3
习题讲解

解析:

① 选中表格,单击“表格工具”中的“设计”选项卡(标号1)→在“边框”选项组中,单击“边框样式”(标号2)下拉按钮,选择一种“双实线”,如图4.92所示。

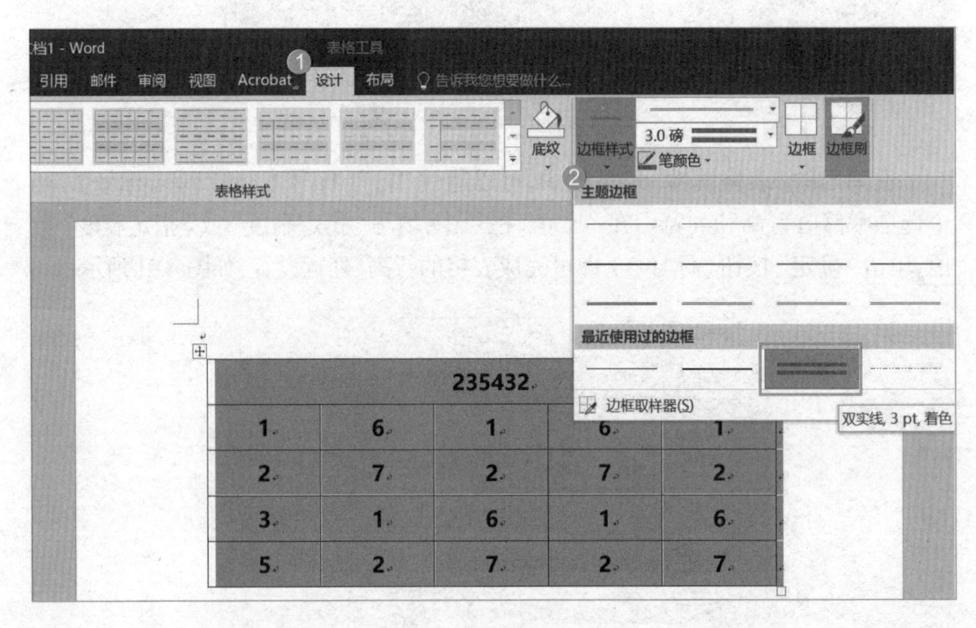

图4.92 选择边框样式

② 单击“边框”下拉按钮(标号3),在展开的下拉列表中选择“所有框线”,如图4.93所示。设置效果如图4.94所示。

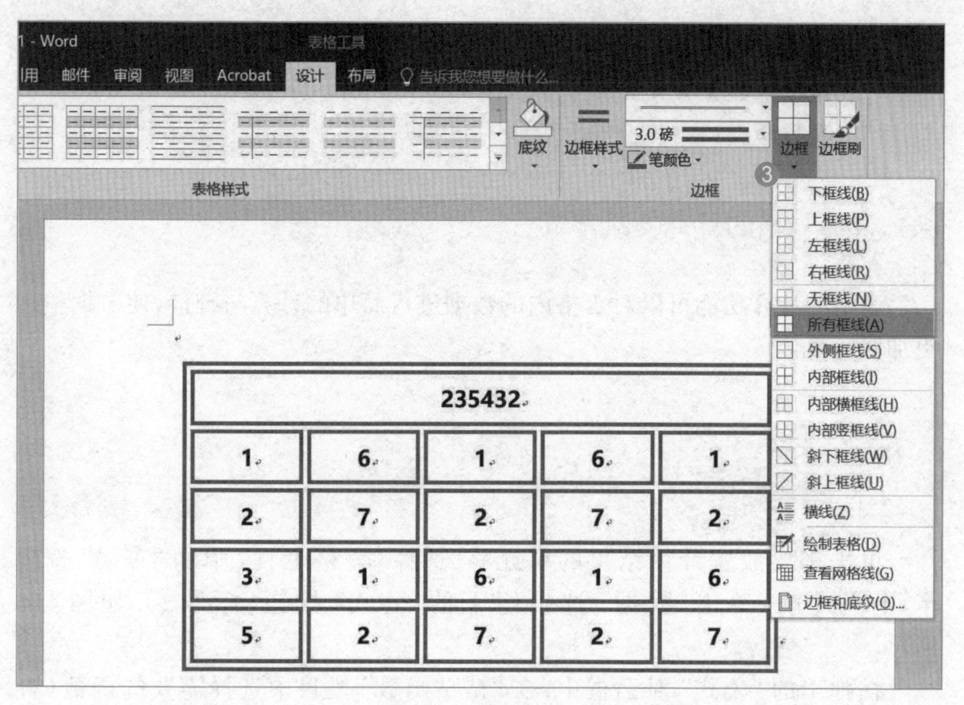

图 4.93　设置边框

235432				
1	6	1	6	1
2	7	2	7	2
3	1	6	1	6
5	2	7	2	7

图 4.94　设置效果

4.12 表格的计算与排序

考查概率★★☆☆☆

难度系数★★★★☆

高频考点:表格的计算、表格的排序

4.12.1 表格的计算与排序简介

表格的计算功能可以对表格内的数据进行简单的计算与统计,使数据整理更加便捷。

4.12.2 高频考点

(1) 表格的计算

单击需要放置计算结果的单元格,选择“表格工具”中的“布局”选项卡(标号1)→单击“数据”选项组下的“公式”按钮(标号2),如图4.95所示。

在弹出的“公式”对话框中,在“粘贴函数”栏目中选择需要的函数(标号3),即可看到公式会自动粘贴到“公式”栏目中,本例中应用的公式是“SUM”求和公式。选取需要的函数后,单击“确定”按钮(标号4),可对表格内容进行计算,如图4.96所示。

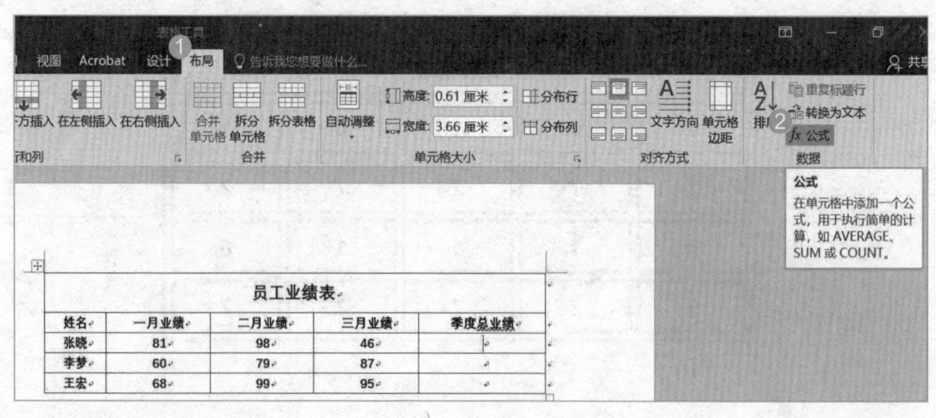

图 4.95 “公式”按钮

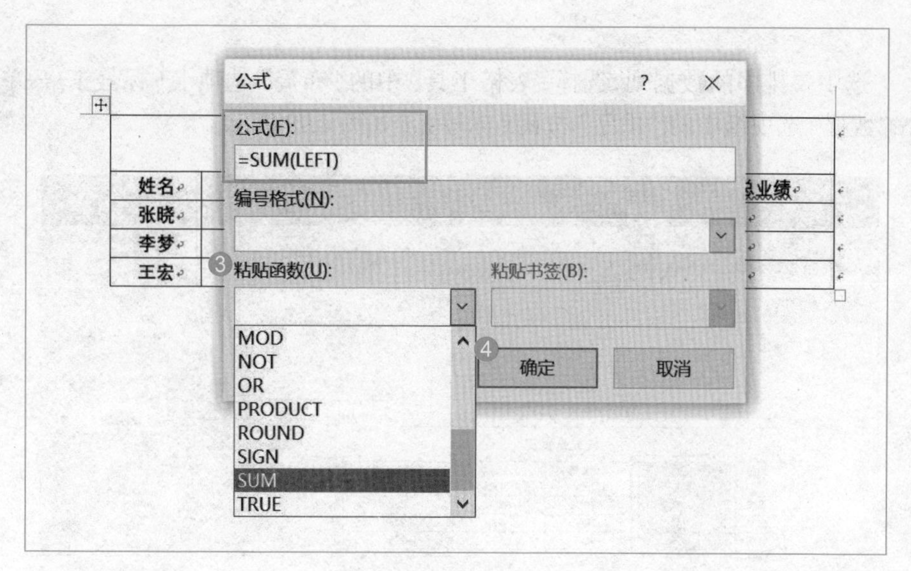

图 4.96 “公式”对话框

表格的计算结果如图 4.97 所示。其余未计算的表格,可按键盘上 F4 键来进行数据的填充。

员工业绩表				
姓名	一月业绩(万元)	二月业绩(万元)	三月业绩(万元)	季度总业绩(万元)
张晓	81	98	46	225
李梦	60	79	87	
王宏	68	99	95	

图 4.97 计算结果

Word 表格计算公式中,常用的函数如下所示:

● 求和函数 SUM( )

● 减法运算需要手动输入公式,例如“=B2.C2”表示计算第 2 列第 2 行—第 3 列第 2 行的值

● 求积函数 PRODUCT( )

● 求平均值函数 AVERAGE( )

注意,在公式的“( )”里,可以填写以下按钮:left——向左计算;right——向右计算;below——向下计算;above——向上计算。可根据实际操作切换公式。

(2)表格的排序

选中要排序的数据列,选择“表格工具”中的“布局”选项卡(标号 1)→单击“数据”选项组中的“排序”按钮(标号 2),如图 4.98 所示。

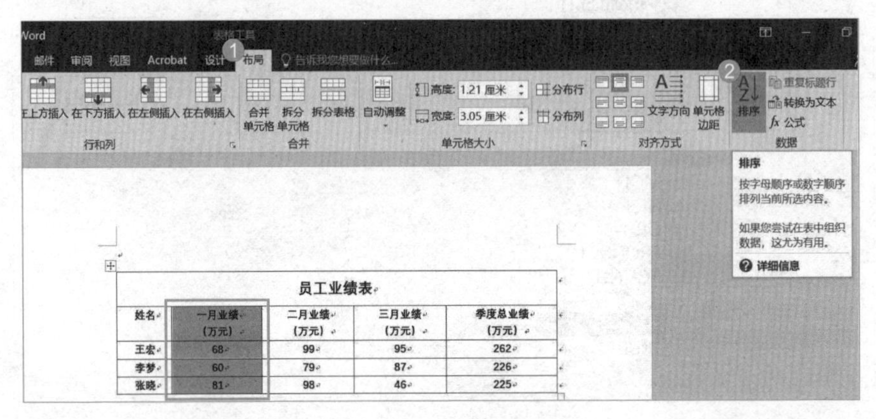

图 4.98 “排序”按钮

在弹出的“排序”对话框中,单击“列表”选项组的“有标题行”单选按钮(标号 1)→设置要排序的“主要关键字”(标号 2)。“次要关键字”和“第三关键字”可根据需要进行设置→“类型”选项可选择排序的方式,根据需要选择“升序”或“降序”→单击“确定”按钮(标号 3)保存设置,如图 4.99 所示,最终排序结果如图 4.100 所示。

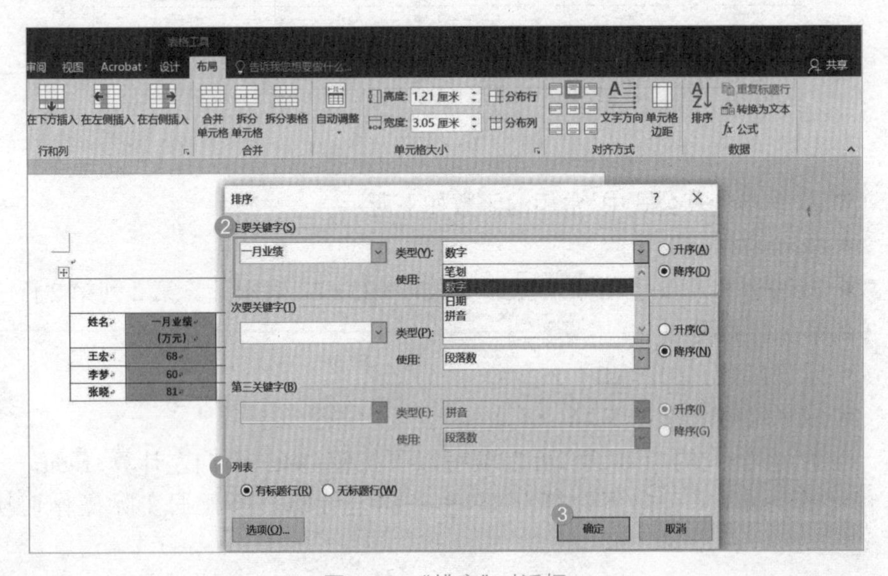

图 4.99 “排序”对话框

员工业绩表				
姓名	一月业绩（万元）	二月业绩（万元）	三月业绩（万元）	季度总业绩（万元）
张晓	81	98	46	225
王宏	68	99	95	262
李梦	60	79	87	226

图 4.100 排序后的结果

4.12.3 实战演练

习题：

4.12.3
习题讲解

请计算员工业绩表中各员工季度的平均业绩。

解析：

① 单击需要放置计算结果的表格，选择“表格工具”中的“布局”选项卡（标号 1）→单击“数据”选项组下的“公式”按钮（标号 2），如图 4.101 所示。

员工业绩表				
姓名	一月业绩（万元）	二月业绩（万元）	三月业绩（万元）	平均业绩（万元）
张晓	81	98	46	
王宏	68	99	95	
李梦	60	79	87	

图 4.101 “公式”按钮

② 在弹出的“公式”对话框中，在“粘贴函数”栏目（标号 1），选择计算平均值的“AVERAGE”函数，公式会自动粘贴到“公式”栏目中→在公式“=AVERAGE( )”的“( )”里，填写计算的位置为“left”，表示计算的是左侧行里

数值的平均数→单击“确定”按钮（标号 2），即可进行平均值的计算，如图 4.102 所示，最终的表格计算结果如图 4.103 所示。

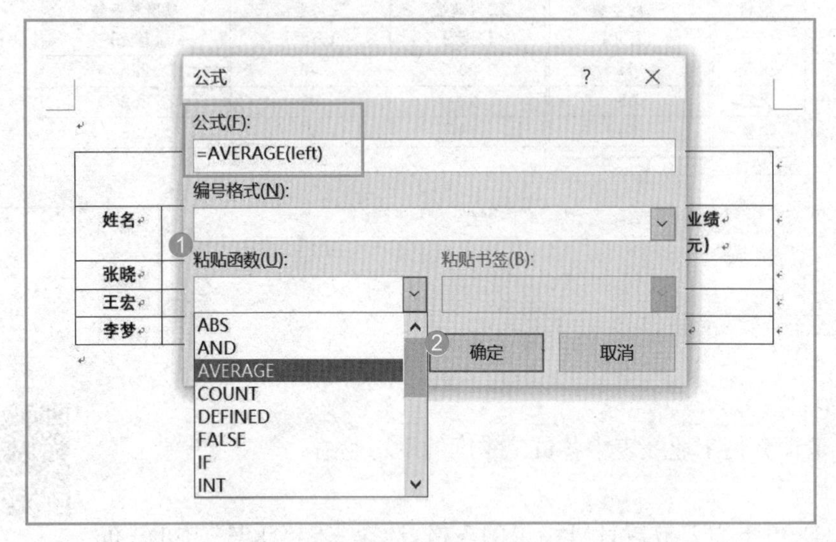

图 4.102　平均值计算

员工业绩表				
姓名	一月业绩（万元）	二月业绩（万元）	三月业绩（万元）	平均业绩（万元）
张晓	81	98	46	75
王宏	68	99	95	87.33
李梦	60	79	87	75.33

图 4.103　季度平均业绩

4.13 插图设置

考查概率★★★☆☆

难度系数★★★☆☆

高频考点：插入图片、插入 SmartArt 图形

4.13.1 插图设置简介

插图指的是插在文字中间用以说明文字内容的图画，对文字内容做形象的说明，以加强内容的可读性。

4.13.2 高频考点

（1）插入图片

打开文档，将光标置于页面中，选择“插入”选项卡（标号 1）→在“插图”选项组中，单击“图片”按钮（标号 2）→在弹出的“插入图片”对话框中，双击存有本地图片的文件夹（标号 3），如图 4.104 所示→出现如图 4.105 所示的结果，选择需要插入的图片，单击“插入”按钮（标号 4），最终插图效果如图 4.106 所示。

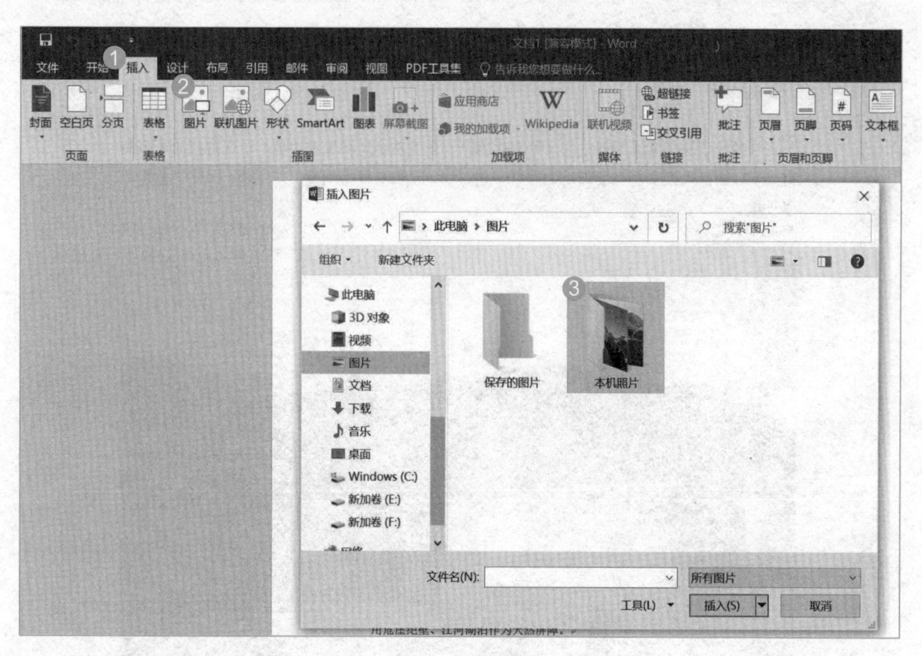

图 4.104 “插入图片”对话框

图 4.105 选择插入图片

长城位于中国北方地区，为世界文化遗产、全国重点文物保护单位、中国古代的军事防御工程，是自人类文明以来最巨大的单一建筑物。因长城东西绵延上万华里，因此又称作万里长城。

长城修筑的历史可上溯到西周时期，发生在首都镐京（今陕西西安）的著名的典故“烽

图 4.106 插入图片效果

（2）插入 SmartArt 图形

打开文档，将光标置于页面中，选择“插入”选项卡（标号 1）→在“插图”选项组中，单击“SmartArt”按钮（标号 2），如图 4.107 所示→在弹出的“选择 SmartArt 图形”对话框中，选择要插入的图形样式，单击“确定”按钮（标号 3），即可插入 SmartArt 图形，如图 4.108 所示，最终效果如图 4.109 所示。

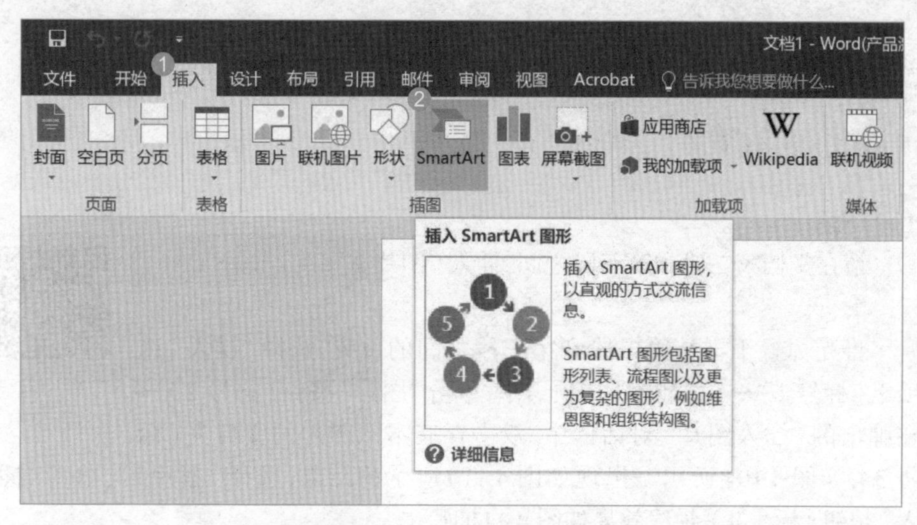

图 4.107 “SmartArt”按钮

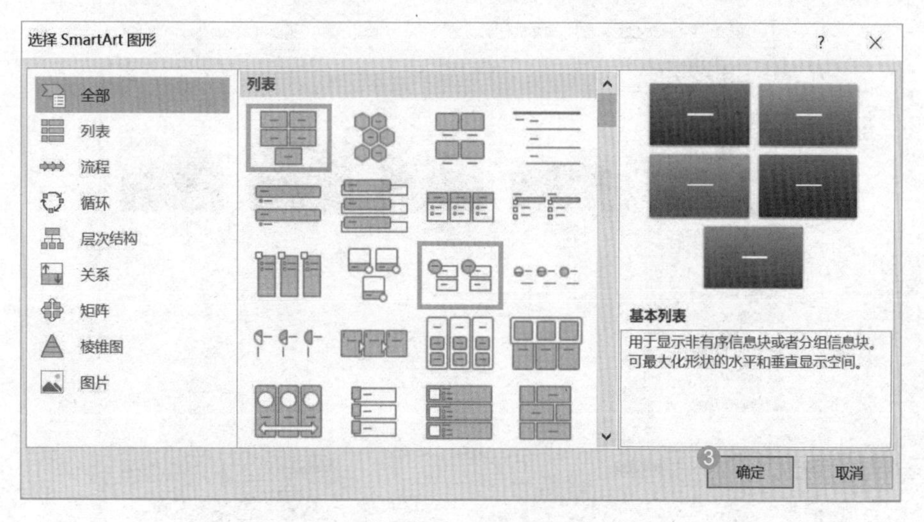

图 4.108 “选择 SmartArt 图形”对话框

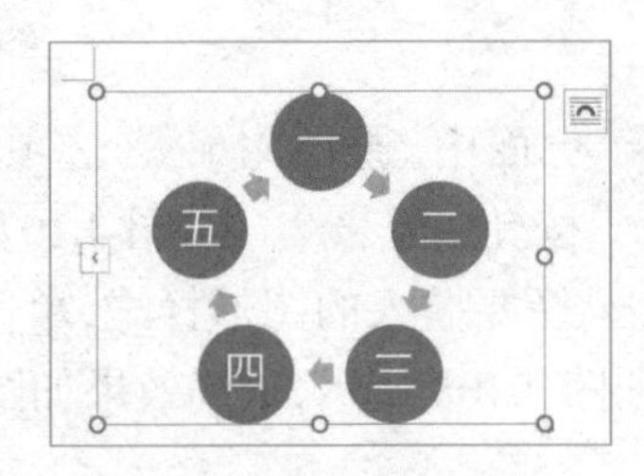

图 4.109 SmartArt 图形

4.13.3 实战演练

习题：

请在文档第二段和第三段之间，插入“图片 2”。

4.13.3 习题讲解

解析：

将光标置于文档第二段和第三段之间的位置，选择“插入”选项卡（标号 1）→在“插图”选项组中，单击“图片”按钮（标号 2）→在弹出的“插入图片”对话框中，双击存有本地图片的文件夹（标号 3），如图 4.104 所示→出现如图 4.110 所示的结果，选择“图片 2”，单击“插入”按钮（标号 4），最终效果如图 4.111 所示。

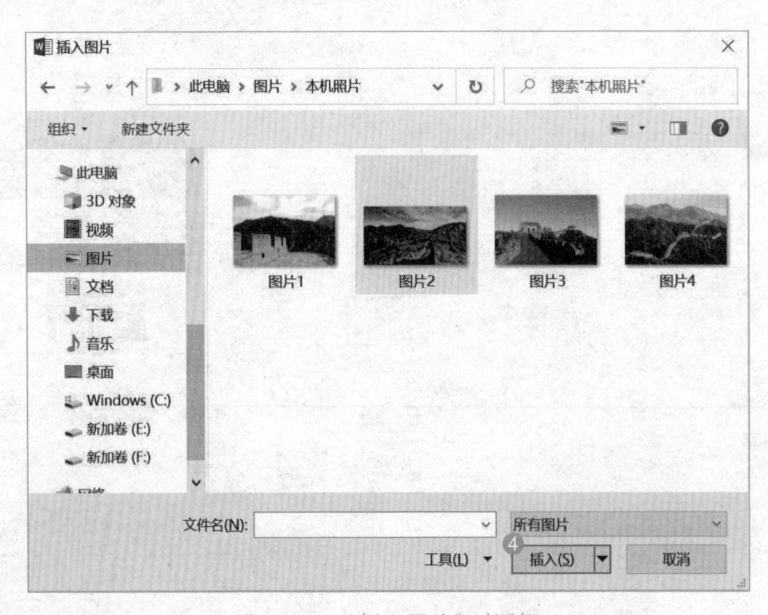

图 4.110 “插入图片”对话框

长城位于中国北方地区，为世界文化遗产、全国重点文物保护单位、中国古代的军事防御工程，是自人类文明以来最巨大的单一建筑物。因长城东西绵延上万华里，因此又称作万里长城。

长城修筑的历史可上溯到西周时期，发生在首都镐京（今陕西西安）的著名的典故“烽火戏诸侯”就源于此。现存的长城遗迹主要为始建于 14 世纪的明长城，西起嘉峪关，东至虎山长城，长城遗址跨越北京、天津、山西、陕西、甘肃等 15 个省市自治区，总计有 43721 处长城遗产。

长城的防御工程建筑长城的防御工程建筑，在两千多年的修筑过程中积累了丰富的经验。首先是在布局上，秦始皇修筑万里长城时就总结出了“因地形，用险制塞”的重要经验，接着司马迁又写入《史记》之中，之后的每一个朝代修筑长城都是按照这一原则进行，成为

图 4.111　插入图片最终效果

第五章 电子表格（Excel）专题

5.1 工作表的基本操作

考查概率★★★★☆

难度系数★★☆☆☆

高频考点：新建与保存工作簿、重命名工作表、隐藏和恢复工作表

5.1.1 工作表的基本操作简介

工作表是显示在工作簿窗口中的表格，行号显示在工作簿窗口的左边，列号显示在工作簿窗口的上边。工作簿是在Excel中，用于保存数据信息的文件名称。在一个工作簿中，可以有多个不同类型的工作表。

5.1.2 高频考点

（1）新建与保存工作簿

双击Excel 2016图标，启动Excel 2016应用程序，选择“空白工作簿”项（标号1），即可新建工作簿，如图5.1所示→单击快速访问工具栏上的“保存”按钮（标号2），如图5.2所示。

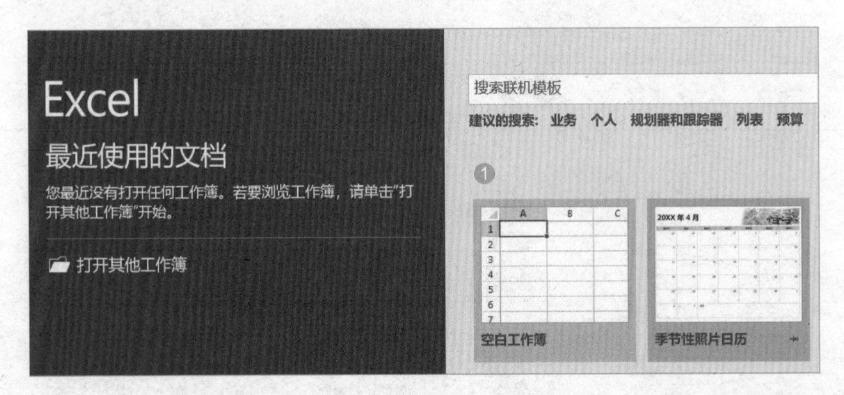

图5.1　建立工作簿

屏幕显示“另存为”界面，单击“浏览”按钮（标号 3）→在弹出的“另存为”对话框中，选择文件要保存的位置，并修改文件名→单击“保存”按钮（标号 4），即可保存工作簿，如图 5.3 所示。

图 5.2　“保存”按钮

（2）重命名工作表

默认情况下，Excel 2016 将工作表命名为 Sheet1，双击工作表底部的名称，输入新名称，即可重命名工作簿，如图 5.4 所示。

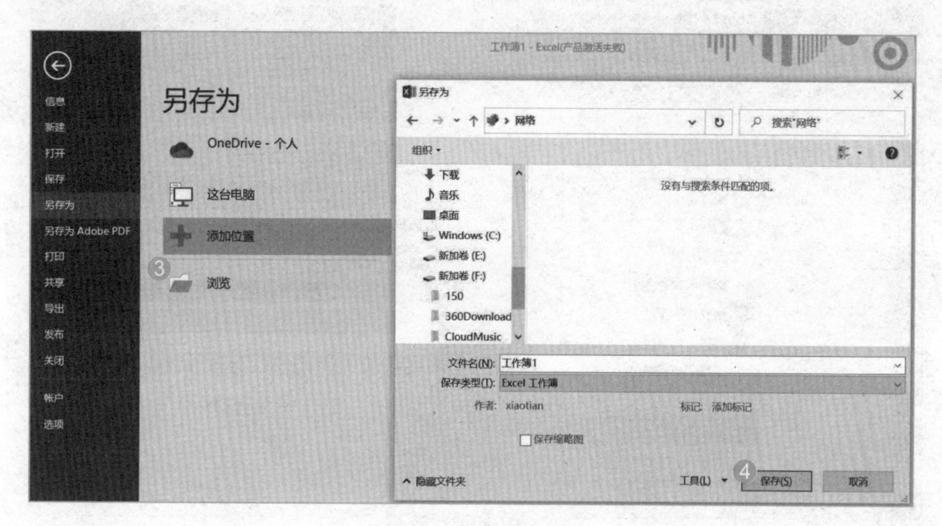

图 5.3　保存工作簿

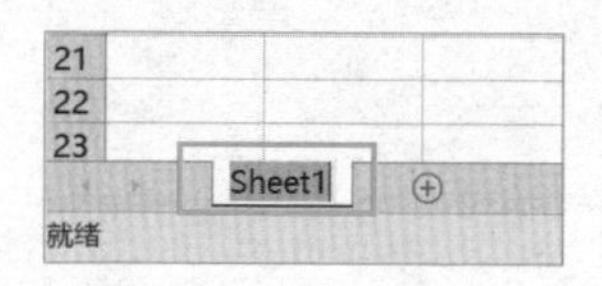

图 5.4　重命名工作表

（3）隐藏和恢复工作表

打开一个 Excel 表，将光标放在要隐藏的工作表上，单击鼠标右键→在展开的快捷菜单中，单击“隐藏”选项（标号 1），即可隐藏工作表，如图 5.5 所示，隐藏后的效果如图 5.6 所示。

将光标放在工作表标签上，单击鼠标右键→在展开的快捷菜单中，单击“取消隐藏”选项（标号 1），如图 5.7 所示→在弹出的“取消隐藏”对话框中，选择想要取消隐藏的工作表，单击“确定”按钮（标号 2），即可取消隐藏，如图 5.8 所示。

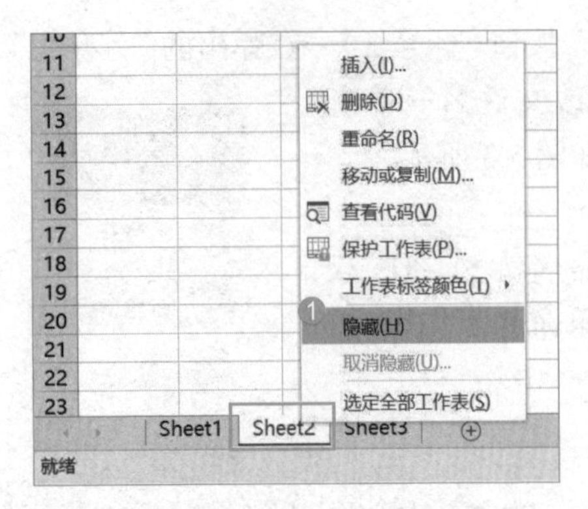

图 5.5 隐藏工作表

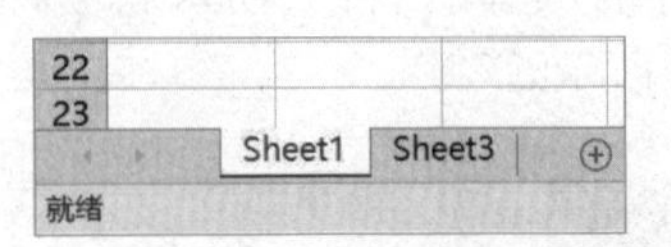

图 5.6 隐藏后的工作表

图 5.7 “取消隐藏”选项

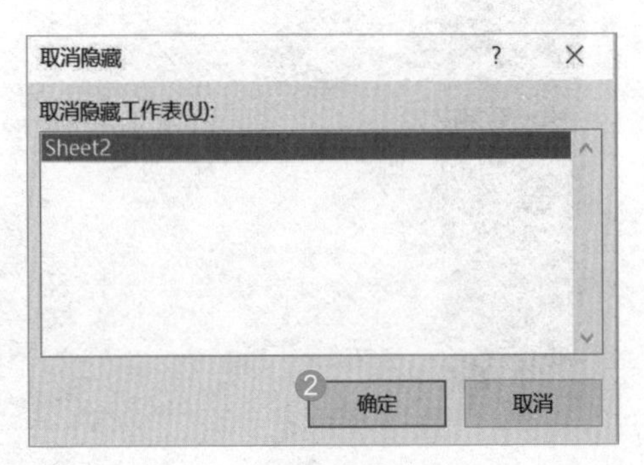

图 5.8 “取消隐藏”对话框

5.1.3 实战演练

习题：

5.1.3
习题讲解

请给工作簿中的两个工作表重命名为“表 001”和“表 002”，并且隐藏“表 002”。

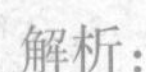

解析：

① 双击工作表左下角的选项卡，输入新名称“表 001”和“表 002”，如图 5.9 所示。

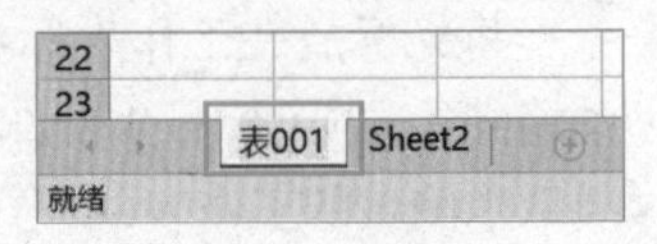

图 5.9 重命名工作表

② 把光标放在工作表“表 002”上，单击鼠标右键→在展开的快捷菜单中，单击“隐藏”选项，即可隐藏工作表，如图 5.10 所示，隐藏后的工作表如图 5.11 所示。

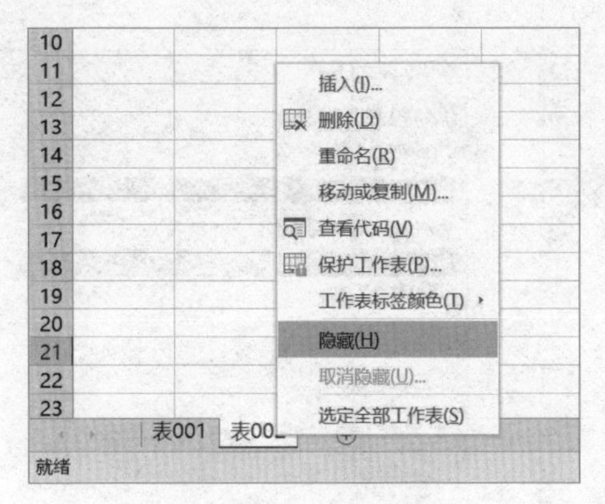

图 5.10 隐藏工作表

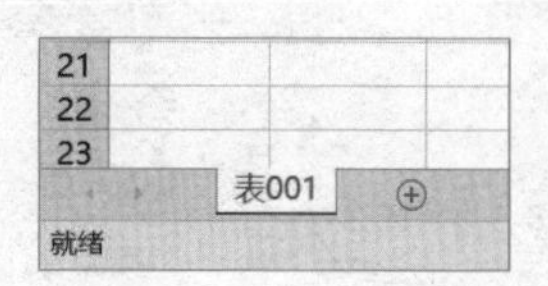

图 5.11 隐藏后的工作表

5.2 编辑工作表数据

考查概率★★★☆☆

难度系数★★☆☆☆

高频考点：移动和复制单元格内容、自动填充单元格数据列

5.2.1 编辑工作表数据简介

在 Excel 中可以在工作表内输入并编辑数据，同时还具有一些自动填充功能，方便快速整理数据与文字。

5.2.2 高频考点

（1）移动和复制单元格内容

打开两个工作簿，在想要移动的工作表标签上，单击鼠标右键→在展开的快捷菜单中选择“移动或复制”选项（标号 1），如图 5.12 所示。

在弹出的“移动或复制工作表”对话框中，单击“工作簿”的下拉箭头（标号 2）→选择想要移动到的工作簿，单击“确定”按钮（标号 3），即可移动工作表到其他工作簿，如图 5.13 所示。

拖动鼠标光标，选中想要复制内容的区域→单击鼠标右键，在展开的快捷菜单中，选择“复制”选项（标号 1），如图 5.14 所示。

图 5.12 “移动或复制”选项

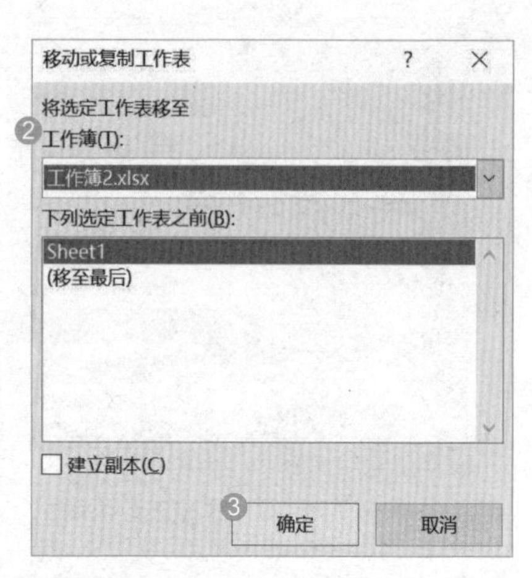

图 5.13 “移动或复制工作表”对话框

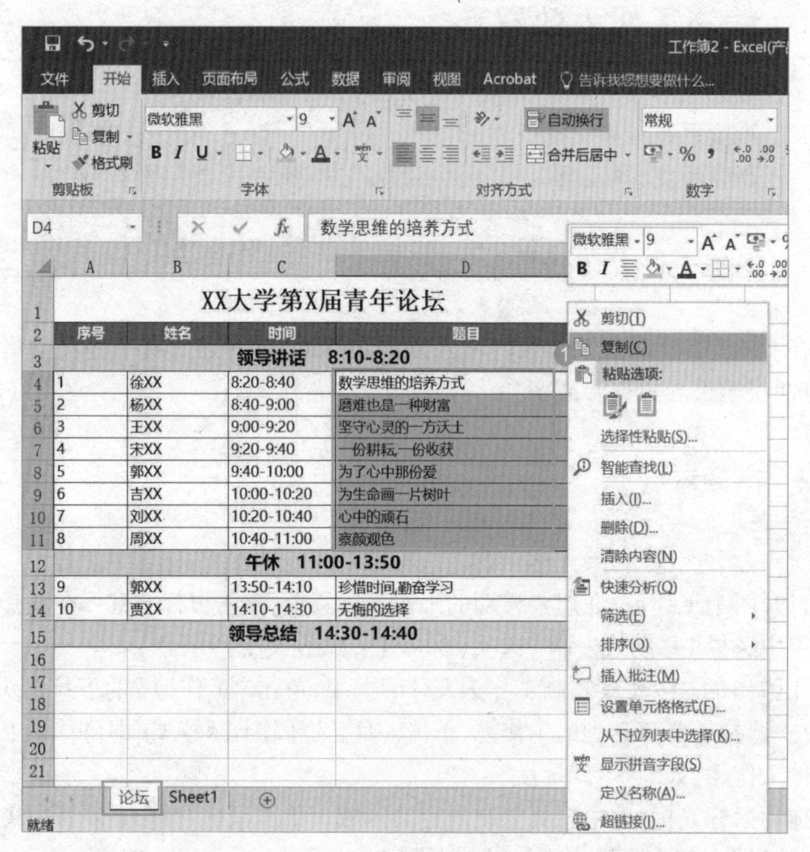

图 5.14 “复制”选项

切换至需要放置粘贴内容的工作表上，点击空白单元格中→单击鼠标右键，在展开的快捷菜单中，选择“粘贴选项”选项（标号2），如图5.15所示，最终效果如图5.16所示。

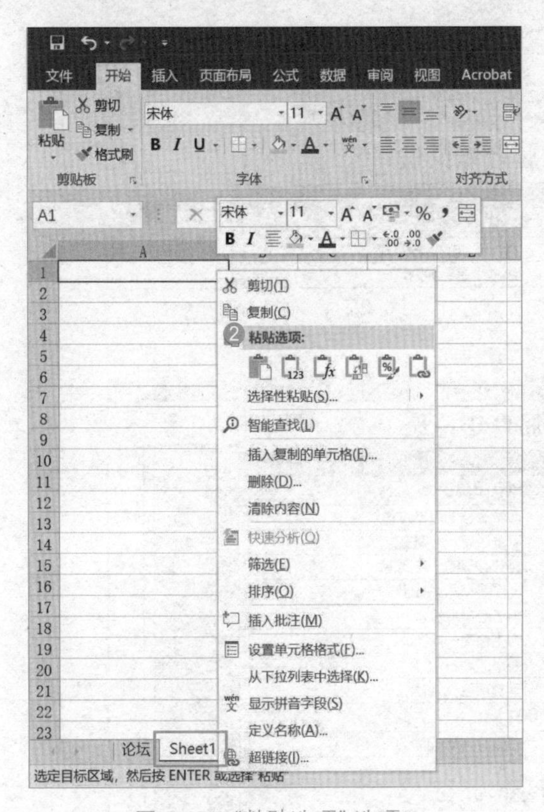

图5.15 “粘贴选项”选项

图5.16 效果展示

（2）自动填充单元格数据列

将数据列旁边的一列进行数据填充，先在旁边列输入想要填充的数据→将光标移动到数据的右下角，当光标变为黑色十字时，双击鼠标左键，如图5.17所示，自动填充效果如图5.18所示。

在表格的序号列，输入前面两行数据的序号并选中，将光标移动到单元格右下角，当光标变成黑色十字的时候，双击鼠标左键（也可按住鼠标左键拖动至需要编号的区域），即可快速生成连续的序号，如图5.19所示，填充效果如图5.20所示。

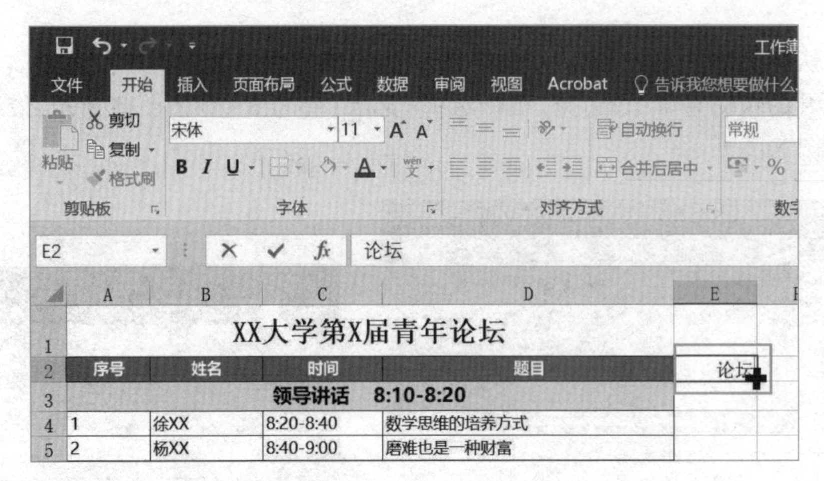

图 5.17 填充单元格数据列

	A	B	C	D	E	F
1	XX大学第X届青年论坛					
2	序号	姓名	时间	题目	论坛	
3	领导讲话 8:10-8:20				论坛	
4	1	徐XX	8:20-8:40	数学思维的培养方式	论坛	
5	2	杨XX	8:40-9:00	磨难也是一种财富	论坛	
6	3	王XX	9:00-9:20	坚守心灵的一方沃土	论坛	
7	4	宋XX	9:20-9:40	一份耕耘,一份收获	论坛	
8	5	郭XX	9:40-10:00	为了心中那份爱	论坛	
9	6	吉XX	10:00-10:20	为生命画一片树叶	论坛	
10	7	刘XX	10:20-10:40	心中的顽石	论坛	
11	8	周XX	10:40-11:00	察颜观色	论坛	
12	午休 11:00-13:50				论坛	
13	9	郭XX	13:50-14:10	珍惜时间,勤奋学习	论坛	
14	10	贾XX	14:10-14:30	无悔的选择	论坛	
15	领导总结 14:30-14:40				论坛	
16						

图 5.18 填充单元格效果

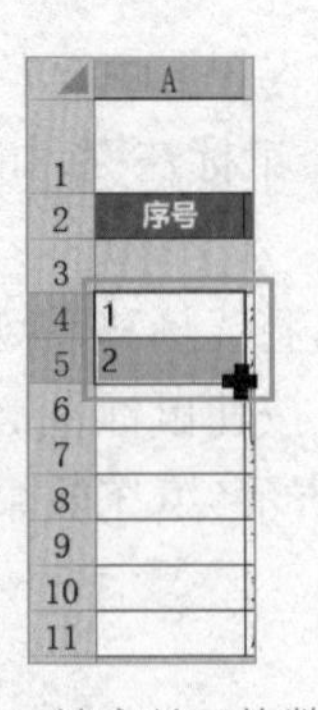

图 5.19 填充单元格数据列

图 5.20 填充单元格数据列效果

5.2.3 实战演练

习题：

请把“工作簿 1”中的“论坛”工作表，移动到“工作簿 3”中表“Sheet1”和表“Sheet2”的前边。

5.2.3
习题讲解

解析：

① 打开“工作簿 1”和“工作簿 3”→在“工作簿 1”的“论坛”表的标签上，单击鼠标右键→从展开的快捷菜单中选择“移动或复制”选项（标号 1），如图 5.21 所示。

② 在弹出的“移动或复制工作表”对话框中，单击“工作簿”选项框的下拉箭头（标号 2），选择“工作簿 3”→在“下列选定工作表之前”栏目选择“Sheet1”，表示把“论坛”表排在“Sheet1”表之前→单击“确定”按钮（标号 3），即可移动工作表到其他工作簿，如图 5.22 所示，移动完的效果如图 5.23 所示。

图 5.21 “移动或复制”选项

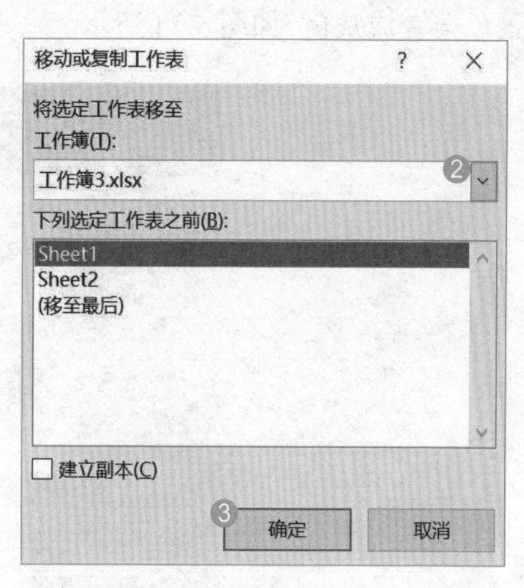

图 5.22 “移动或复制工作表”对话框

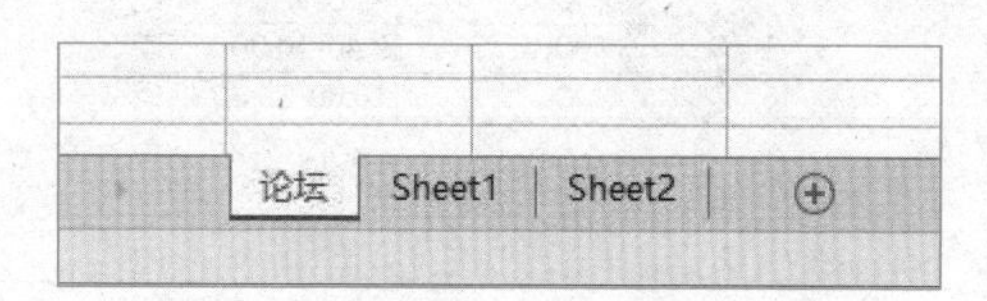

图 5.23 移动效果

5.3 设置单元格格式

考查概率★★★★☆

难度系数★★★☆☆

高频考点：设置数字格式、设置单元格边框

5.3.1 设置单元格格式简介

在 Excel 中可对单元格进行设置，可优化单元格与数据的呈现效果。

5.3.2 高频考点

(1) 设置数字格式

打开工作表，鼠标单击需要设置数字格式列的表头，可以发现被选中的列的背景色会变成灰色，如图 5.24 所示。

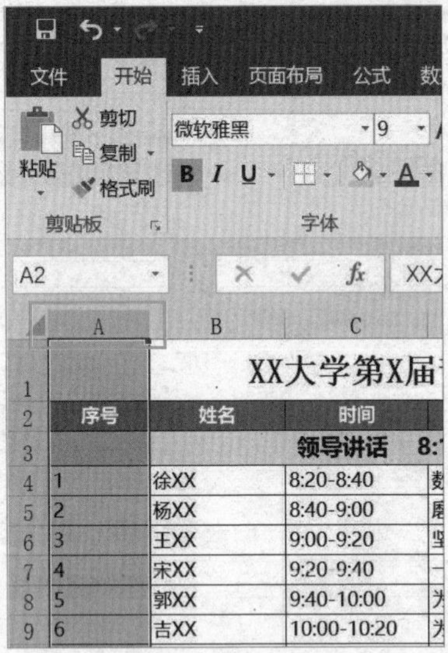

文件 开始 插入 页面布局 公式

剪切 复制 格式刷 粘贴 剪贴板

微软雅黑 9 B I U 字体

A2

	A	B	C
1		XX大学第X届	
2	序号	姓名	时间
3			领导讲话 8:
4	1	徐XX	8:20-8:40
5	2	杨XX	8:40-9:00
6	3	王XX	9:00-9:20
7	4	宋XX	9:20-9:40
8	5	郭XX	9:40-10:00
9	6	吉XX	10:00-10:20

图 5.24 选中列的表头

在被选中的列上，单击鼠标右键→在展开的快捷菜单中选择“设置单元格格式”选项（标号 1），如图 5.25 所示→在弹出的“设置单元格格式”对话框中，

选择“数字”选项卡(标号2)→在“分类”栏目中,根据需要选择数字的格式→单击“确定”按钮(标号3),保存设置,如图5.26所示,例如使用“数值”分类且保留一位小数点的效果如图5.27所示。

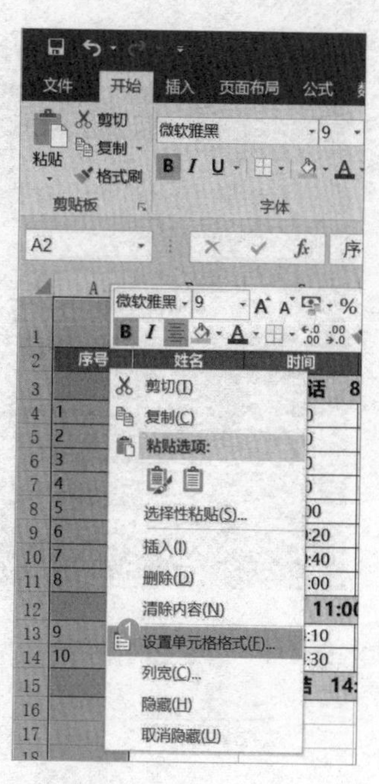

图5.25 “设置单元格格式”选项

(2) 设置单元格边框

选定设置单元格的区域,单击“开始”选项卡(标号1)→在“单元格”选项组中,单击“格式”下拉按钮(标号2)→在展开的快捷菜单中,单击“设置单元格格式”选项(标号3),如图5.28所示。

在弹出的“设置单元格格式”对话框中,选择“边框”选项卡(标号1)→在“线条”栏目中,可选择线条样式和颜色;在“预置”和“边框”栏目中,可设置边框的位置,也可预览草图。完成选择后,单击“确定”按钮(标号2)保存设置,如图5.29所示。

图5.26 “设置单元格格式”对话框

	A
1	
2	序号
3	
4	1.0
5	2.0
6	3.0
7	4.0
8	5.0
9	6.0
10	7.0
11	8.0
12	
13	9.0
14	10.0

图5.27 设置单元格格式为数值型

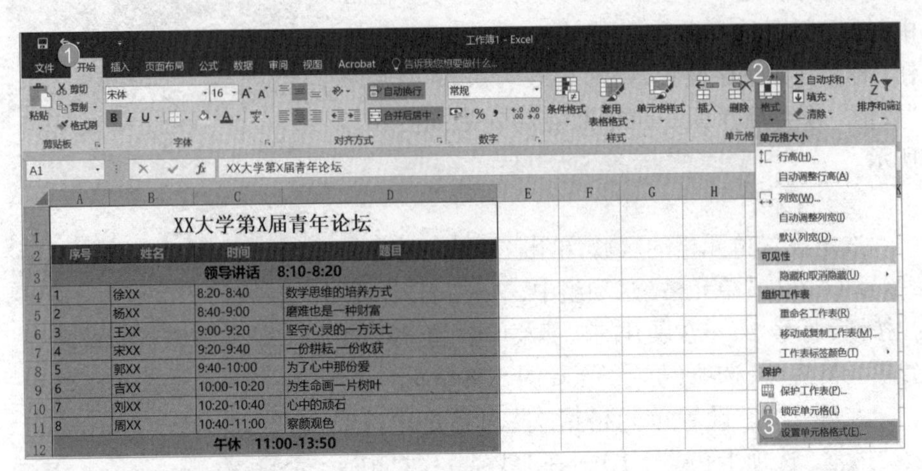

图 5.28 设置单元格格式

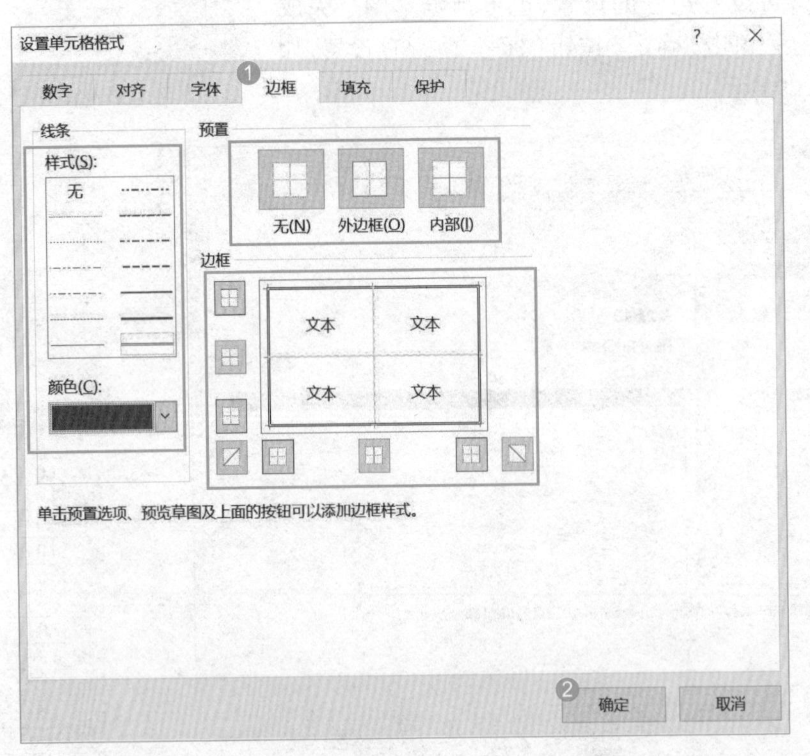

图 5.29 “设置单元格格式”对话框

例如在本例中,线条的“样式”选择右下角的粗线条,“颜色”选择红色,“边框”选择所有边。效果如图 5.30 所示。

XX大学第X届青年论坛			
序号	姓名	时间	题目
领导讲话 8:10-8:20			
1	徐XX	8:20-8:40	数学思维的培养方式
2	杨XX	8:40-9:00	磨难也是一种财富
3	王XX	9:00-9:20	坚守心灵的一方沃土
4	宋XX	9:20-9:40	一份耕耘,一份收获
5	郭XX	9:40-10:00	为了心中那份爱
6	吉XX	10:00-10:20	为生命画一片树叶
7	刘XX	10:20-10:40	心中的顽石
8	周XX	10:40-11:00	察颜观色
午休 11:00-13:50			
9	郭XX	13:50-14:10	珍惜时间,勤奋学习
10	贾XX	14:10-14:30	无悔的选择
领导总结 14:30-14:40			

图 5.30 设置单元格边框效果

5.3.3 实战演练

5.3.3
习题讲解

习题:

请给“工作簿 1”中的“演讲名单”工作表的“时间”列设置为“数字”格式,分类为“时间”,类型为“1:30 PM”。

解析:

① 打开“工作簿 1”中的“演讲名单”工作表,用鼠标单击“时间”列的表头→在“时间”列中,单击鼠标右键→在展开的快捷菜单中,选择“设置单元格格式”选项(标号 1),如图 5.31 所示。

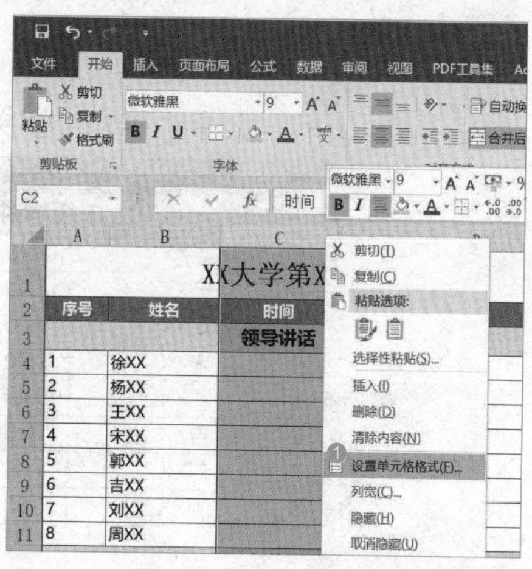

图 5.31 “设置单元格格式”选项

② 在弹出的“设置单元格格式”对话框中,选择“数字”选项卡(标号 1)→在“分类”栏目中选择“时间”→在“类型”栏目中选择“1:30 PM”→单击“确

定”按钮(标号2)保存设置,如图5.32所示。

③ 设置后的表格,输入时间“8:20”后表格会自动在时间后加上“AM”,表示是上午8点20分。如果输入时间“13:00”,表格会显示“1:00 PM”,表示是下午1点,如图5.33所示。

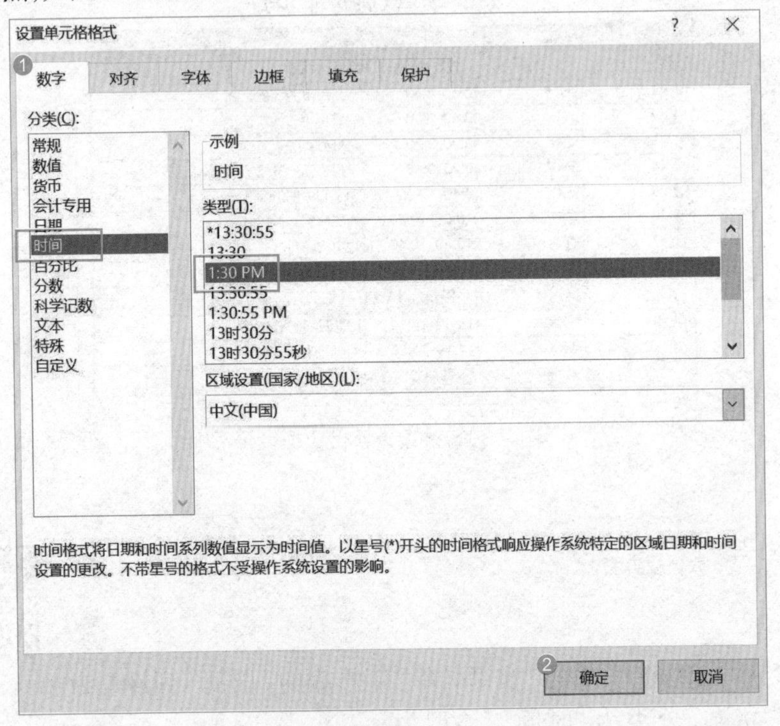

图5.32 “设置单元格格式”对话框

	A	B	C	D
1	XX大学第X届青年论坛			
2	序号	姓名	时间	题目
3	领导讲话 8:10-8:20			
4	1	徐XX	8:20 AM	数学思维的培养方式
5	2	杨XX	8:40 AM	磨难也是一种财富
6	3	王XX	9:00 AM	坚守心灵的一方沃土
7	4	宋XX	9:20 AM	一份耕耘,一份收获
8	5	郭XX	9:40 AM	为了心中那份爱
9	6	吉XX	10:00 AM	为生命画一片树叶
10	7	刘XX	1:00 PM	心中的顽石
11	8	周XX	3:00 PM	察颜观色

图5.33 设置单元格格式效果

5.4 表格的整理与修饰

考查概率★★★★☆

难度系数★★★☆☆

高频考点：添加或删除行和列、设置列宽和行高

5.4.1 工作表的基本操作简介

对表格的行和列进行调整，可使表格适应更多内容，使呈现效果更加规范、美观。

5.4.2 高频考点

（1）添加或删除行和列

在工作表中选中需要插入行（列）位置的下一行（右一列）→单击“开始”选项卡（标号 1）→单击“单元格”选项组中的“插入”下拉按钮（标号 2）→在展开的快捷菜单中，单击“插入工作表行（列）”选项（标号 3），即可插入行（列），如图 5.34 所示，插入行的效果如图 5.35 所示。

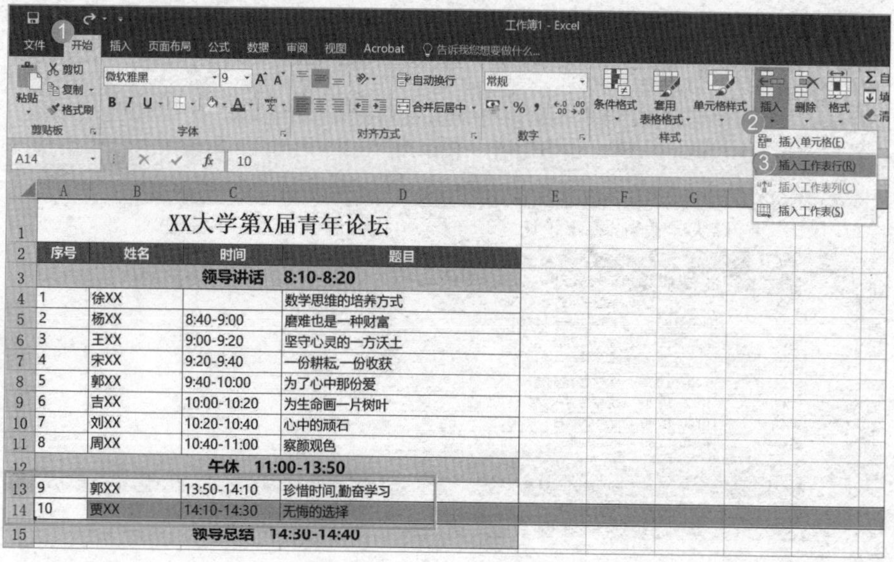

	A	B	C	D
1	XX大学第X届青年论坛			
2	序号	姓名	时间	题目
3	领导讲话　8:10-8:20			
4	1	徐XX		数学思维的培养方式
5	2	杨XX	8:40-9:00	磨难也是一种财富
6	3	王XX	9:00-9:20	坚守心灵的一方沃土
7	4	宋XX	9:20-9:40	一份耕耘一份收获
8	5	郭XX	9:40-10:00	为了心中那份爱
9	6	吉XX	10:00-10:20	为生命画一片树叶
10	7	刘XX	10:20-10:40	心中的顽石
11	8	周XX	10:40-11:00	察颜观色
12	午休　11:00-13:50			
13	9	郭XX	13:50-14:10	珍惜时间,勤奋学习
14	10	贾XX	14:10-14:30	无悔的选择
15	领导总结　14:30-14:40			

图 5.34　插入工作表行

	A	B	C	D
1	XX大学第X届青年论坛			
2	序号	姓名	时间	题目
3	领导讲话 8:10-8:20			
4	1	徐XX		数学思维的培养方式
5	2	杨XX	8:40-9:00	磨难也是一种财富
6	3	王XX	9:00-9:20	坚守心灵的一方沃土
7	4	宋XX	9:20-9:40	一份耕耘,一份收获
8	5	郭XX	9:40-10:00	为了心中那份爱
9	6	吉XX	10:00-10:20	为生命画一片树叶
10	7	刘XX	10:20-10:40	心中的顽石
11	8	周XX	10:40-11:00	察颜观色
12	午休 11:00-13:50			
13	9	郭XX	13:50-14:10	珍惜时间,勤奋学习
14				
15	10	贾XX	14:10-14:30	无悔的选择
16	领导总结 14:30-14:40			

图 5.35 插入行的效果

在工作表中选中需要删除的行（列）→单击“开始”选项卡（标号 1）→单击“单元格”选项组中的“删除”下拉按钮（标号 2）→在展开的快捷菜单中，单击“删除工作表行（列）”选项（标号 3），即可删除行（列），如图 5.36 所示，删除行的效果如图 5.37 所示。

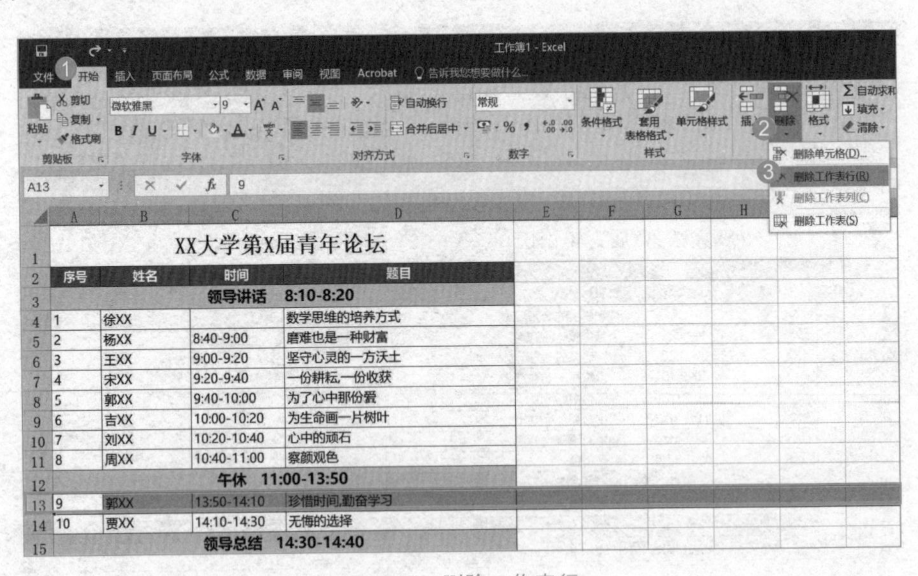

	A	B	C	D
1	XX大学第X届青年论坛			
2	序号	姓名	时间	题目
3	领导讲话 8:10-8:20			
4	1	徐XX		数学思维的培养方式
5	2	杨XX	8:40-9:00	磨难也是一种财富
6	3	王XX	9:00-9:20	坚守心灵的一方沃土
7	4	宋XX	9:20-9:40	一份耕耘,一份收获
8	5	郭XX	9:40-10:00	为了心中那份爱
9	6	吉XX	10:00-10:20	为生命画一片树叶
10	7	刘XX	10:20-10:40	心中的顽石
11	8	周XX	10:40-11:00	察颜观色
12	午休 11:00-13:50			
13	9	郭XX	13:50-14:10	珍惜时间,勤奋学习
14	10	贾XX	14:10-14:30	无悔的选择
15	领导总结 14:30-14:40			

图 5.36 删除工作表行

	A	B	C	D
1	XX大学第X届青年论坛			
2	序号	姓名	时间	题目
3	领导讲话 8:10-8:20			
4	1	徐XX		数学思维的培养方式
5	2	杨XX	8:40-9:00	磨难也是一种财富
6	3	王XX	9:00-9:20	坚守心灵的一方沃土
7	4	宋XX	9:20-9:40	一份耕耘,一份收获
8	5	郭XX	9:40-10:00	为了心中那份爱
9	6	吉XX	10:00-10:20	为生命画一片树叶
10	7	刘XX	10:20-10:40	心中的顽石
11	8	周XX	10:40-11:00	察颜观色
12	午休 11:00-13:50			
13	10	贾XX	14:10-14:30	无悔的选择
14	领导总结 14:30-14:40			

图 5.37 删除行的效果

(2) 设置列宽和行高

在工作表中选中需要调整列宽的列→单击“开始”选项卡(标号 1)→单击“单元格”选项组中的“格式”下拉按钮(标号 2)→在展开的快捷菜单中,单击“列宽”选项(标号 3),如图 5.38 所示→在弹出的“列宽”对话框中,输入列宽数值→单击“确定”按钮(标号 4),即可调整列宽,如图 5.39 所示。

图 5.38 设置列宽

在工作表中选中需要调整行高的行→单击“开始”选项卡(标号 1)→单击“单元格”选项组中的“格式”下拉按钮(标号 2)→在展开的快捷菜单中,单击“行高”选项(标号 3),如图 5.40 所示→在弹出的“行高”对话框中,输入行高数值→单击“确定”按钮,即可调整行高,如图 5.41 所示。

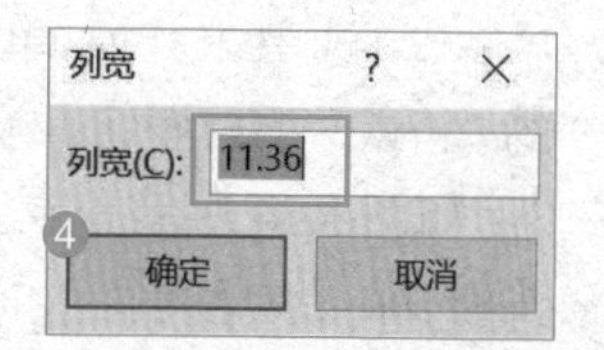

图 5.39 “列宽”对话框

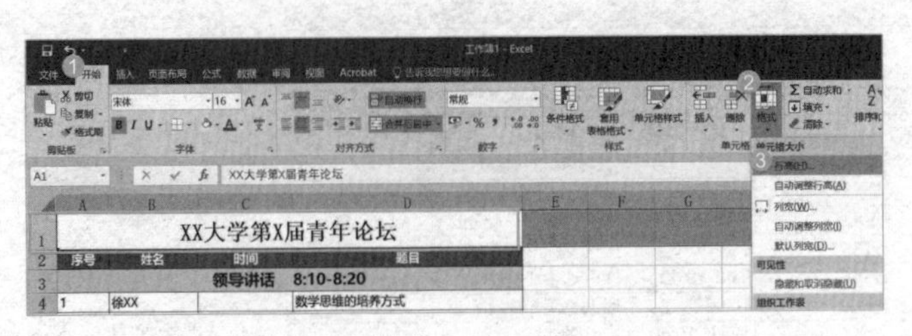

图 5.40 设置行高

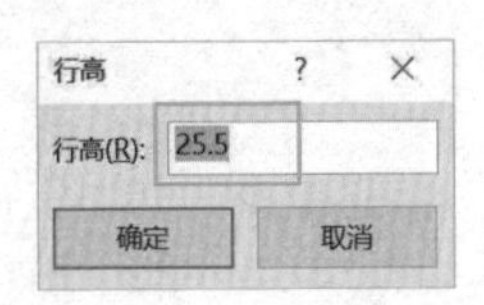

图 5.41 “行高”对话框

5.4.3 实战演练

5.4.3
习题讲解

习题:

请给“青年论坛”工作表增加列,插入列的位置在“B”列和“C”列之间,并将新插入的列宽调整为“10”。

解析:

① 在“青年论坛”工作表中,选中“C”列→单击“开始”选项卡(标号1)→单击“单元格”选项组中的“插入”下拉按钮(标号2)→在展开的快捷菜单中,单击“插入工作表列”选项(标号3),即可插入列,如图5.42所示,插入后的效果如图5.43所示。

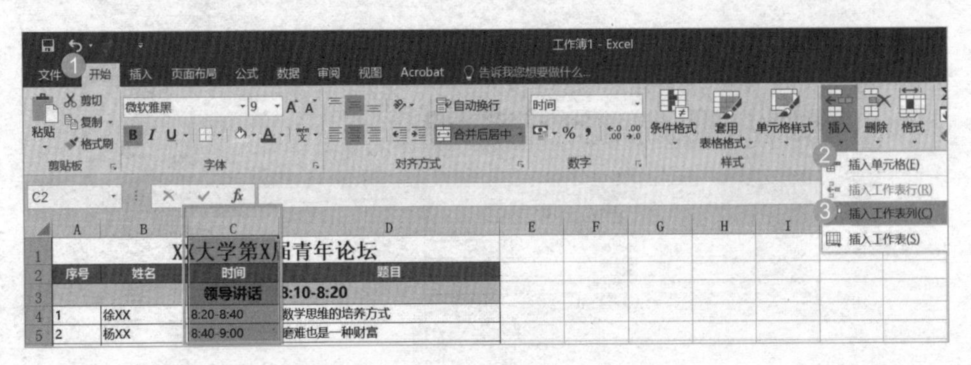

图 5.42 插入工作表列

② 选中“C”列,单击“开始”选项卡(标号1)→单击“单元格”选项组中的“格式”下拉按钮(标号2)→在展开的快捷菜单中,单击“列宽”选项(标号3),如图5.44所示→在弹出的“列宽”对话框中,输入列宽数值→单击“确定”按钮,即可调整列宽,如图5.45所示。

	A	B	C	D	E
1	XX大学第X届青年论坛				
2	序号	姓名		时间	题目
3	领导讲话 8:10-8:20				
4	1	徐XX		8:20-8:40	数学思维的培养方式
5	2	杨XX		8:40-9:00	磨难也是一种财富
6	3	王XX		9:00-9:20	坚守心灵的一方沃土
7	4	宋XX		9:20-9:40	一份耕耘,一份收获
8	5	郭XX		9:40-10:00	为了心中那份爱
9	6	吉XX		10:00-10:20	为生命画一片树叶
10	7	刘XX		10:20-10:40	心中的顽石
11	8	周XX		10:40-11:00	察颜观色
12	午休 11:00-13:50				
13	9	郭XX		13:50-14:10	珍惜时间,勤奋学习
14	10	贾XX		14:10-14:30	无悔的选择
15	领导总结 14:30-14:40				

图 5.43 插入工作表列后的效果

工作簿1 - Excel

文件 ①开始 插入 页面布局 公式 数据 审阅 视图 Acrobat 告诉我您想要做什么...

剪切 复制 格式刷 粘贴 剪贴板 | 微软雅黑 9 字体 | 自动换行 合并后居中 对齐方式 | 日期 数字 | 条件格式 套用表格格式 单元格样式 样式 | 插入 删除 ②格式 单元格 | 自动求和 填充 清除 排序和筛选

C2

	A	B	C	D	E
1	XX大学第X届青年论坛				
2	序号	姓名		时间	题目
3	领导讲话 8:10-8:20				
4	1	徐XX		8:20-8:40	数学思维的培养方式
5	2	杨XX		8:40-9:00	磨难也是一种财富
6	3	王XX		9:00-9:20	坚守心灵的一方沃土
7	4	宋XX		9:20-9:40	一份耕耘,一份收获
8	5	郭XX		9:40-10:00	为了心中那份爱
9	6	吉XX		10:00-10:20	为生命画一片树叶
10	7	刘XX		10:20-10:40	心中的顽石
11	8	周XX		10:40-11:00	察颜观色
12	午休 11:00-13:50				
13	9	郭XX		13:50-14:10	珍惜时间,勤奋学习
14	10	贾XX		14:10-14:30	无悔的选择
15	领导总结 14:30-14:40				

单元格大小
行高(H)...
自动调整行高(A)
③列宽(W)...
自动调整列宽(I)
默认列宽(D)...
可见性
隐藏和取消隐藏(U)
组织工作表
重命名工作表(R)
移动或复制工作表(M)...
工作表标签颜色(T)
保护
保护工作表(P)...
锁定单元格(L)
设置单元格格式(E)...

图 5.44 “列宽”选项

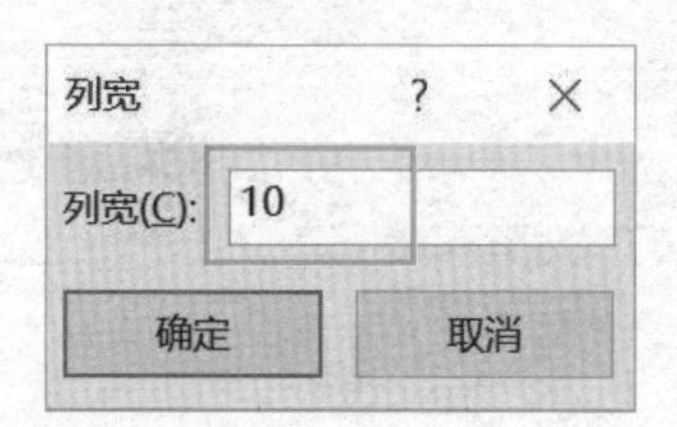

图 5.45 “列宽”对话框

5.5 样式设置

考查概率★★★☆☆

难度系数★★★☆☆

高频考点:套用表格格式、条件格式设置

5.5.1 样式设置简介

表格样式为字体、字号和缩进等格式设置特性的组合,将这一组合作为集合加以命名和存储。套用表格格式是把 Excel 提供的格式自动套用到指定的单元格区域。条件格式可以对单元格应用某种条件,来设置数值的显示格式。

5.5.2 高频考点

(1)套用表格格式

在工作表中选择要套用格式的区域→选择“开始”选项卡(标号 1),在“样式”选项组中单击“套用表格格式”下拉按钮(标号 2)→在展开的“表样式”列表中,选择一种样式,如图 5.46 所示。

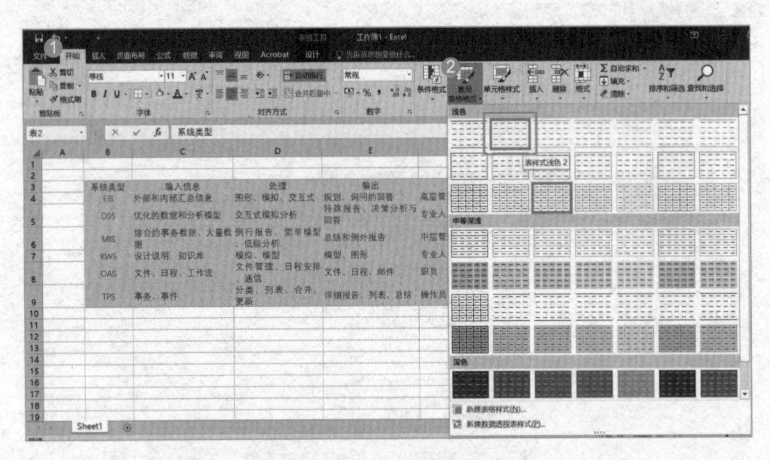

图 5.46 套用表格格式

(2)条件格式设置

选中想要设置条件格式的区域,单击“开始”选项卡(标号 1)→在“样式”选项组中单击“条件格式”下拉按钮(标号 2)→在展开的列表中,选择“突出显

示单元格规则”选项，从展开的菜单中选择“大于”选项，如图 5.47 所示。

在弹出的“大于”对话框中，可以为条件设置数值和颜色样式，单击“确定”按钮保存设置，如图 5.48 所示→表格样式会根据设置过的条件发生变化，如图 5.49 所示。

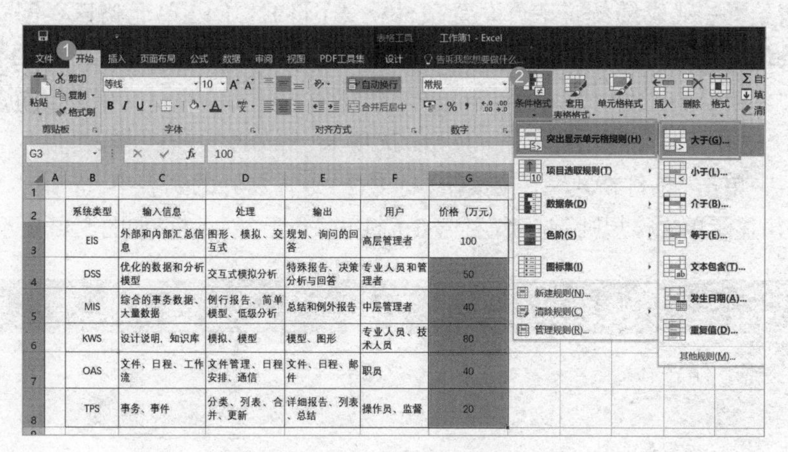

图 5.47　条件格式设置

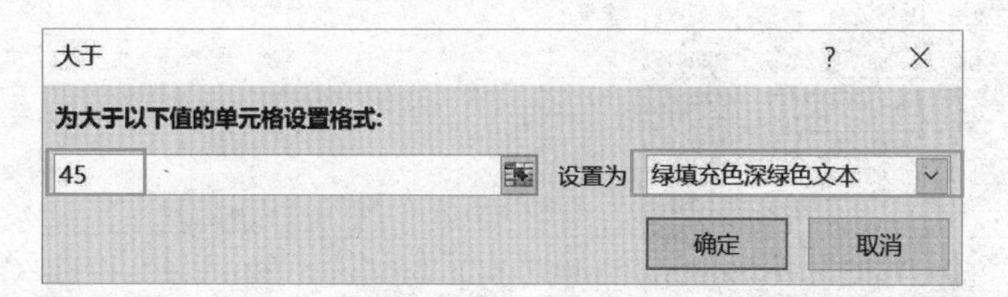

图 5.48　“大于”对话框

系统类型	输入信息	处理	输出	用户	价格（万元）
EIS	外部和内部汇总信息	图形、模拟、交互式	规划、询问的回答	高层管理者	100
DSS	优化的数据和分析模型	交互式模拟分析	特殊报告、决策分析与回答	专业人员和管理者	50
MIS	综合的事务数据、大量数据	例行报告、简单模型、低级分析	总结和例外报告	中层管理者	40
KWS	设计说明，知识库	模拟、模型	模型、图形	专业人员、技术人员	80
OAS	文件、日程、工作流	文件管理、日程安排、通信	文件、日程、邮件	职员	40
TPS	事务、事件	分类、列表、合并、更新	详细报告、列表、总结	操作员、监督	20

图 5.49　条件设置效果

5.5.3 实战演练

习题：

请给“考试成绩统计表”设置条件格式：将 E3：E12 单元格区域中数值介于 90 到 100 的单元格设置为“浅红色填充”。

5.5.3
习题讲解

解析：

① 选中区域 E3：E12，单击“开始”选项卡（标号 1）→在“样式”选项组中单击“条件格式”下拉按钮（标号 2）→在展开的列表中，选择“突出显示单元格规则”选项（标号 3），打开“介于”对话框，如图 5.50 所示。

考试成绩统计					
序号	姓名	数学	语文	英语	总分
1	尹三	78	98	94	
2	李明	78	84	93	
3	张强	67	84	83	
4	吕名	78	73	62	
5	吴达	68	94	83	
6	孙志	56	93	72	
7	田铎	67	73	62	
8	张四	94	83	82	
9	李发	84	84	72	
10	杜曦	93	84	74	

图 5.50 突出显示单元格规则

② 在弹出的“介于”对话框中，“为介于以下值之间的单元格设置格式”填写“90”到“100”→“设置为”选择“浅红色填充”→单击“确定”按钮，保存设置，如图 5.51 所示。表格样式根据设置过的条件发生变化，如图 5.52 所示。

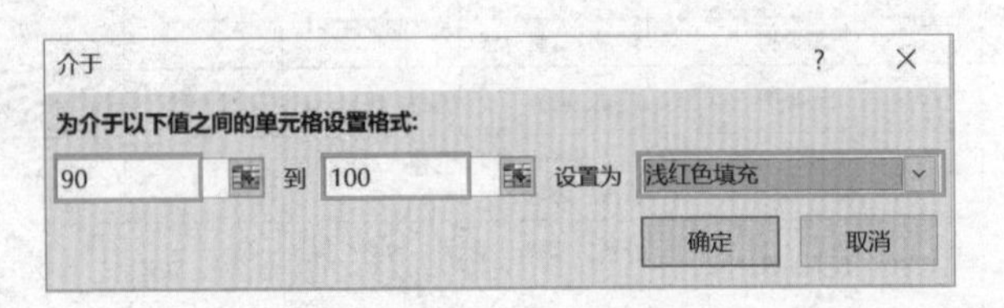

图 5.51 “介于”对话框

	A	B	C	D	E	F
1	考试成绩统计					
2	序号	姓名	数学	语文	英语	总分
3	1	尹三	78	98	94	
4	2	李明	78	84	93	
5	3	张强	67	84	83	
6	4	吕名	78	73	62	
7	5	吴达	68	94	83	
8	6	孙志	56	93	72	
9	7	田铎	67	73	62	
10	8	张四	94	83	82	
11	9	李发	84	84	72	
12	10	杜曦	93	84	74	

图 5.52 条件格式设置效果

5.6 排序和筛选

考查概率★★★★☆

难度系数★★★★☆

高频考点：数据排序、自动筛选、高级筛选

5.6.1 排序和筛选简介

在 Excel 中，排序是指对一列或多列中的数据按照一定规则进行整理。筛选是指在数据清单中查找满足特定条件的记录，便于浏览。

5.6.2 高频考点

（1）数据排序

打开工作表，选中需要进行排序的单元格→单击“开始”选项卡（标号 1）→在“编辑”选项组中，单击“排序和筛选”下拉按钮（标号 2）→在展开的快捷菜单中，选择“排序”选项。可以选择“升序”或“降序”，也可以按用户自定义的顺序排序，如图 5.53 所示。

（2）自动筛选

打开工作表，选中需要进行筛选的单元格→单击“开始”选项卡（标号 1）→在“编辑”选项组中，单击“排序和筛选”下拉按钮（标号 2）→在展开的快捷菜单中，选择“筛选”选项（标号 3），会出现筛选箭头，如图 5.54 所示。

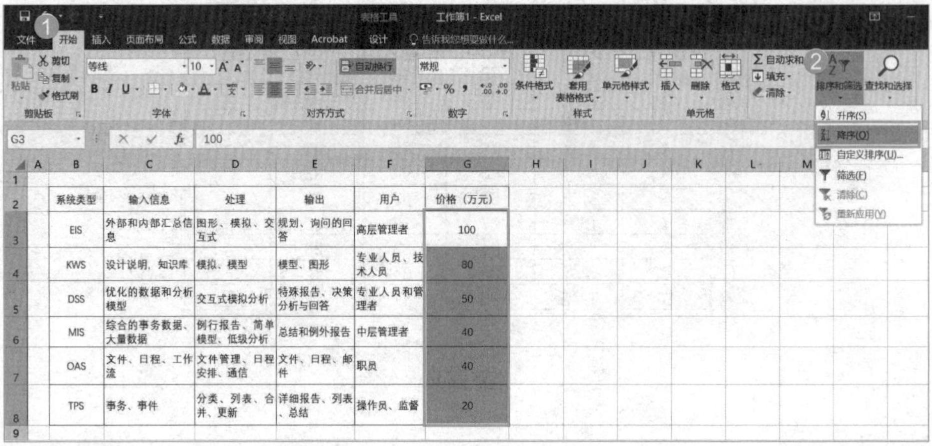
系统类型
输入信息
处理
输出
用户
价格（万元）
EIS 外部和内部汇总信息 图形、模拟、交互式 规划、询问的回答 高层管理者 100
KWS 设计说明、知识库 模拟、模型 模型、图形 专业人员、技术人员 80
DSS 优化的数据和分析模型 交互式模拟分析 特殊报告、决策分析与回答 专业人员和管理者 50
MIS 综合的事务数据、大量数据 例行报告、简单模型、低级分析 总结和例外报告 中层管理者 40
OAS 文件、日程、工作流 文件管理、日程安排、通信 文件、日程、邮件 职员 40
TPS 事务、事件 分类、列表、合并、更新 详细报告、列表、总结 操作员、监督 20
升序(S)
降序(O)
自定义排序(U)...
筛选(F)
清除(C)
重新应用(Y)

图 5.53 降序排序

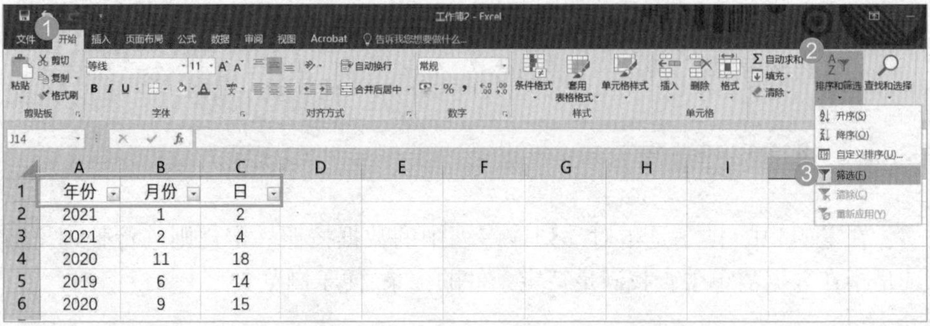
年份 月份 日
2021 1 2
2021 2 4
2020 11 18
2019 6 14
2020 9 15
升序(S)
降序(O)
自定义排序(U)...
筛选(F)
清除(C)
重新应用(Y)

图 5.54 筛选选项

点击任一筛选箭头，会弹出筛选列表，根据需要勾选想要显示的内容，也可选择“数字筛选”里常见的筛选方式，也可在“自定义筛选”方式中根据需要设置筛选规则，如图 5.55 所示。这里选择“自定义筛选”。

在弹出的“自定义自动筛选方式”对话框中，可以根据需要进行筛选，单击“确定”按钮，保存设置。本例中，筛选年份等于 2019 或 2020 的数据，如图 5.56 所示，筛选后的结果如图 5.57 所示。

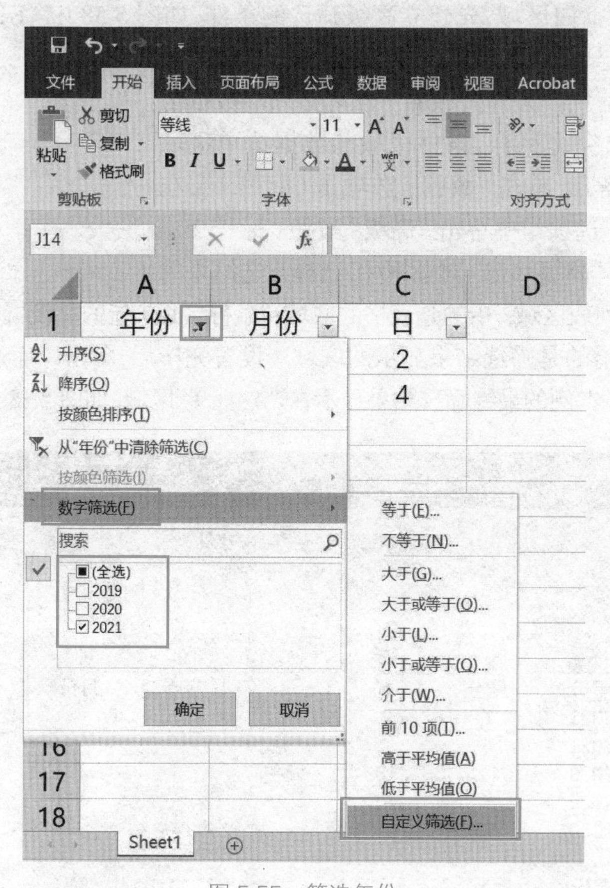

图 5.55 筛选年份

自定义自动筛选方式
显示行:
年份
等于 2019
与(A) 或(O)
等于 2020
可用 ? 代表单个字符
用 * 代表任意多个字符
确定 取消

图 5.56 “自定义自动筛选方式”对话框

（3）高级筛选

在表格的空白区域，先建立高级筛选的条件，如图 5.58 中“E1：G2”区域所示，表示要筛选年份为“2020”年，月份“大于 9”，日“小于 20”的信息。条件区域的字段名必须与数据清单中的字段名完全一样，条件区域与数据清单区域必须用空行隔开，单击“数据”选项卡（标号 1），在“排序和筛选”选项组中单击“高级”按钮（标号 2）。

	A	B	C
1	年份	月份	日
4	2020	9	15
5	2019	6	14
6	2019	8	25
7	2019	11	18

图 5.57 筛选年份后的结果

在弹出的“高级筛选”对话框中，选择筛选结果的位置。其中“列表区域”指的是表格的区域；“条件区域”指的是设置筛选条件的区域；“复制到”指的是筛选结果显示的区域。设置完毕后，单击“确定”按钮（标号 3），保存设置。本例的最终筛选结果显示在“A8：C9”区域，如图 5.58 所示。

图 5.58 高级筛选

5.6.3 实战演练

5.6.3
习题讲解

习题：

请给“工作簿 2”工作表中设置自动筛选，只显示年份为 2019 的数据。

解析：

① 单击数据清单中的任一单元格→单击“开始”选项卡（标号 1）→在“编辑”选项组中单击“排序和筛选”下拉按钮（标号 2）→在展开的快捷菜单中，选择“筛选”选项（标号 3），会出现筛选箭头，如图 5.54 所示。

② 点击“年份”的筛选箭头（标号 1），在弹出的筛选列表中勾选“2019”→单击”确定”按钮（标号 2），保存设置，如图 5.59 所示。筛选后的结果只有 2019 年的数据，如图 5.60 所示。

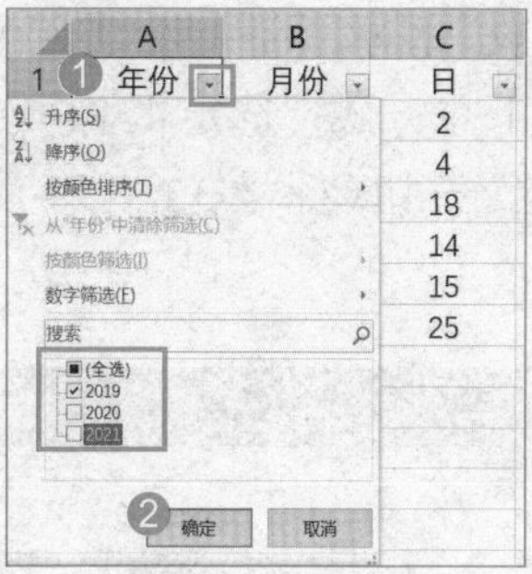

图 5.59 筛选 2019 年的数据

	A	B	C
1	年份	月份	日
4	2019	11	18
5	2019	6	14
7	2019	8	25

图 5.60 2019 年的数据

5.7 分类汇总与分级显示

考查概率★★★☆☆

难度系数★★☆☆☆

高频考点：分类汇总、分级显示。

5.7.1 分级显示简介

分类汇总能对数据清单的内容进行分类，是统计同类数据信息的一种方法。它包括自动求和、统计、求最大值、求最小值等；分级显示是将数据组成不同的级别，可以实现在不同级别之间快速切换，显示和隐藏不同级别。

5.7.2 高频考点

（1）分类汇总

在做分类汇总前，需要先对数据进行排序。选中要排序的列，单击“开始”选项卡（标号 1）→在“编辑”选项组中，单击“排序和筛选”下拉按钮（标号 2）→在展开的列表中选择一种排序方式，即可完成排序，如图 5.61 所示。

选中表格中任一单元格，单击“数据”选项卡（标号 1）→在“分级显示”选项组中单击“分类汇总”按钮（标号 2）→在弹出的“分类汇总”对话框中，“分类字段”表示要进行分类汇总的字段；“汇总方式”中可选以计数、求和、平均值等汇总方式；“选定汇总项”表示要汇总的数据。根据需求进行设置→单击“确定”按钮（标号3），保存设置，如图5.62所示，最终分类汇总结果如图5.63所示。

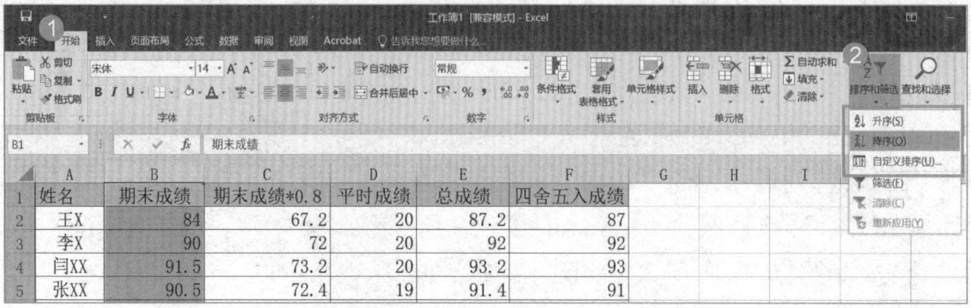

	A	B	C	D	E	F
1	姓名	期末成绩	期末成绩*0.8	平时成绩	总成绩	四舍五入成绩
2	王X	84	67.2	20	87.2	87
3	李X	90	72	20	92	92
4	闫XX	91.5	73.2	20	93.2	93
5	张XX	90.5	72.4	19	91.4	91

图5.61 对数据排序

（2）分级显示

选中需要设置分级显示的内容，单击“数据”选项卡（标号1）→在“分级显示”选项组中单击“创建组”下拉按钮（标号2）→在展开的列表中，选择“自动建立分级显示”选项（标号3），如图5.64所示→在表格上方出现图中方框中的标识，表示在此标识下的列可以分级显示，如图5.65所示→点击此标识后，即可看到分级显示的效果，如图5.66所示。

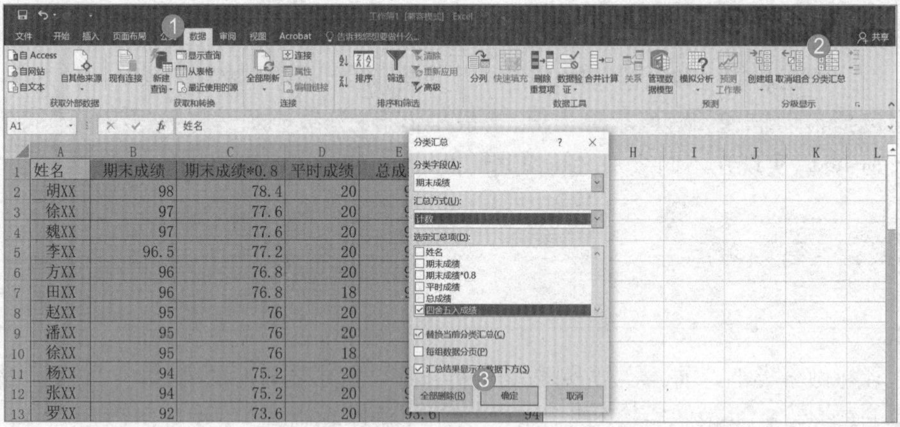

	A	B	C	D
1	姓名	期末成绩	期末成绩*0.8	平时成绩
2	胡XX	98	78.4	20
3	徐XX	97	77.6	20
4	魏XX	97	77.6	20
5	李XX	96.5	77.2	20
6	方XX	96	76.8	20
7	田XX	96	76.8	18
8	赵XX	95	76	20
9	潘XX	95	76	20
10	徐XX	95	76	18
11	杨XX	94	75.2	20
12	张XX	94	75.2	20
13	罗XX	92	73.6	20

图5.62 “分类汇总”对话框

工作簿1 [兼容模式] -

文件　开始　插入　页面布局　公式　数据　审阅　视图　Acrobat　告诉我您想要做什么...

自 Access　自网站　自文本　自其他来源　现有连接　获取外部数据　新建查询　显示查询　从表格　最近使用的源　获取和转换　全部刷新　连接　属性　编辑链接　连接　排序　筛选　清除　重新应用　高级　排序和筛选

E10　=D10+C10

	A	B	C	D	E	F
1	姓名	期末成绩	期末成绩*0.8	平时成绩	总成绩	四舍五入成绩
2	胡XX	98	78.4	20	98.4	98
3		98 计数				1
4	徐XX	97	77.6	20	97.6	98
5	魏XX	97	77.6	20	97.6	98
6		97 计数				2
7	李XX	96.5	77.2	20	97.2	97
8		96.5 计数				1

图 5.63　分类汇总结果

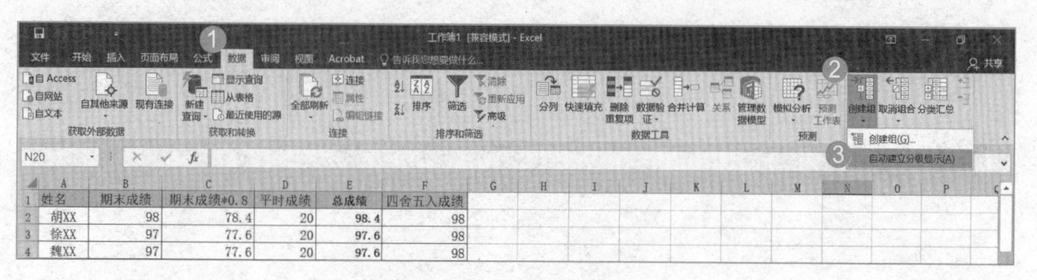

图 5.64　设置分级显示

工作簿1 [兼容

文件　开始　插入　页面布局　公式　数据　审阅　视图　Acrobat　告诉我您想要做什么...

自 Access　自网站　自文本　自其他来源　现有连接　获取外部数据　新建查询　显示查询　从表格　最近使用的源　获取和转换　全部刷新　连接　属性　编辑链接　连接　排序　筛选　排序和筛选

J12

	A	B	C	D	E	F
1	姓名	期末成绩	期末成绩*0.8	平时成绩	总成绩	四舍五入成绩
2	胡XX	98	78.4	20	98.4	98
3	徐XX	97	77.6	20	97.6	98
4	魏XX	97	77.6	20	97.6	98
5	李XX	96.5	77.2	20	97.2	97

图 5.65　分级显示标识

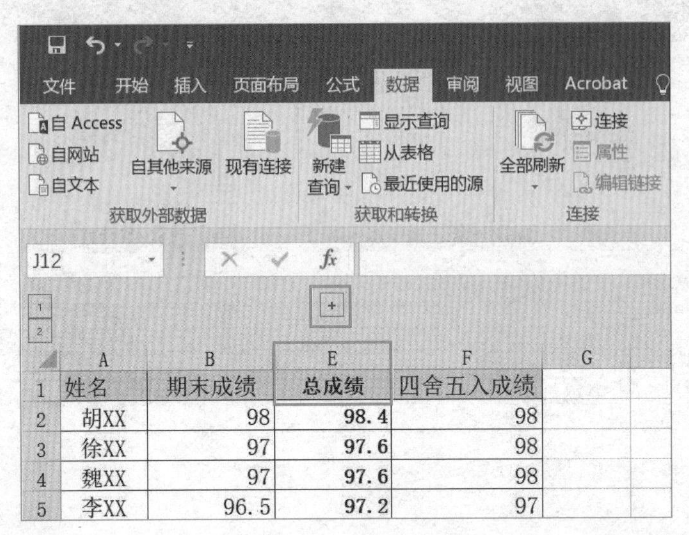

	A	B	E	F	G
1	姓名	期末成绩	总成绩	四舍五入成绩	
2	胡XX	98	98.4	98	
3	徐XX	97	97.6	98	
4	魏XX	97	97.6	98	
5	李XX	96.5	97.2	97	

图 5.66 分级显示的效果

5.7.3 实战演练

习题:

请给“成绩表”中的数据进行分类汇总,“分类字段”为“平时成绩”,“汇总方式”为“计数”,“选定汇总项”为“总成绩”。

5.7.3 习题讲解

解析:

① 先给成绩表中的“平时成绩”列排序。选中表格的“平时成绩”列,单击“数据”选项卡(标号 1)→在“排序和筛选”选项组中单击“排序”按钮(标号 2)→在弹出的“排序”对话框中,设置列的主要关键字为“平时成绩”,设置排序依据为“数值”,次序为“降序”→单击“确定”按钮(标号 3),完成对数据的排序,如图 5.67 所示。

② 选中表格中任一单元格,单击“数据”选项卡(标号 1)→在“分级显示”选项组中单击“分类汇总”按钮(标号 2)→在弹出的“分类汇总”对话框中,“分类字段”选择“平时成绩”;“汇总方式”选择“计数”;“选定汇总项”选择“四舍五入成绩”→单击“确认”按钮(标号 3),保存设置,如图 5.68 所示,最终分类汇总结果如图 5.69 所示。

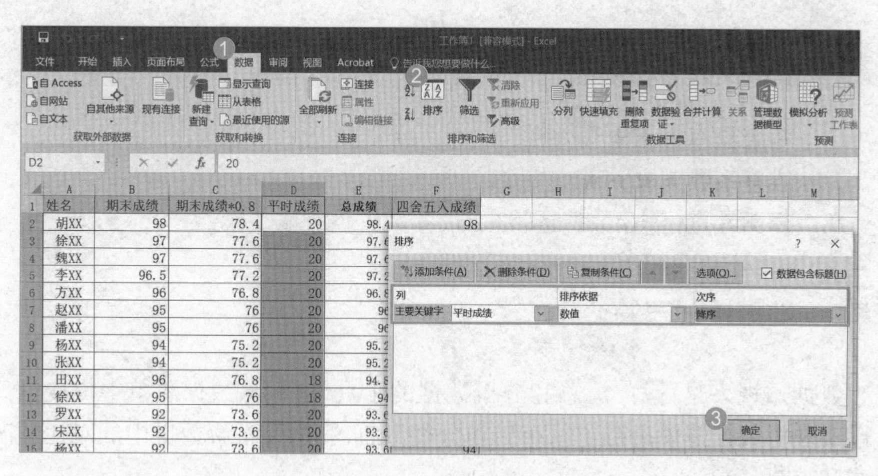

图 5.67　数据列排序

	A	B	C	D	E	F
1	姓名	期末成绩	期末成绩*0.8	平时成绩	总成绩	四舍五入成绩
2	胡XX	98	78.4	20	98.4	98
3	徐XX	97	77.6	20	97.6	98
4	魏XX	97	77.6	20	97.6	98
5	李XX	96.5	77.2	20	97.2	97
6	方XX	96	76.8	20	96.8	97
7	赵XX	95	76	20	96	96
8	潘XX	95	76	19	95	95
9	杨XX	94	75.2	19	94.2	94
10	张XX	94	75.2	19	94.2	94
11	田XX	96	76.8	19	95.8	96
12	徐XX	95	76	19	95	95
13	罗XX	92	73.6	19	92.6	93
14	宋XX	92	73.6	19	92.6	93
15	杨XX	92	73.6	19	92.6	93
16	余XX	92	73.6	19	92.6	93
17	余XX	92	73.6	18	91.6	92

分类汇总

分类字段(A)：平时成绩

汇总方式(U)：计数

选定汇总项(D)：

- [ ] 姓名
- [ ] 期末成绩
- [ ] 期末成绩*0.8
- [ ] 平时成绩
- [ ] 总成绩
- [x] 四舍五入成绩

- [x] 替换当前分类汇总(C)
- [ ] 每组数据分页(P)
- [x] 汇总结果显示在数据下方(S)

全部删除(R)　确定　取消

图 5.68　“分类汇总”对话框

	A	B	C	D	E	F
1	姓名	期末成绩	期末成绩*0.8	平时成绩	总成绩	四舍五入成绩
2	胡XX	98	78.4	20	98.4	98
3	徐XX	97	77.6	20	97.6	98
4	魏XX	97	77.6	20	97.6	98
5	方XX	96	76.8	20	96.8	97
6	赵XX	95	76	20	96	96
7				20 计数		5
8	潘XX	95	76	19	95	95
9	徐XX	95	76	19	95	95
10	罗XX	92	73.6	19	92.6	93
11				19 计数		3
12	余XX	92	73.6	18	91.6	92
13	闫XX	91.5	73.2	18	91.2	91
14	胡XX	90.5	72.4	18	90.4	90
15	党XX	90.5	72.4	18	90.4	90
16	李X	90	72	18	90	90
17				18 计数		5

图 5.69　分类汇总结果

5.8 数据透视表

考查概率★★★☆☆

难度系数★★★★☆

高频考点：建立数据透视表、设置数据透视表

5.8.1 数据透视表简介

数据透视表是计算、汇总和分析数据的工具，通过从数据清单中提取信息，可以实现对数据清单进行重新布局和分类汇总，有助于了解数据中的对比情况、模式和趋势。

5.8.2 高频考点

（1）建立数据透视表

选中想要建立透视表的数据区域，单击“插入”选项卡（标号 1）→单击“表格”选项组中的“数据透视表”按钮（标号 2）→在弹出的“创建数据透视表”对话框中，自动选中了“选择一个表或区域”→在“选择放置数据透视表的位置”区域中选择“现有工作表”，并选择空白单元格区域用来放置数据透视表，单击“确定”按钮（标号 3），保存设置，如图 5.70 所示。

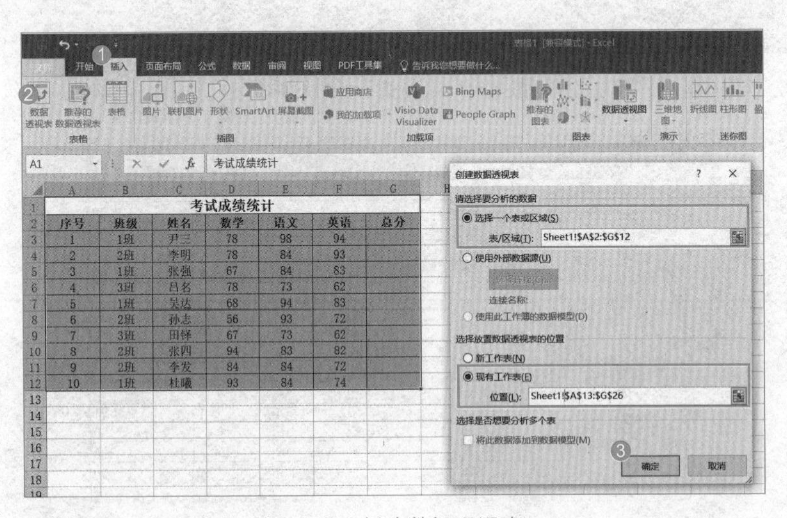

图 5.70　创建数据透视表

在窗口右侧出现“数据透视表字段”窗格，勾选需要的数据透视表的列标签、行标签，并根据需求将字段拖动到不同区域即可，如图 5.71 所示。呈现效果如图 5.72 所示。

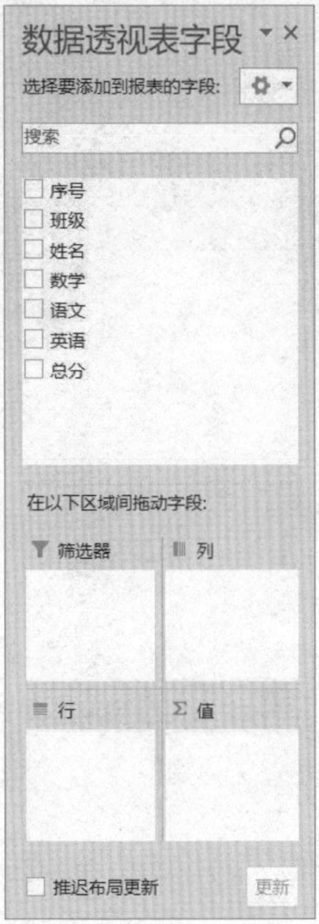

图 5.71 数据透视表字段

序号	班级	姓名	数学	语文	英语	总分
1	1班	尹三	78	98	94	
2	2班	李明	78	84	93	
3	1班	张强	67	84	83	
4	3班	吕名	78	73	62	
5	1班	吴达	68	94	83	
6	2班	孙志	56	93	72	
7	3班	田铎	67	73	62	
8	2班	张四	94	83	82	
9	2班	李发	84	84	72	
10	1班	杜曦	93	84	74	

图 5.72 数据透视表

（2）设置数据透视表

通过上述步骤完成数据透视表建立后，在“数据透视表字段”的区域内，根据需要将字段拖动到报表区域中，如图 5.73 所示→点击“值”区域内容的下拉按钮，在展开的列表中选择“值字段设置”或“字段设置”（标号 1），如图 5.74 所示。

图 5.73 值字段设置

在弹出的“值字段设置”对话框中，可以给字段“自定义名称”→在“值汇总方式”选项卡中（标号 2），可设置所选字段数据的计算类型（案例中为计算

“平均值”,分别对“值”区域中的“数学”“语文”“英语”进行平均值设置)→单击“确定”按钮,保存设置,如图 5.75 所示。设置后的数据透视表如图 5.76 所示。

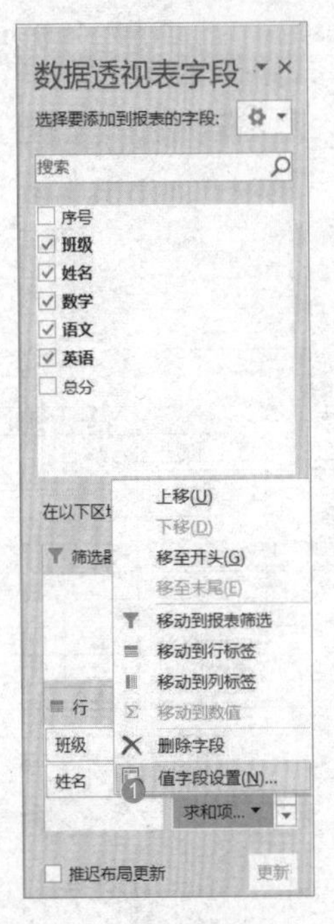

图 5.74 值字段设置

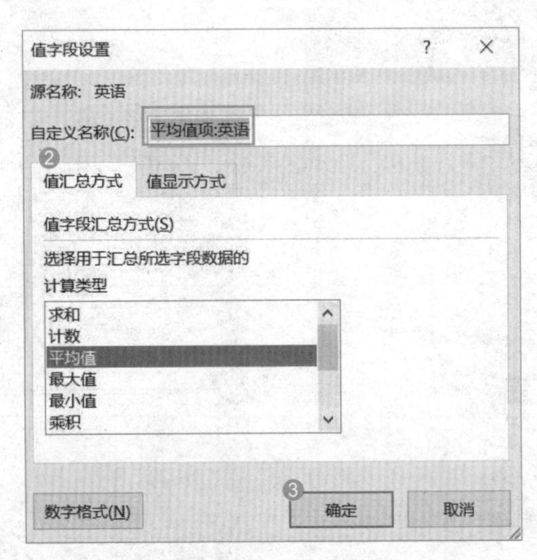

图 5.75 “值字段设置”对话框

	A	B	C	D	E	F	G
1				考试成绩统计			
2	序号	班级	姓名	数学	语文	英语	总分
3	1	1班	尹三	78	98	94	
4	2	2班	李明	78	84	93	
5	3	1班	张强	67	84	83	
6	4	3班	吕名	78	73	62	
7	5	1班	吴达	68	94	83	
8	6	2班	孙志	56	93	72	
9	7	3班	田铎	67	73	62	
10	8	2班	张四	94	83	82	
11	9	2班	李发	84	84	72	
12	10	1班	杜曦	93	84	74	
13			数据				
14	班级	姓名	平均值项:数学	平均值项:语文	平均值项:英语		
15	⊟1班	杜曦	93	84	74		
16		吴达	68	94	83		
17		尹三	78	98	94		
18		张强	67	84	83		
19	1班 汇总		76.5	90	83.5		
20	⊟2班	李发	84	84	72		
21		李明	78	84	93		
22		孙志	56	93	72		
23		张四	94	83	82		
24	2班 汇总		78	86	79.75		
25	⊟3班	吕名	78	73	62		
26		田铎	67	73	62		
27	3班 汇总		72.5	73	62		
28	总计		76.3	85	77.7		

图 5.76 数据透视表

5.8.3　实战演练

习题：

请给“考试成绩统计”表中的成绩建立数据透视表，要求显示各班级的各科平均分，不需要列出学生姓名。

5.8.3
习题讲解

解析：

① 选中“考试成绩统计”表，单击“插入”选项卡（标号 1）→单击“表格”选项组中的“数据透视表”按钮（标号 2）→在弹出的“创建数据透视表”对话框中，在“选择放置数据透视表的位置”栏目里选择“现有工作表”，并选择空白单元格区域用来放置数据透视表→单击“确定”按钮（标号 3）保存设置，如图 5.77 所示。

② 在窗口右侧出现“数据透视表字段”窗格，如图 5.71 所示→选定数据透视表的行标签为“班级”，只需将“班级”字段拖拽到“行”区域即可→值区域中包含字段“数学”“语文”“英语”，需对“值字段”进行设置→分别单击每个值字段右侧的下拉按钮（标号 1），在展开的列表中选择“值字段设置”（标号 2），如图 5.78 所示。

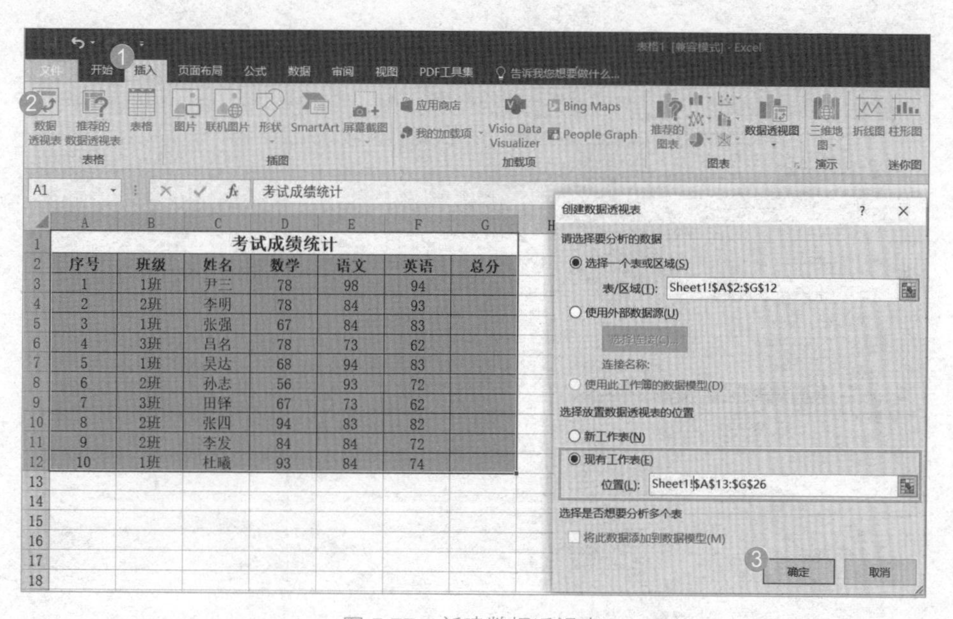

考试成绩统计

序号	班级	姓名	数学	语文	英语	总分
1	1班	尹三	78	98	94	
2	2班	李明	78	84	93	
3	1班	张强	67	84	83	
4	3班	吕名	78	73	62	
5	1班	吴达	68	94	83	
6	2班	孙志	56	93	72	
7	3班	田铎	67	73	62	
8	2班	张四	94	83	82	
9	2班	李发	84	84	72	
10	1班	杜曦	93	84	74	

图 5.77　新建数据透视表

③ 在弹出的“值字段设置”对话框中，“自定义名称”更改为“语文平均分”，“计算类型”更改为“平均值”(标号 1)→单击“确定”按钮(标号 2)，保存设置，如图 5.79 所示。

④ 分别对“语文”“英语”“数学”设置值字段后，透视表中的值区域会分别显示各科目的平均成绩→列字段自动生成“数值”字段。所有区域设置后的数据透视表字段如图 5.80 所示。

⑤ 生成的数据透视表需更改表头为“各科平均分”→所有设置完成后，数据透视表的最终效果如图 5.81 所示。

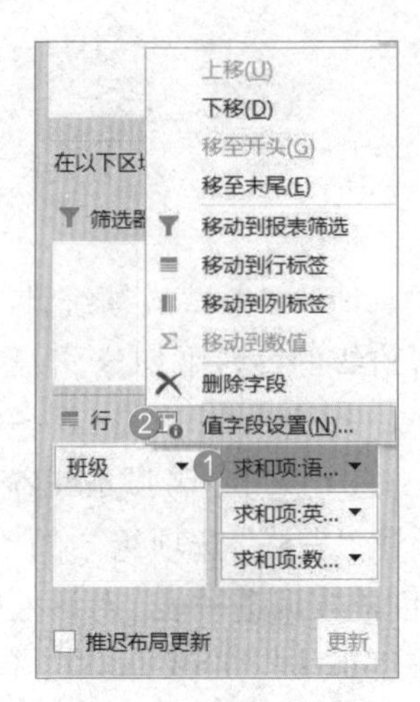

图 5.78 设置值字段

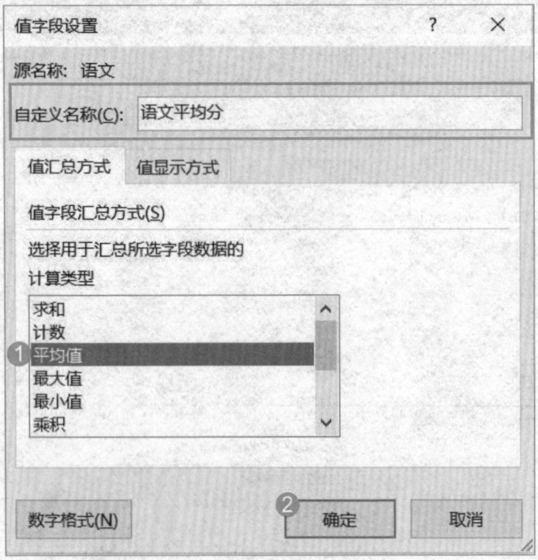

图 5.79 “值字段设置”对话框

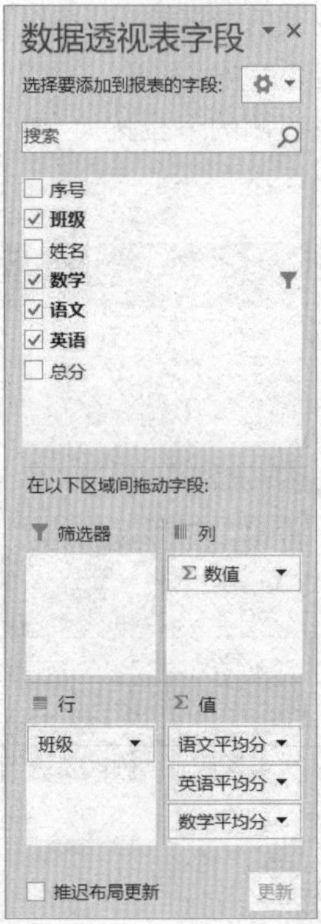

图 5.80 数据透视表字段

B13 各科平均分

	A	B	C	D	E	F	G
1				考试成绩统计			
2	序号	班级	姓名	数学	语文	英语	总分
3	1	1班	尹三	78	98	94	
4	2	2班	李明	78	84	93	
5	3	1班	张强	67	84	83	
6	4	3班	吕名	78	73	62	
7	5	1班	吴达	68	94	83	
8	6	2班	孙志	56	93	72	
9	7	3班	田铎	67	73	62	
10	8	2班	张四	94	83	82	
11			李发	84	84	72	
12	10	1班	杜曦	93	84	74	
13		各科平均分					
14	班级	语文平均分	英语平均分	数学平均分			
15	1班	90	83.5	76.5			
16	2班	86	79.75	78			
17	3班	73	62	72.5			
18	总计	85	77.7	76.3			

图 5.81　数据透视表

5.9 图表

考查概率★★★☆☆

难度系数★★★★☆

高频考点：创建图表、编辑和修改图表

5.9.1 图表简介

在 Excel 中，图表指的是注明各种数字并表示各种进度情况的图和表格的总称，常用的图表类型有示意图、统计表等。

5.9.2 高频考点

(1) 创建图表

打开工作表，选中需要创建表格的单元格区域，如图 5.82 所示→单击“插入”选项卡→在“图表”选项组中，选择其中一种类型图表后，单击下拉箭头选择此类图表的某种样式，即可完成表格的初步建立，如图 5.83 所示，插入的表格样式如图 5.84 所示。

	A	B	C	D	E
1			销售业绩表		
2					单位：件
3	商品名	第一季	第二季	第三季	第四季
4	沙发	56	70	41	29
5	茶几	45	57	67	77
6	衣柜	50	36	75	93
7	双人床	70	39	68	49

图 5.82　选中单元格

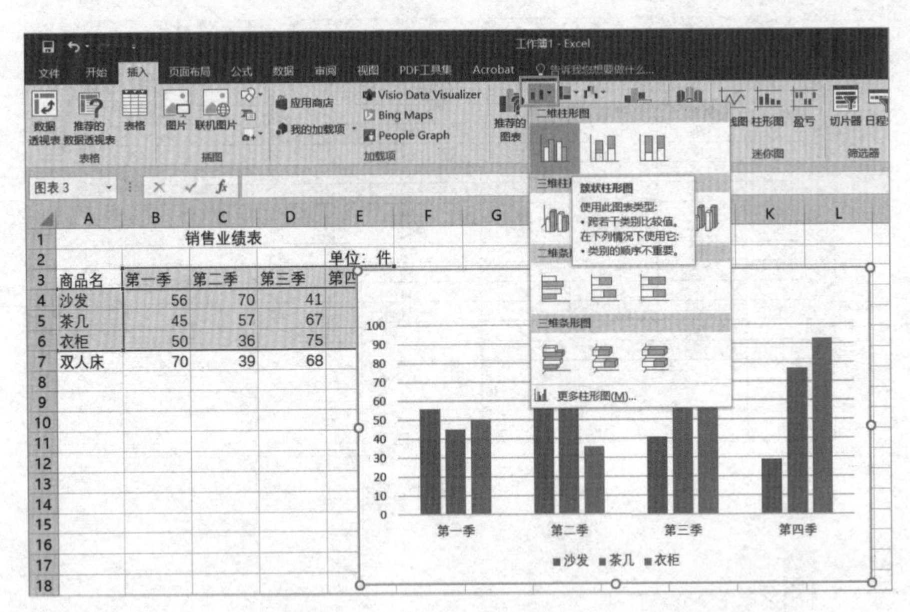

图 5.83 创建图表

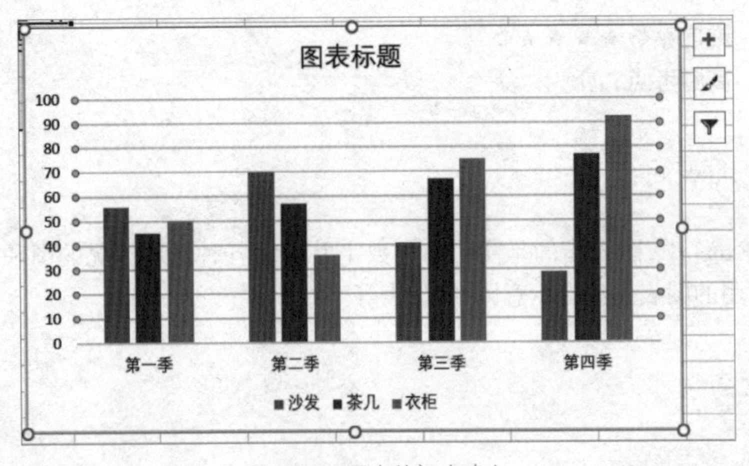

图 5.84 图表的初步建立

图表完成初步建立后,可对图表进行美化。单击图表→单击“图表工具 | 设计”选项卡(标号 1)→在“图表样式”选项组中,可以选择一种图表样式→在“图表布局”选项卡中单击“快速布局”下拉按钮(标号 2),在下拉列表中可以选择一种图表布局方式,如图 5.85 所示→在图表中的文本框输入相对应的标题,最终图表样式如图 5.86 所示。

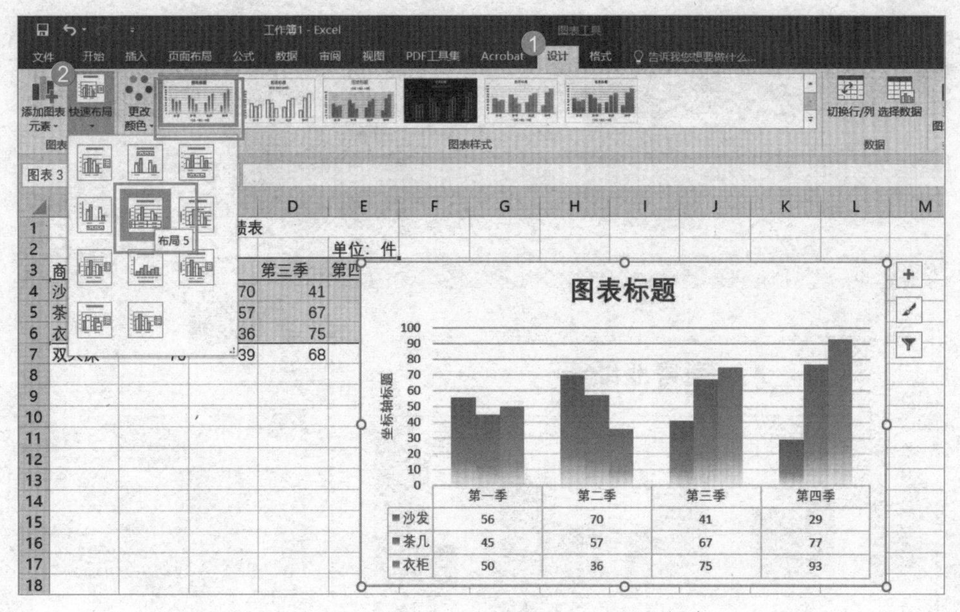

图 5.85　美化图表

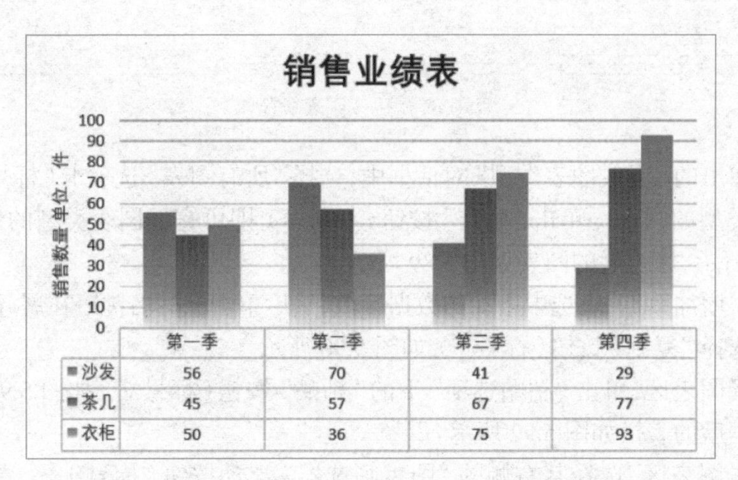

图 5.86　最终样式

（2）编辑和修改图表

单击图表→单击选择“图表工具｜设计”选项卡（标号 1）→在“类型”选项组中单击“更改图表类型”按钮（标号 2），如图 5.87 所示。

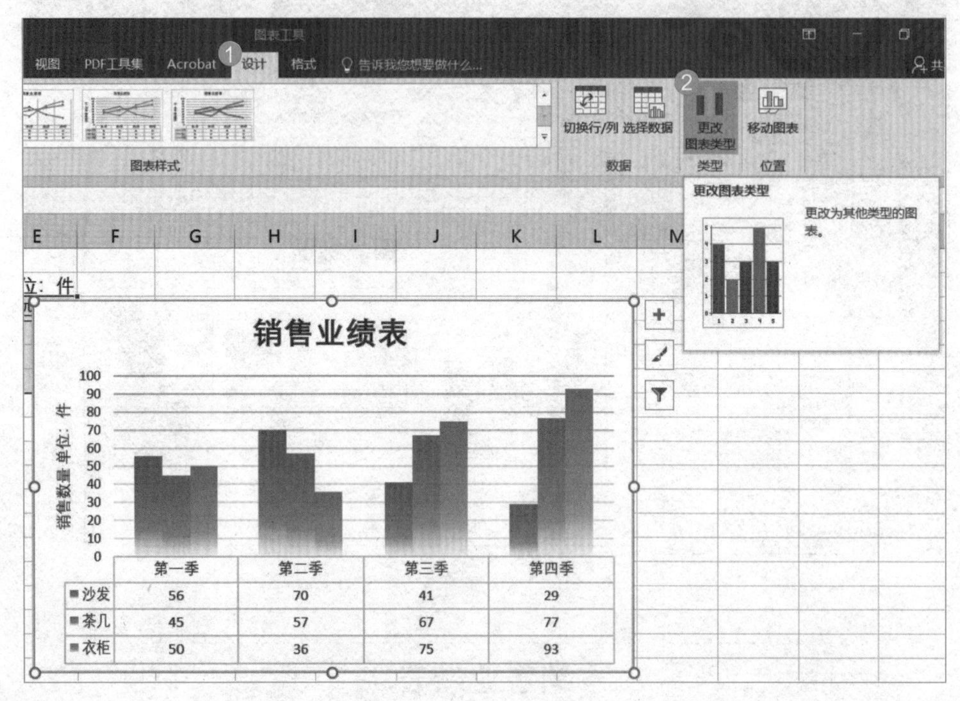

图 5.87 更改图表类型

在弹出的“更改图表类型”对话框中，选择“所有图表”选项卡（标号 3），选择不同类型的图表→单击“确定”按钮（标号 4），即可完成图表类型的修改，如图 5.88 所示，修改后的图表如图 5.89 所示。

如需增加数据，可选中增加的数据区域，然后单击鼠标右键→在展开的快捷菜单中选择“复制”按钮（标号 1），如图 5.90 所示。

选择图表区，单击“粘贴选项”下的“粘贴”按钮（标号 2），如图 5.91 所示，粘贴数据后的表格如图 5.92 所示。

单击图表区，选择其右侧的“图表筛选器”浮动按钮（标号 1）→单击“选择数据...”按钮（标号 2），如图 5.93 所示→在弹出的“选择数据源”对话框框中，可切换行 / 列，也可以根据需要“添加”“编辑”或“删除”某些图例项，如图 5.94 所示。

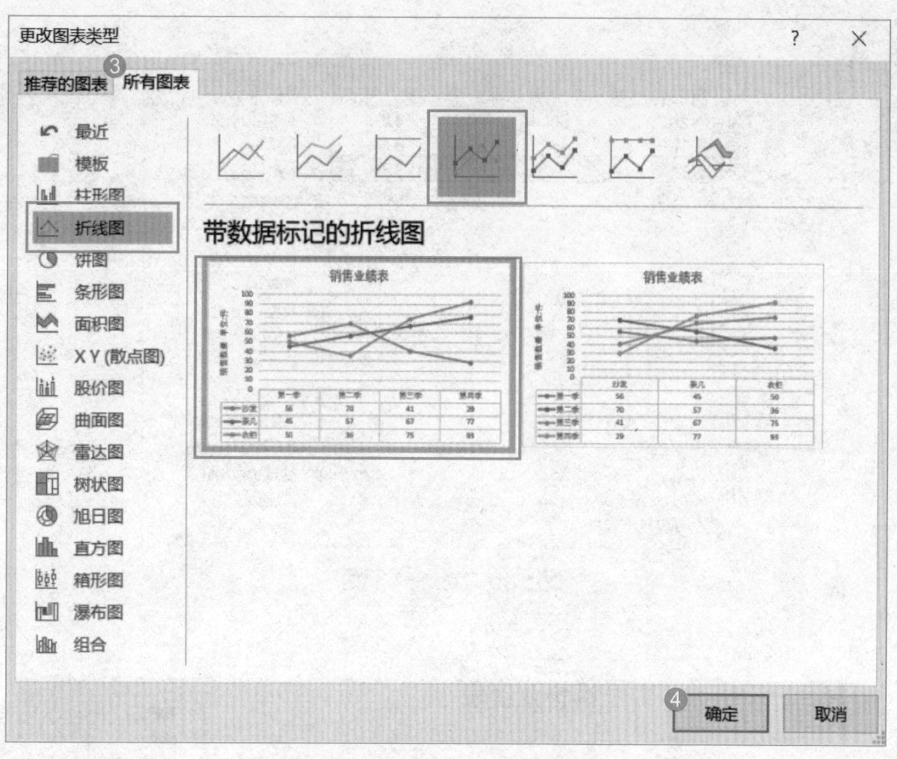

图 5.88 “更改图表类型”对话框

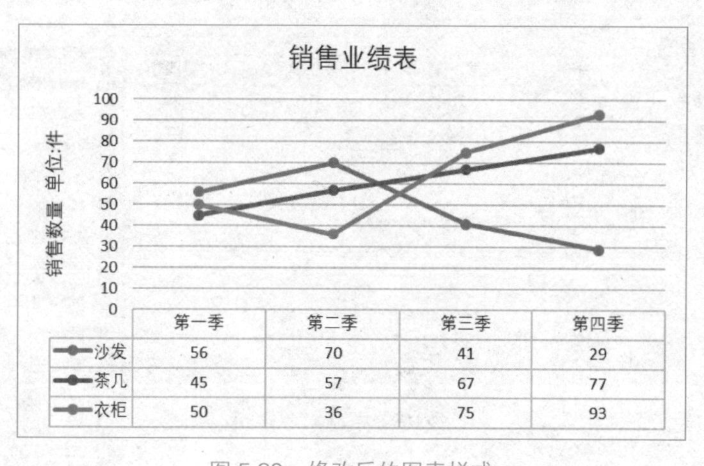

	第一季	第二季	第三季	第四季
沙发	56	70	41	29
茶几	45	57	67	77
衣柜	50	36	75	93

图 5.89 修改后的图表样式

2					单位:
3	商品名	第一季	第二季	第三季	第四
4	沙发	56	70	41	
5	茶几	45	57	67	
6	衣柜	50	36	75	
7	双人床	70	39	68	

剪切(T)
复制(C)
粘贴选项:
选择性粘贴(S)...
智能查找(L)
插入(I)...
删除(D)...
清除内容(N)
快速分析(Q)
筛选(E)
排序(O)
插入批注(M)
设置单元格格式(F)...
从下拉列表中选择(K)...
显示拼音字段(S)
定义名称(A)...
超链接(I)...

图 5.90 复制表格数据

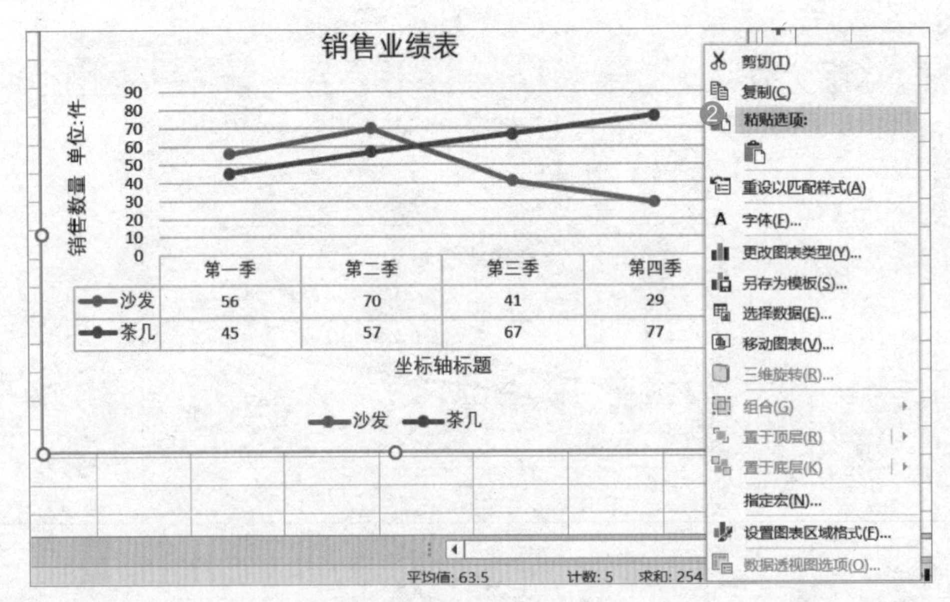

图 5.91 粘贴表格数据

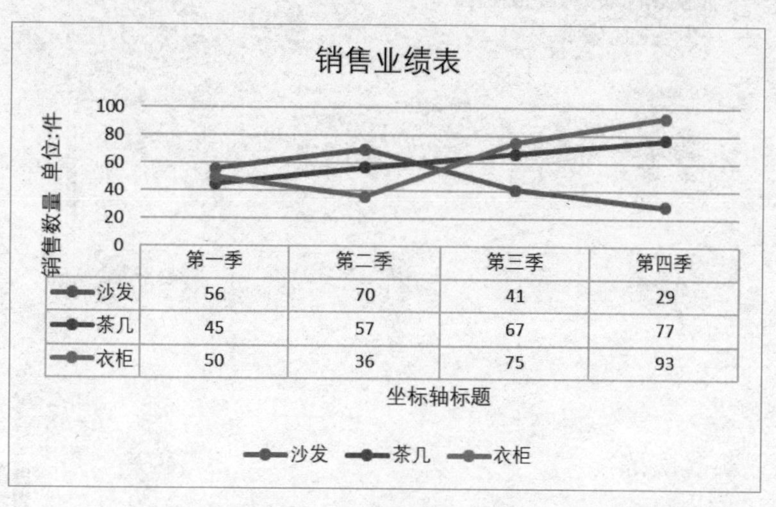

图 5.92 粘贴数据后的图表

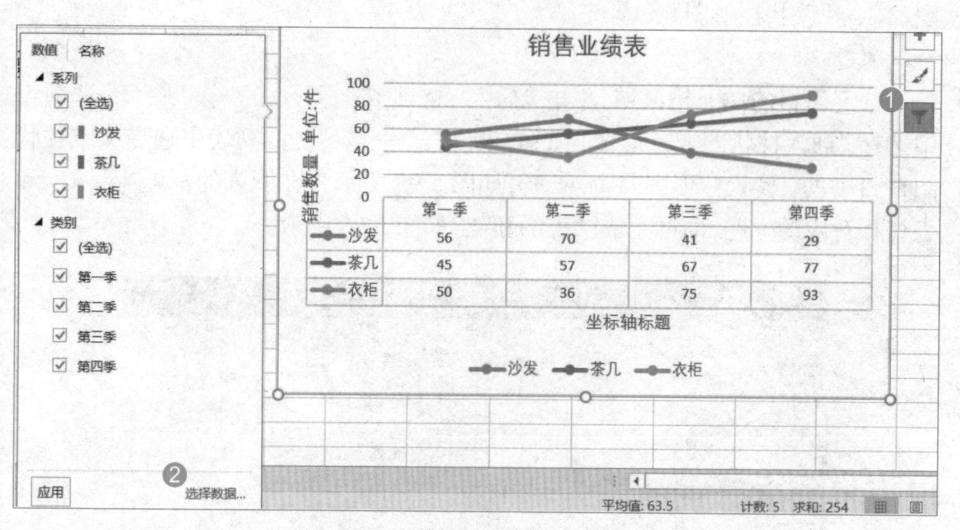

图 5.93 "图表筛选器"浮动按钮

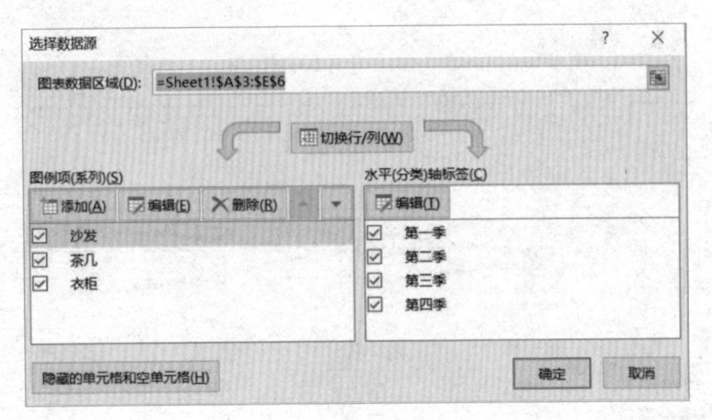

图 5.94 “选择数据源”对话框

5.9.3 实战演练

5.9.3
习题讲解

习题：

请给“工作簿 1”中的数据表创建图表，图表类型为“二维柱状图”中的“簇状柱形图”。

解析：

选定表格的单元格区域，单击“插入”选项卡（标号 1）→在“图表”选项组中选择“插入柱状图或条形图”按钮（标号 2）→在展开的列表中选择二维柱状图栏目中的“簇状柱形图”（标号 3），如图 5.95 所示→在图表的标题中，输入和表格相对应的标题，即可完成图表的新建，如图 5.96 所示。

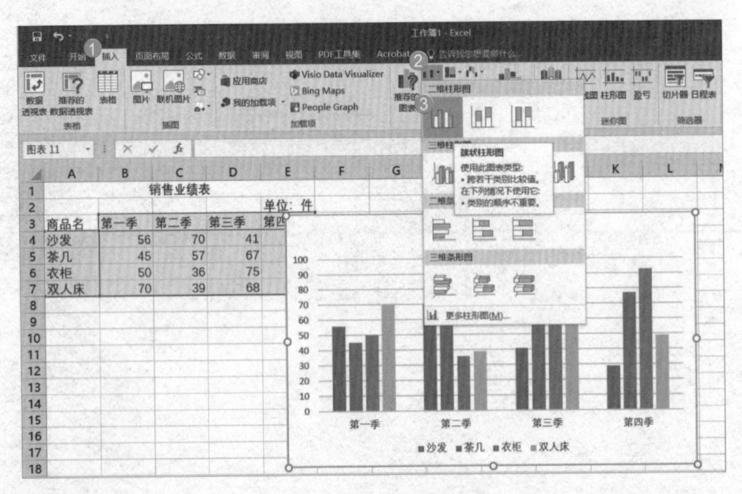

图 5.95 新建图表

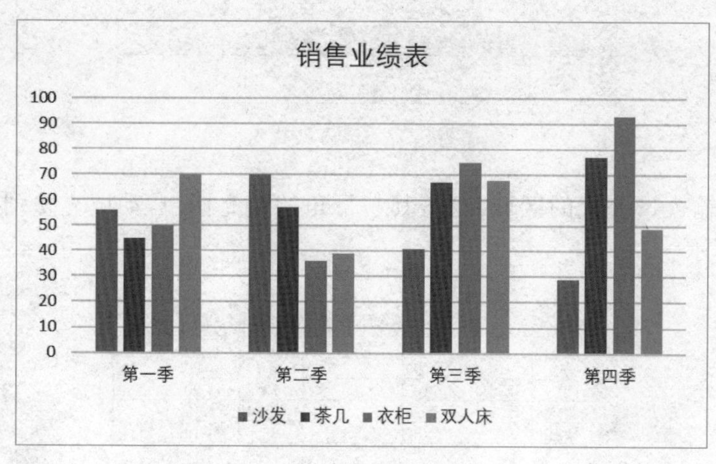

图 5.96 新建销售业绩表

5.10 公式的使用

考查概率★★★☆☆

难度系数★★☆☆☆

高频考点：公式的输入、相对引用和绝对引用

5.10.1 公式的使用简介

公式提供了 Excel 中重要的计算功能，可对单元格中的数据进行各种自定义计算，如算术运算、关系运算等，使用公式能显著提升计算效率，降低计算过程中的出错率。

5.10.2 高频考点

（1）公式的输入

公式的一般形式为：= 表达式

以乘法计算为例。打开工作表，在需要做计算的区域中输入“=”，点击计算所需数据所在的单元格（案例中为 B2），随后将步骤补充完整。按 Enter 键即可得出计算结果，如图 5.97 所示。

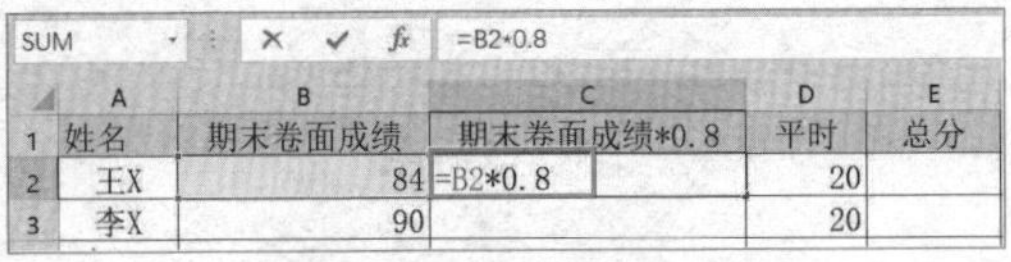

SUM | × ✓ *fx* | =B2*0.8

	A	B	C	D	E
1	姓名	期末卷面成绩	期末卷面成绩*0.8	平时	总分
2	王X	84	=B2*0.8	20	
3	李X	90		20	

图 5.97 输入公式

选定输入过公式的区域,双击其右下角的填充柄,自动填充整列数据,如图 5.98 所示。

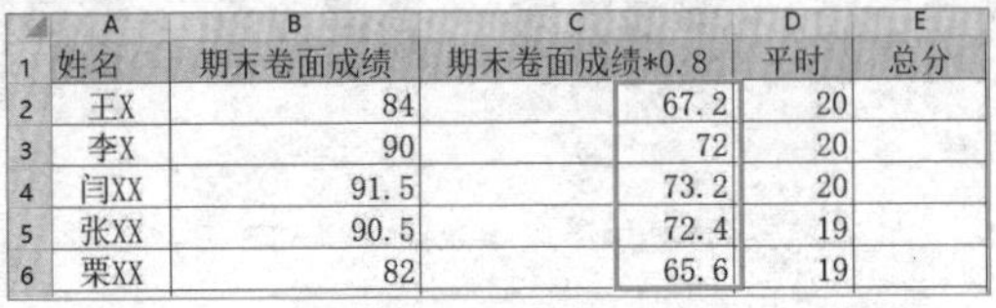

	A	B	C	D	E
1	姓名	期末卷面成绩	期末卷面成绩*0.8	平时	总分
2	王X	84	67.2	20	
3	李X	90	72	20	
4	闫XX	91.5	73.2	20	
5	张XX	90.5	72.4	19	
6	栗XX	82	65.6	19	

图 5.98 公式计算结果

公式中常用的运算为:加(+)、减(-)、乘(*)、除(/)等。

(2)绝对引用和相对引用

在单元格中输入公式,比如在单元格 E2 中输入公式"=SUM(C2:D2)",表示 E2 的值等于"C2+D2"的值,如图 5.99 所示。自动填充后,E 列中每行的值,会随着行数而变化,比如 E3 中填充的公式为"=SUM(C3:D3)",如图 5.100 所示。此种引用方式为相对引用,即当把一个含有单元格引用的公式复制或填充到另一个位置时,公式中的单元格引用会随着目标单元格位置的改变而相对改变。

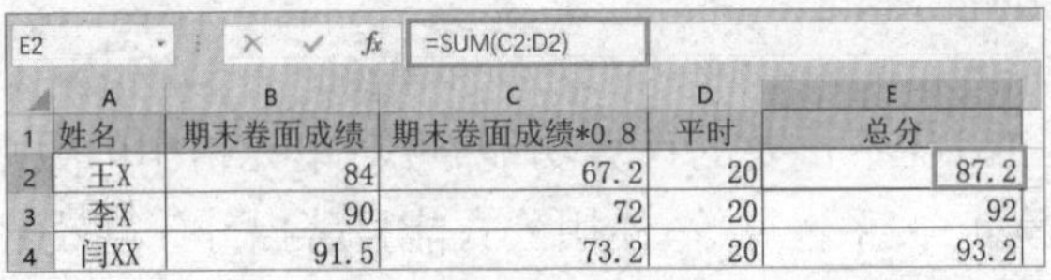

E2 | × ✓ *fx* | =SUM(C2:D2)

	A	B	C	D	E
1	姓名	期末卷面成绩	期末卷面成绩*0.8	平时	总分
2	王X	84	67.2	20	87.2
3	李X	90	72	20	92
4	闫XX	91.5	73.2	20	93.2

图 5.99 E2 公式

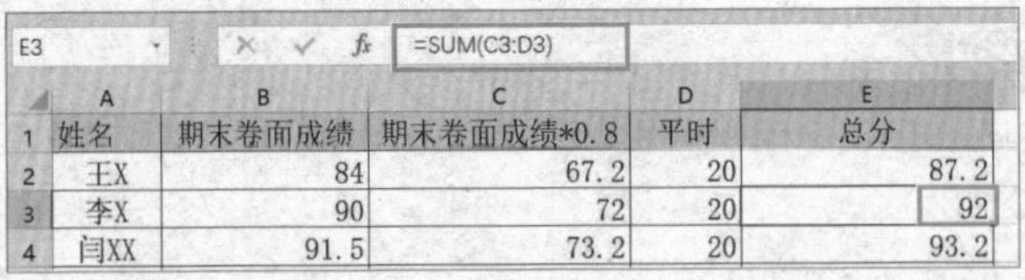

E3 | × ✓ *fx* | =SUM(C3:D3)

	A	B	C	D	E
1	姓名	期末卷面成绩	期末卷面成绩*0.8	平时	总分
2	王X	84	67.2	20	87.2
3	李X	90	72	20	92
4	闫XX	91.5	73.2	20	93.2

图 5.100 E3 公式

在单元格中输入公式,例如在 E2 中输入公式"=SUM(C$2:D2)",在行数"2"前边加上"$",表示行数不变,可以理解为锁定行数为"2"。同理也可将"$"

加在列上，例如“=SUM（C2：D2）”可表示为锁定“C2”，在自动填充情况下“C2”单元格被固定。例如E3中的公式为“=SUM（C$2：D3）”，表示E3中的值等于“C2+D2+C3+D3”的值，如图5.101所示。此种引用方法称为绝对引用，即当把一个含有单元格引用的公式复制或填充到一个新的位置时，公式中的单元格引用不会发生改变。

E3 =SUM(C$2:D3)

	A	B	C	D	E
1	姓名	期末卷面成绩	期末卷面成绩*0.8	平时	总分
2	王X	84	67.2	20	87.2
3	李X	90	72	20	179.2
4	闫XX	91.5	73.2	20	272.4

图 5.101 E3绝对引用

5.10.3 实战演练

5.10.3
习题讲解

习题：

请给“工作簿1”中的“学生成绩”工作表进行数据处理。由于全班同学参加竞赛得奖，所有人“总分”加3分。请在“总分（考试+竞赛）”列中，填写加分后的成绩。

解析：

打开工作表，在F2单元格中输入公式“=E2+3”，表示F2中的值等于E2的值加上3，按Enter键即可得出计算结果，如图5.102所示→选定F2单元格，双击其右下角的填充柄，自动填充整列数据，如图5.103所示。

F2 =E2+3

	A	B	C	D	E	F
1	姓名	卷面成绩	卷面成绩*0.8	平时成绩	考试总分	总分（考试+竞赛）
2	王X	84	67.2	20	87.2	90.2
3	李X	90	72	20	92	
4	闫XX	91.5	73.2	20	93.2	
5	张XX	90.5	72.4	19	91.4	
6	栗XX	82	65.6	19	84.6	
7	罗XX	92	73.6	20	93.6	
8	袁XX	83	66.4	20	86.4	
9	丁XX	88	70.4	20	90.4	
10						

图 5.102 F2公式

	A	B	C	D	E	F
1	姓名	卷面成绩	卷面成绩*0.8	平时成绩	考试总分	总分（考试+竞赛）
2	王X	84	67.2	20	87.2	90.2
3	李X	90	72	20	92	95
4	闫XX	91.5	73.2	20	93.2	96.2
5	张XX	90.5	72.4	19	91.4	94.4
6	栗XX	82	65.6	19	84.6	87.6
7	罗XX	92	73.6	20	93.6	96.6
8	袁XX	83	66.4	20	86.4	89.4
9	丁XX	88	70.4	20	90.4	93.4

图 5.103 数据填充效果

5.11 常用函数

考查概率★★★★☆

难度系数★★★★☆

高频考点：函数的输入、SUM 函数、AVERAGE 函数、MAX 函数、MIN 函数、ROUND 函数

5.11.1 常用函数简介

函数是 Excel 中具有特定功能的内置公式,在使用时可以直接调用。函数一般由函数名和参数组成,可用于各类计算、统计、查找等情况。

5.11.2 高频考点

（1）函数的输入

选择想要输入函数的单元格,单击“公式”选项卡（标号 1）→在“函数库”选项组中单击“插入函数”按钮（标号 2）→在弹出的“插入函数”对话框中,可以在“搜索函数”栏目里进行函数搜索,在“或选择类别”栏目中可以选择函数的类别,在“选择函数”栏目中选择所需函数（案例中选择乘法函数）→单击“确定”按钮（标号 3）,如图 5.104 所示→在弹出的“函数参数”对话框中编辑函数的参数,单击“确定”按钮即可完成函数的输入,如图 5.105 所示。

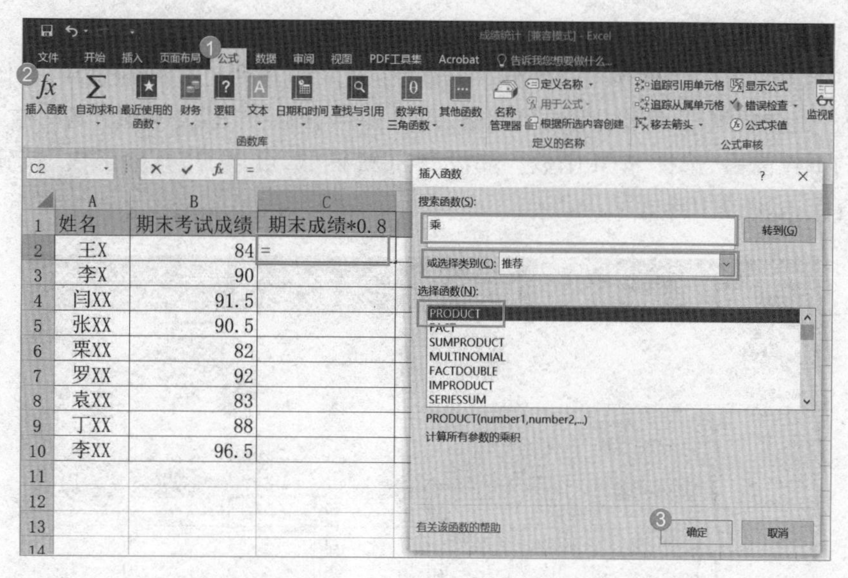

图 5.104 “插入函数”对话框

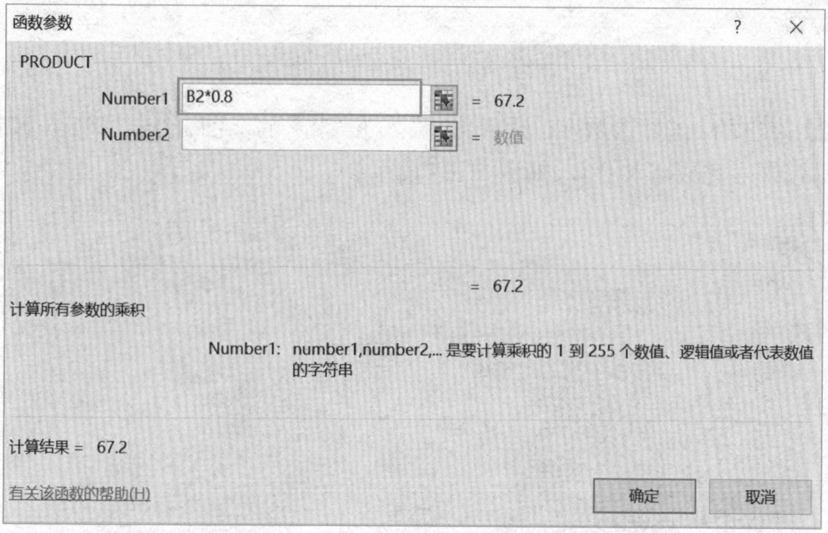

函数参数

PRODUCT

Number1 B2*0.8 = 67.2

Number2 = 数值

= 67.2

计算所有参数的乘积

Number1: number1,number2,... 是要计算乘积的 1 到 255 个数值、逻辑值或者代表数值的字符串

计算结果 = 67.2

有关该函数的帮助(H) 确定 取消

图 5.105 “函数参数”对话框

(2) SUM 函数

SUM 函数用于求和。

格式：SUM(number1, number2, ...)

参数说明：在本函数中，number n（必需参数）表示要相加的内容。该参数可以是数字,也可以是单元格引用,或单元格范围。

本例中需要计算学生总评分,即该学生对应的 C 列与 D 列的总和,操作步骤为:选择要填写计算结果的单元格,即在 E 列中输入 “=” →单击 “名称框” 右边的下拉箭头,选择 SUM 函数。如没有 SUM 函数,可点击 “其他函数” 按钮进行查找,如图 5.106 所示。

	B	C	D	E	F	G
	期末考试成绩	期末成绩*0.8	平时	总评	四舍五入	汇总
	84	67.2	20	=	0	
	90	72	20		0	
	91.5	73.2	20		0	
	90.5	72.4	19		0	
	82	65.6	19		0	
7 罗XX	92	73.6	20		0	

图 5.106 选择 SUM 函数

在弹出的 “函数参数” 对话框中,输入求 “和” 的范围,单击 “确定” 按钮保存设置,即可完成求和计算,如图 5.107 所示。

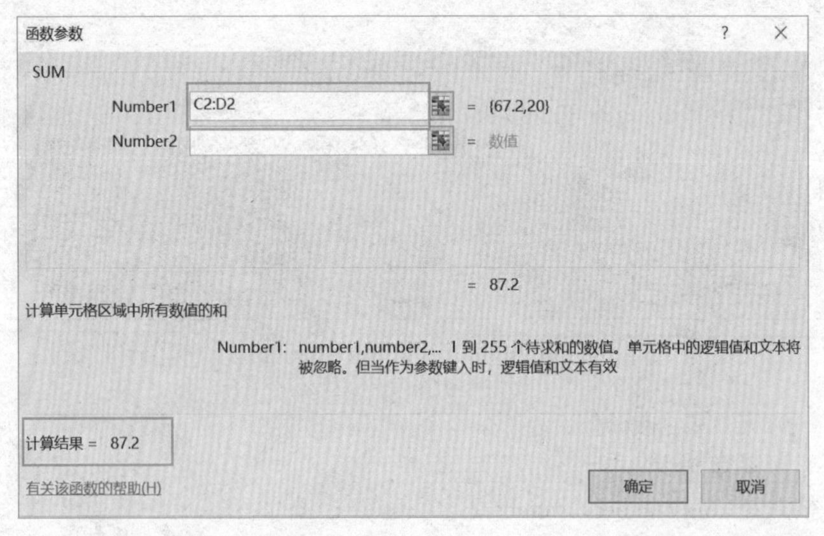

图 5.107 求和

（3）AVERAGE 函数

AVERAGE 函数用于计算平均值。

格式：AVERAGE（ number1，number2，...）

参数说明：在本函数中，number *n* 为要计算平均值的参数。这些参数可以是数字，或者是涉及数字的名称、数组或引用。

本例中需要计算学生期末考试成绩的平均值，即对应的 B 列数据平均值，操作步骤为：选择填写计算结果的单元格，输入“=”→单击“名称框”右边的下拉箭头，选择 AVERAGE 函数，如图 5.108 所示。

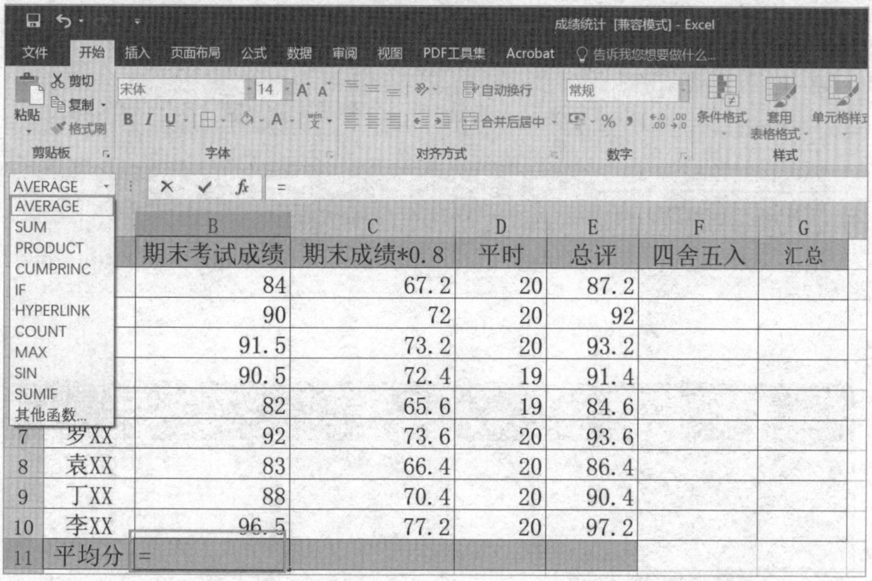

	A	B	C	D	E	F	G
		期末考试成绩	期末成绩*0.8	平时	总评	四舍五入	汇总
		84	67.2	20	87.2		
		90	72	20	92		
		91.5	73.2	20	93.2		
		90.5	72.4	19	91.4		
		82	65.6	19	84.6		
7	罗XX	92	73.6	20	93.6		
8	袁XX	83	66.4	20	86.4		
9	丁XX	88	70.4	20	90.4		
10	李XX	96.5	77.2	20	97.2		
11	平均分	=					

图 5.108　选择 AVERAGE 函数

在弹出的“函数参数”对话框中，输入求“平均值”的范围→单击”确定”按钮保存设置，即可完成求平均值的计算，如图 5.109 所示。

（4）MAX 函数

MAX 函数用于选取数据中的最大值。

格式：MAX（number1，number2，...）

参数说明：number *n* 为要计算最大值的参数。

本例中需要选取学生期末考试成绩的最高分，即对 B 列数据选取最大值，操作步骤为：选择填写计算结果的单元格，输入“=”→单击“名称框”右边的下拉箭头，选择 MAX 函数，如图 5.110 所示→在弹出的“函数参数”对话框中，输入求“最大值”的数据范围→单击“确定”按钮保存设置，即可完成求最大值的计算，如图 5.111 所示。

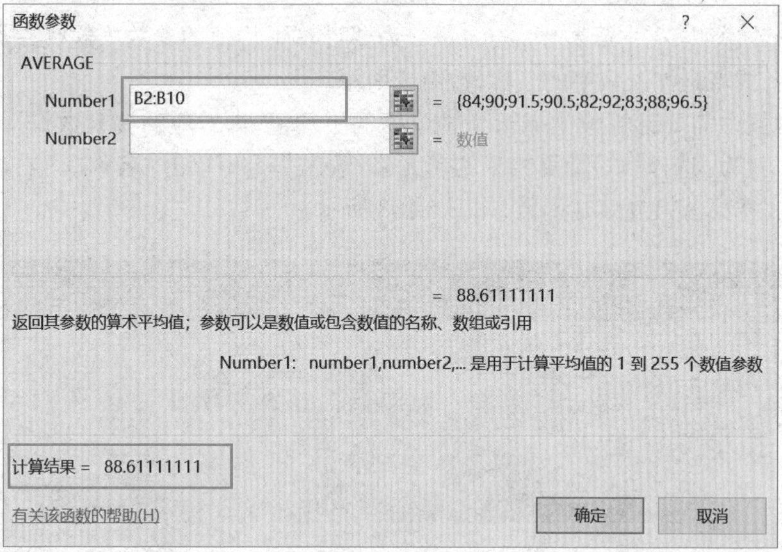

函数参数　？　×

AVERAGE

Number1　B2:B10　=　{84;90;91.5;90.5;82;92;83;88;96.5}

Number2　　=　数值

=　88.61111111

返回其参数的算术平均值；参数可以是数值或包含数值的名称、数组或引用

Number1:　number1,number2,... 是用于计算平均值的 1 到 255 个数值参数

计算结果 =　88.61111111

有关该函数的帮助(H)　确定　取消

图 5.109　求平均值

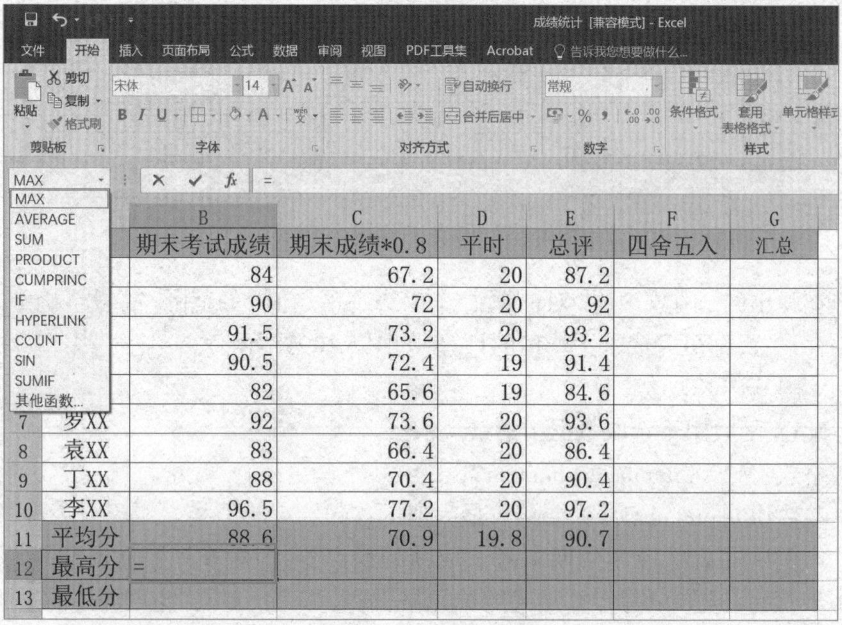

成绩统计 [兼容模式] - Excel

文件　开始　插入　页面布局　公式　数据　审阅　视图　PDF工具集　Acrobat　告诉我您想要做什么...

MAX　×　✓　fx　=

MAX / AVERAGE / SUM / PRODUCT / CUMPRINC / IF / HYPERLINK / COUNT / SIN / SUMIF / 其他函数...

	A	B	C	D	E	F	G
1		期末考试成绩	期末成绩*0.8	平时	总评	四舍五入	汇总
2		84	67.2	20	87.2		
3		90	72	20	92		
4		91.5	73.2	20	93.2		
5		90.5	72.4	19	91.4		
6		82	65.6	19	84.6		
7	罗XX	92	73.6	20	93.6		
8	袁XX	83	66.4	20	86.4		
9	丁XX	88	70.4	20	90.4		
10	李XX	96.5	77.2	20	97.2		
11	平均分	88.6	70.9	19.8	90.7		
12	最高分	=					
13	最低分						

图 5.110　选择 MAX 函数

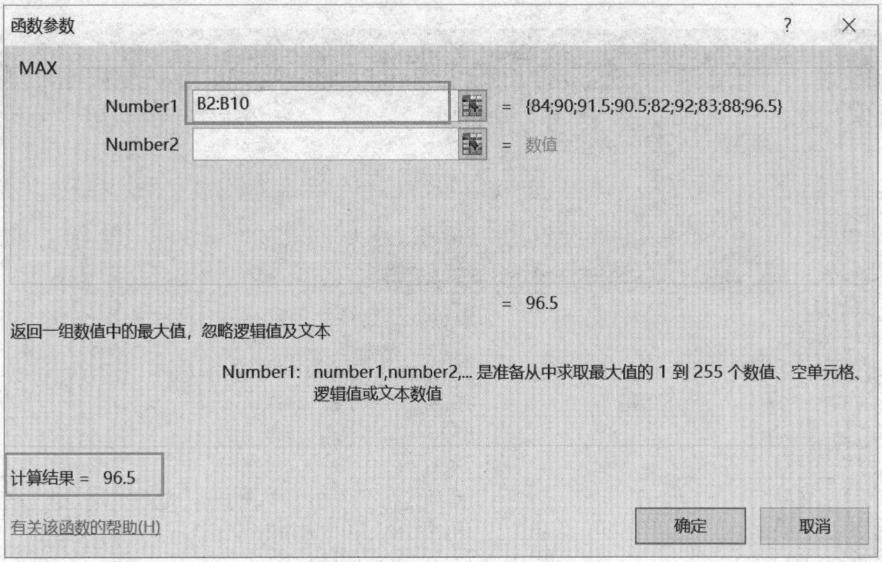

函数参数

MAX

Number1 B2:B10 = {84;90;91.5;90.5;82;92;83;88;96.5}

Number2 = 数值

= 96.5

返回一组数值中的最大值，忽略逻辑值及文本

Number1: number1,number2,... 是准备从中求取最大值的 1 到 255 个数值、空单元格、逻辑值或文本数值

计算结果 = 96.5

有关该函数的帮助(H) 确定 取消

图 5.111 求最大值

(5) MIN 函数

MIN 函数用于选取数据中的最小值。

格式：MIN(number1, number2, ...)

参数说明：number n 为要计算最小值的参数。

本例中需要选取学生期末考试成绩的最低分，即对 B 列数据选取最小值，操作步骤为：选择填写计算结果的单元格，输入“=”→单击“名称框”右边的下拉箭头，选择 MIN 函数，如图 5.112 所示→在弹出的“函数参数”对话框中，输入求“最小值”的范围→单击“确定”按钮保存设置，即可完成求最小值的计算，如图 5.113 所示。

(6) ROUND 函数

ROUND 函数用于将数字四舍五入到指定的位数。

格式：ROUND(number, num_digits)

参数说明：在此函数中，number 是要四舍五入的数字，num_digits 是四舍五入后保留的位数。

本例中要对学生期末考试成绩的平均分进行四舍五入，即对单元格 B11 中的数据进行四舍五入计算，操作步骤为：选择填写计算结果的单元格→在编辑栏中，将单元格内已经存在的函数，写在“ROUND(number, num_digits)”括号中 number 的位置→在函数“ROUND(number, num_digits)”中 num_digits 的位置，填写四舍五入的位数。

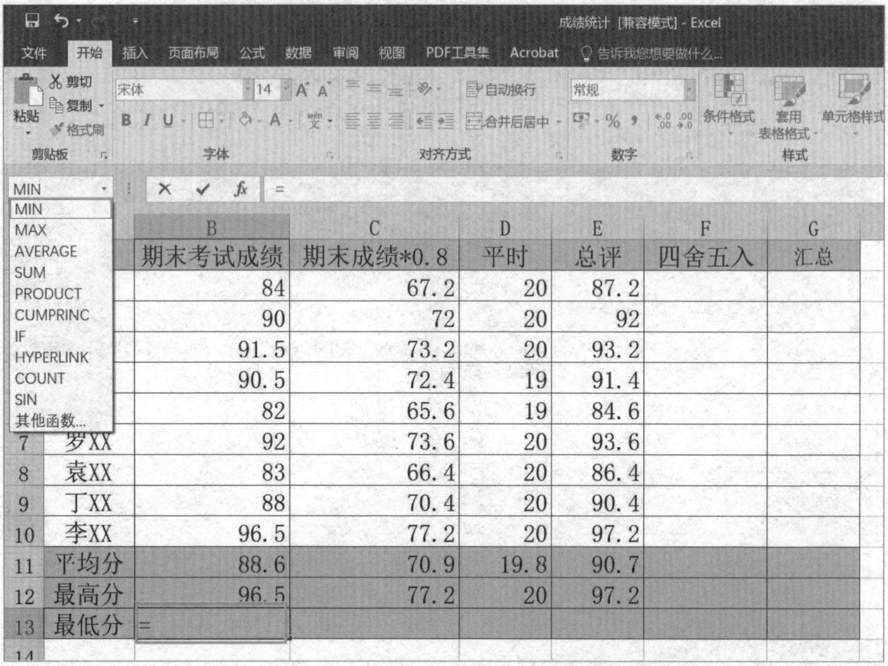

成绩统计 [兼容模式] - Excel

文件 开始 插入 页面布局 公式 数据 审阅 视图 PDF工具集 Acrobat 告诉我您想要做什么...

剪切 复制 格式刷 粘贴 剪贴板 宋体 14 B I U 字体 自动换行 合并后居中 对齐方式 常规 % , 数字 条件格式 套用表格格式 单元格样式 样式

MIN =

MIN
MAX
AVERAGE
SUM
PRODUCT
CUMPRINC
IF
HYPERLINK
COUNT
SIN
其他函数...

	A	B	C	D	E	F	G
1		期末考试成绩	期末成绩*0.8	平时	总评	四舍五入	汇总
2		84	67.2	20	87.2		
3		90	72	20	92		
4		91.5	73.2	20	93.2		
5		90.5	72.4	19	91.4		
6		82	65.6	19	84.6		
7	罗XX	92	73.6	20	93.6		
8	袁XX	83	66.4	20	86.4		
9	丁XX	88	70.4	20	90.4		
10	李XX	96.5	77.2	20	97.2		
11	平均分	88.6	70.9	19.8	90.7		
12	最高分	96.5	77.2	20	97.2		
13	最低分	=					
14							

图 5.112 选择 MIN 函数

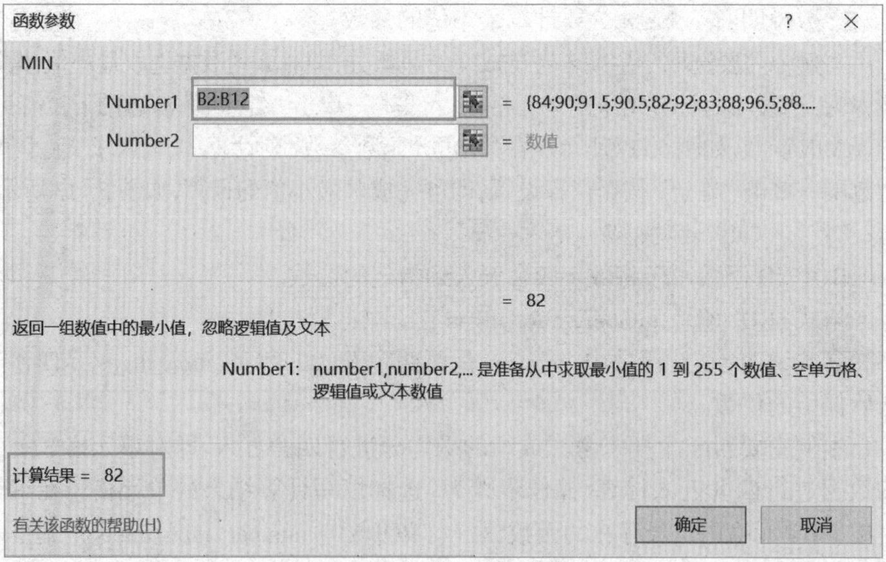

函数参数 ? ×

MIN

Number1 B2:B12 = {84;90;91.5;90.5;82;92;83;88;96.5;88....

Number2 = 数值

= 82

返回一组数值中的最小值，忽略逻辑值及文本

Number1: number1,number2,... 是准备从中求取最小值的 1 到 255 个数值、空单元格、逻辑值或文本数值

计算结果 = 82

有关该函数的帮助(H) 确定 取消

图 5.113 求最小值

在本例中，num_digits 的位置写的是“2”，表示四舍五入后保留两位小数，如图 5.114 所示→选择“输入”按钮（标号 1），即可看到四舍五入的结果，如图 5.115 所示。

ROUND | =ROUND(AVERAGE(B2:B10),2)

ROUND(number, num_digits)

	A	B	C	D	E
1	姓名	期末考试成绩	期末成绩*0.8	平时	总评
2	王X	84	67.2	20	87.2
3	李X	90	72	20	92
4	闫XX	91.5	73.2	20	93.2
5	张XX	90.5	72.4	19	91.4
6	栗XX	82	65.6	19	84.6
7	罗XX	92	73.6	20	93.6
8	袁XX	83	66.4	20	86.4
9	丁XX	88	70.4	20	90.4
10	李XX	96.5	77.2	20	97.2
11	平均分	2:B10),2)	70.88888889	19.7778	90.6667
12	最高分	96.5	77.2	20	97.2
13	最低分	82	65.6	19	84.6

图 5.114 四舍五入

	A	B	C	D	E
1	姓名	期末考试成绩	期末成绩*0.8	平时	总评
2	王X	84	67.2	20	87.2
3	李X	90	72	20	92
4	闫XX	91.5	73.2	20	93.2
5	张XX	90.5	72.4	19	91.4
6	栗XX	82	65.6	19	84.6
7	罗XX	92	73.6	20	93.6
8	袁XX	83	66.4	20	86.4
9	丁XX	88	70.4	20	90.4
10	李XX	96.5	77.2	20	97.2
11	平均分	88.61	70.88888889	19.7778	90.6667
12	最高分	96.5	77.2	20	97.2
13	最低分	82	65.6	19	84.6

图 5.115 四舍五入的结果

5.11.3　实战演练

习题：

在“成绩统计”工作表中，将“总评”列成绩圆整成整数，将圆整后的整数值成绩填写在“四舍五入”列中。

解析：

① 选择单元格“F2”，输入“=”→单击“名称框”右侧的下拉箭头，选择“ROUND”函数，如图 5.116 所示→在弹出的“函数参数”对话框中，在“Number”处输入“E2”，表示针对“E2”列的数值；在“Num_digits”处输入“0”，表示小数点后保留 0 位，即只保留整数位→单击“确定”按钮，即可看到四舍五入的结果，如图 5.117 所示。

5.11.3
习题讲解

图 5.116　选择“ROUND”函数

② 双击 F2 单元格右下角的“+”，对 F 列数据进行填充，最终结果如图 5.118 所示。

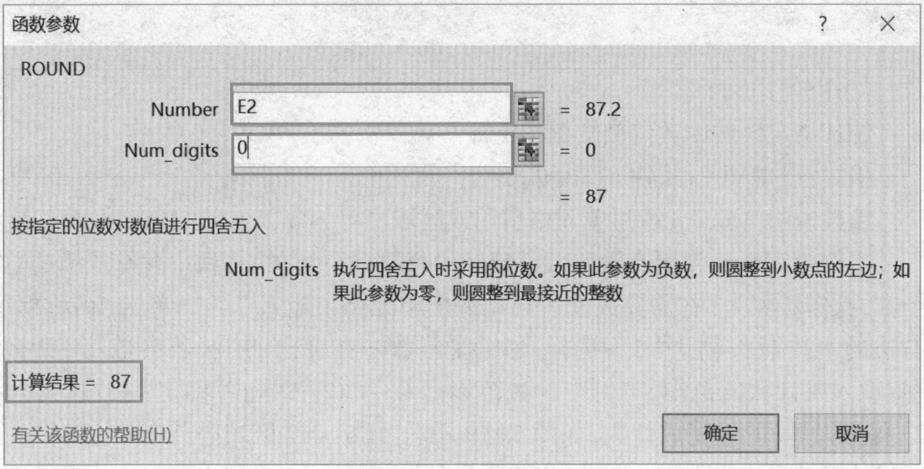

函数参数　?　×

ROUND

Number　E2　= 87.2

Num_digits　0　= 0

= 87

按指定的位数对数值进行四舍五入

Num_digits　执行四舍五入时采用的位数。如果此参数为负数，则圆整到小数点的左边；如果此参数为零，则圆整到最接近的整数

计算结果 = 87

有关该函数的帮助(H)　确定　取消

图 5.117　设置 ROUND 参数

	A	B	C	D	E	F
1	姓名	期末考试成绩	期末成绩*0.8	平时	总评	四舍五入
2	王X	84	67.2	20	87.2	87
3	李X	90	72	20	92	92
4	闫XX	91.5	73.2	20	93.2	93
5	张XX	90.5	72.4	19	91.4	91
6	栗XX	82	65.6	19	84.6	85
7	罗XX	92	73.6	20	93.6	94
8	袁XX	83	66.4	20	86.4	86
9	丁XX	88	70.4	20	90.4	90
10	李XX	96.5	77.2	20	97.2	97

图 5.118　四舍五入最终结果

5.12 统计个数函数

考查概率★★☆☆☆

难度系数★★★★☆

高频考点：COUNT 函数、COUNTA 函数

5.12.1 统计个数函数简介

统计个数函数指用于合计或汇总计算的函数。

5.12.2 高频考点

(1) COUNT 函数

统计指定区域中数值型数据的个数。

格式:COUNT(value1, value2, ...)

参数说明:value *n* 填写单元格引用或区域。

本例中需要计算所有学生数学成绩的个数,即对应的 C 列中含有成绩的总个数,操作步骤为:在需要放置统计结果的单元格中输入"="→单击"名称框"右边的下拉箭头(标号 1),选择 COUNT 函数→在弹出的"函数参数"对话框中,输入要计数的范围,本例中计数范围是 C3:C12→单击"确定"按钮(标号 2)保存设置,即可完成计数,如图 5.119 所示。C3:C12 区域内共有 10 个数字,所以计算结果显示为 10,如图 5.120 所示。

(2) COUNTA 函数

统计指定区域中非空单元格的个数。

格式:COUNTA(value1, value2, ...)

参数说明:value *n* 填写单元格引用或区域。

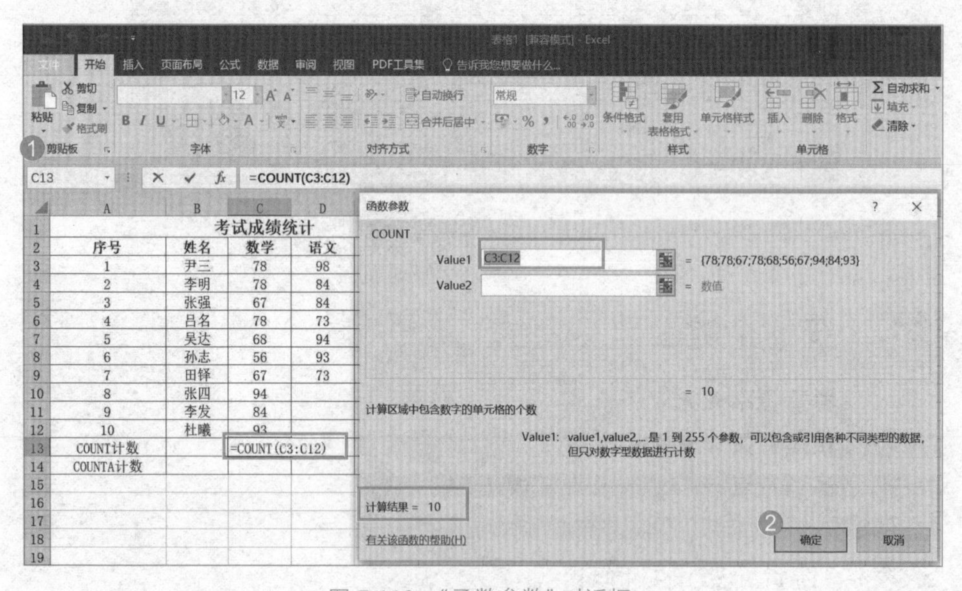

图 5.119 "函数参数"对话框

	A	B	C	D	E	F
1		考试成绩统计				
2	序号	姓名	数学	语文	英语	总分
3	1	尹三	78	98	94	
4	2	李明	78	84	93	
5	3	张强	67	84	83	
6	4	吕名	78	73	62	
7	5	吴达	68	94	83	
8	6	孙志	56	93	72	
9	7	田铎	67	73	62	
10	8	张四	94		82	
11	9	李发	84		72	
12	10	杜曦	93		74	
13	COUNT计数		10			
14	COUNTA计数					

图 5.120 COUNT 计数结果

本例中需要计算区域 B3 : B5 中共有多少个非空单元格，操作步骤为：在需要放置统计结果的单元格中输入“=”，单击“名称框”右边的下拉箭头（标号 1），选择 COUNTA 函数→在弹出的“函数参数”对话框中，输入要计数的范围，本例中计数范围是 B3 : B5 →单击“确定”按钮（标号 2）保存设置，即可完成计数，如图 5.121 所示。B3 : B5 区域内有 3 个非空单元格，所以计算结果显示为 3，如图 5.122 所示。

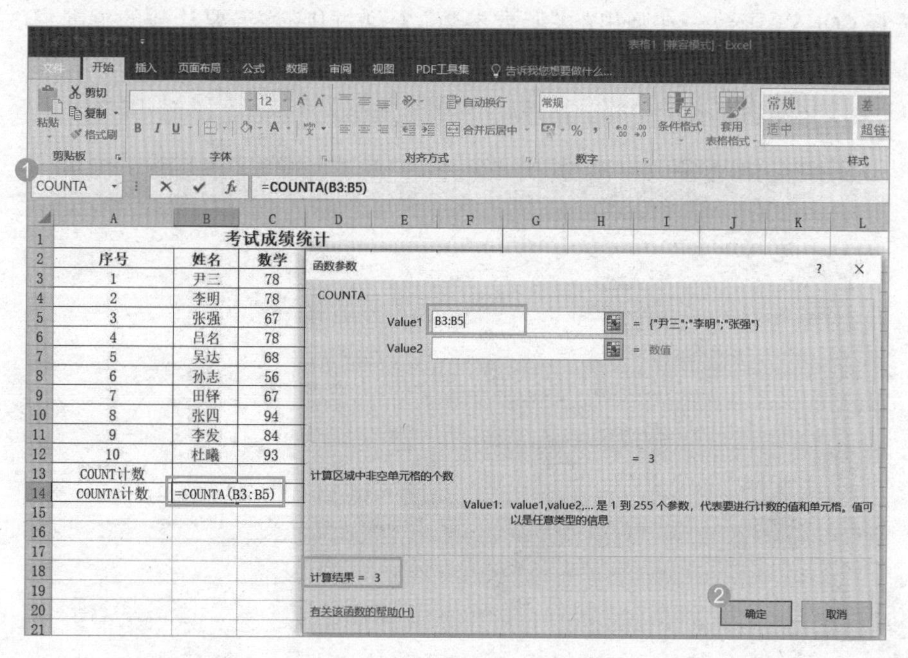

图 5.121 “函数参数”对话框

	A	B	C	D	E	F
1	考试成绩统计					
2	序号	姓名	数学	语文	英语	总分
3	1	尹三	78	98	94	
4	2	李明	78	84	93	
5	3	张强	67	84	83	
6	4	吕名	78	73	62	
7	5	吴达	68	94	83	
8	6	孙志	56	93	72	
9	7	田铎	67	73	62	
10	8	张四	94		82	
11	9	李发	84		72	
12	10	杜曦	93		80	
13	COUNT计数					
14	COUNTA计数	3				

图 5.122 COUNTA 计数结果

5.12.3 实战演练

5.12.3
习题讲解

习题：

请给"考试成绩统计"中的"语文"列做统计，统计含有数据的单元格个数。

解析：

在 D13 单元格中输入"="号→单击"名称框"右边的下拉箭头(标号 1)，选择 COUNT 函数→在弹出的"函数参数"对话框中，输入要计数的范围"D3:D12"→单击"确定"按钮(标号 2)保存设置，即可完成计数，如图 5.123 所示。D3:D12 区域内共有 7 个数字，所以计算结果显示为 7，如图 5.124 所示。

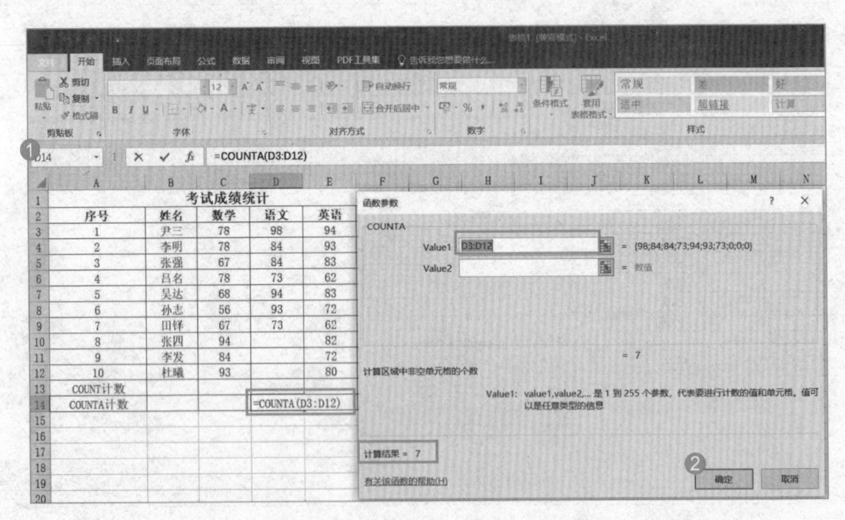

图 5.123 "函数参数"对话框

	A	B	C	D	E	F
1	考试成绩统计					
2	序号	姓名	数学	语文	英语	总分
3	1	尹三	78	98	94	
4	2	李明	78	84	93	
5	3	张强	67	84	83	
6	4	吕名	78	73	62	
7	5	吴达	68	94	83	
8	6	孙志	56	93	72	
9	7	田铎	67	73	62	
10	8	张四	94		82	
11	9	李发	84		72	
12	10	杜曦	93		80	
13	COUNT计数					
14	COUNTA计数			7		

图 5.124 “语文成绩”计数

5.13 排名函数

考查概率★★☆☆☆

难度系数★★★★☆

高频考点：RANK 函数

5.13.1 排名函数简介

排名函数用来获取某一数据在数组中的排名，通常将数组按照某个条件进行排名，并计算出查询数据的排名。

5.13.2 高频考点

RANK 函数

格式：RANK（number，ref，[order]）

参数说明：在本函数中，number 表示要找到其排位的数字；ref 表示数字列表的数组。当对数字列表进行引用时，ref 中的非数字值会被忽略；order 表示一个指定数字排位方式的数字，如果 order 为 0 或省略，则按照降序排列。如果 order 不为 0，则按照升序排列。

本例需要计算学生尹三的数学成绩在 10 名同学中的排名，并按照升序排列，操作步骤为：打开工作表，在需要放置排名结果的单元格中输入“=RANK（C3，C3：C12，1）”函数→单击 Enter 键，即可完成排序，如图 5.125 所示。

本例中“RANK”是排名函数，“C3”表示要对C3这个单元格中的数字进行排名，“C3: C12”表示排名的区域是从C3到C12，“1”表示按照升序排列，排名结果如图5.126所示。

	A	B	C	D	E	F
1			考试成绩统计			
2	序号	姓名	数学	语文	英语	总分
3	1	尹三	70	98	94	
4	2	李明	78	84	93	
5	3	张强	67	84	83	
6	4	吕名	65	73	60	
7	5	吴达	68	94	83	
8	6	孙志	56	93	72	
9	7	田铎	67	73	62	
10	8	张四	94	83	82	
11	9	李发	84	84	72	
12	10	杜曦	93	84	74	
13			=RANK(C3, C3:C12, 1)			
14			RANK(number, ref, [order])			
15						

图5.125　排名函数

	A	B	C	D	E	F
1			考试成绩统计			
2	序号	姓名	数学	语文	英语	总分
3	1	尹三	70	98	94	
4	2	李明	78	84	93	
5	3	张强	67	84	83	
6	4	吕名	65	73	62	
7	5	吴达	68	94	83	
8	6	孙志	56	93	72	
9	7	田铎	67	73	62	
10	8	张四	94	83	82	
11	9	李发	84	84	72	
12	10	杜曦	93	84	74	
13			6			

图5.126　升序排名结果

5.13.3　实战演练

习题：

请给“考试成绩统计”表中吕名同学的“英语”成绩进行降序排名,并在G3单元格中显示其排名。

5.13.3
习题讲解

解析：

打开“工作簿1”中的“考试成绩统计”表,在G3单元格中输入函数“=RANK(E6, E3: E12, 0)”→单击Enter键,即可完成排序,如图5.127所示,排名结果如图5.128所示。

=RANK(E6,E3:E12,0)

	A	B	C	D	E	F	G	H	I
1			考试成绩统计						
2	序号	姓名	数学	语文	英语	总分			
3	1	尹三	70	98	94		=RANK(E6, E3:E12, 0)		
4	2	李明	78	84	93		RANK(number, ref, [order])		
5	3	张强	67	84	83				
6	4	吕名	65	73	60				
7	5	吴达	68	94	83				
8	6	孙志	56	93	72				
9	7	田铎	67	73	62				
10	8	张四	94	83	82				
11	9	李发	84	84	72				
12	10	杜曦	93	84	74				

图5.127　排名函数

	A	B	C	D	E	F	G
1	考试成绩统计						
2	序号	姓名	数学	语文	英语	总分	
3	1	尹三	70	98	94		10
4	2	李明	78	84	93		
5	3	张强	67	84	83		
6	4	吕名	65	73	60		
7	5	吴达	68	94	83		
8	6	孙志	56	93	72		
9	7	田铎	67	73	62		
10	8	张四	94	83	82		
11	9	李发	84	84	72		
12	10	杜曦	93	84	74		

图 5.128 降序排名结果

5.14 条件函数

考查概率★★★★☆

难度系数★★★★★

高频考点：IF 函数、SUMIF 函数、COUNTIF 函数、AVERAGEIF 函数

5.14.1 条件函数简介

条件函数可以对条件进行判断，并根据判断的结果返回相应的内容。

5.14.2 高频考点

（1）IF 函数

对值和期待值进行逻辑比较，比较结果为真（true）或假（false）。

格式：IF（logical_test，value_if_true，value_if_false）

参数说明：如果“logical_test”（逻辑表达式）值为真（ture），则函数值为“value_if_true”的值；否则（false），函数值为“value_if_false”的值。

本例要判断单元格 F2 中的数据是否大于 85，操作步骤为：在单元格 H2 中输入“=”→单击“名称框”右边的下拉箭头，选择 IF 函数，如图 5.129 所示。

在弹出的“函数参数”对话框中，在“Logical_test”一栏输入要判断的逻辑表达式“F2>85”，即判断 F2 的值是否大于 85；在“Value_if_true”一栏输入逻辑表达式为真（true），返回的值为 1；在“Value_if_false”一栏输入逻辑表达式为假（false），返回的值为 0→单击“确定”按钮保存设置，即可完成判断，如图 5.130 所示。

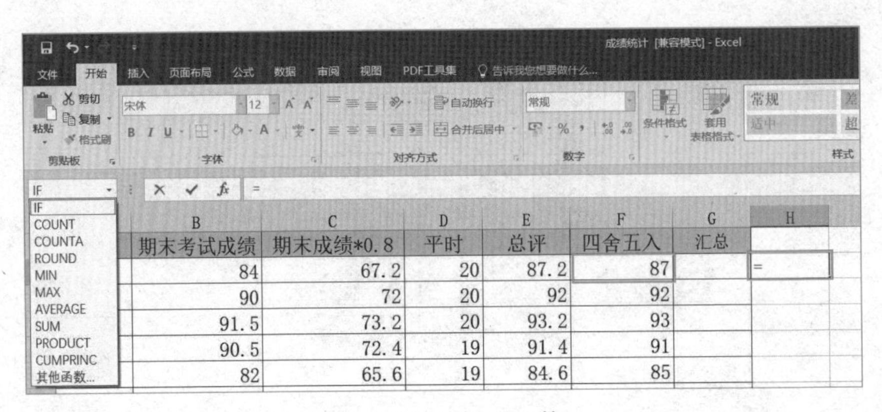

图 5.129 选择 IF 函数

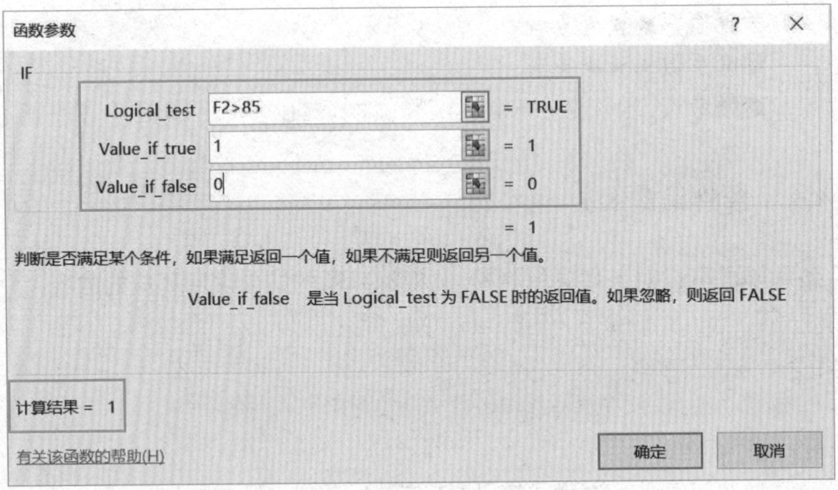

函数参数

IF

Logical_test F2>85 = TRUE

Value_if_true 1 = 1

Value_if_false 0 = 0

= 1

判断是否满足某个条件，如果满足返回一个值，如果不满足则返回另一个值。

Value_if_false 是当 Logical_test 为 FALSE 时的返回值。如果忽略，则返回 FALSE

计算结果 = 1

有关该函数的帮助(H)

确定 取消

图 5.130 “函数参数”对话框

（2）SUMIF 函数

对指定条件的单元格、区域或引用求和。

格式：SUMIF（range，criteria，sum_range）

参数说明：range（条件区域），用于条件判断的单元格区域；criteria（条件），指定的求和的条件，由数字、逻辑表达式等组成；sum_range（求和区域），为参加求和的数据区域。

本例要计算“水果”类别下所有食物的销售额之和，操作步骤为：在单元格“E2”中输入“=”→单击“名称框”右边的下拉箭头，选择 SUMIF 函数，如图 5.131 所示。

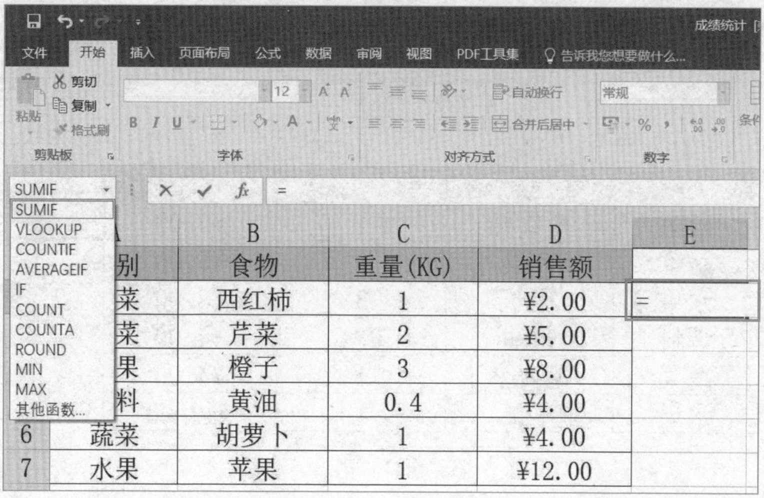

图 5.131 选择 SUMIF 函数

在弹出的"函数参数"对话框中,在"Range"栏中输入用于条件判断的单元格区域"A2:A7";在"Criteria"栏中输入条件为"水果";在"Sum_range"栏中输入求和区域"D2:D7"→单击"确定"按钮保存设置,即可完成计算,如图 5.132 所示。

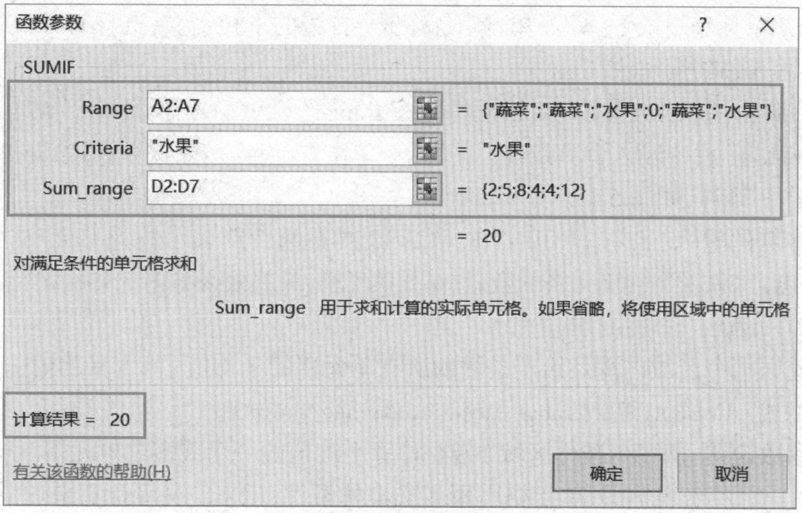

图 5.132 "函数参数"对话框

本例中输入公式“=SUMIF(A2:A7,"水果",D2:D7)”表示“水果”类别下所有食物的销售额之和,结果为“20”,最终效果如图 5.133 所示。

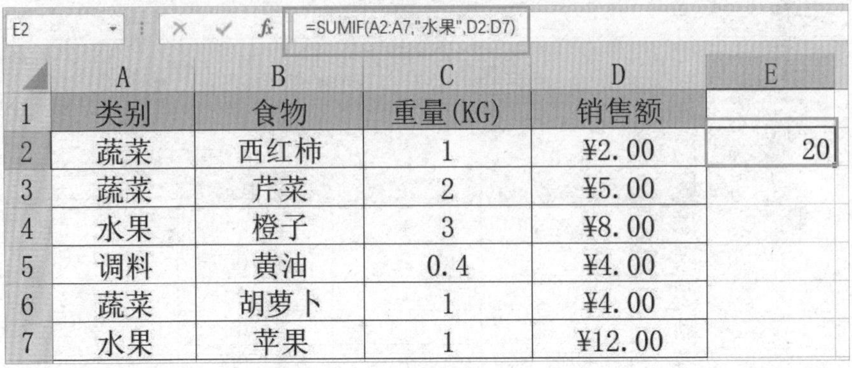

E2　=SUMIF(A2:A7,"水果",D2:D7)

	A	B	C	D	E
1	类别	食物	重量(KG)	销售额	
2	蔬菜	西红柿	1	¥2.00	20
3	蔬菜	芹菜	2	¥5.00	
4	水果	橙子	3	¥8.00	
5	调料	黄油	0.4	¥4.00	
6	蔬菜	胡萝卜	1	¥4.00	
7	水果	苹果	1	¥12.00	

图 5.133　SUMIF 函数效果

(3) COUNTIF 函数

对指定区域中符合指定条件的单元格计数。

格式:COUNTIF(range, criteria)

参数说明:range(区域)指要计算其中非空单元格数目的区域,criteria(条件)指以数字、表达式或文本形式定义的条件。

本例要计算单元格 A2 到 A7 中包含“蔬菜”的单元格的数量,操作步骤为:选择 E2 单元格,输入“=”→单击“名称框”右边的下拉箭头,选择 COUNTIF 函数,如图 5.134 所示。

在弹出的“函数参数”对话框中,在“Range”栏中输入计算区域“A2:A7”;在“Criteria”栏中输入计算条件“蔬菜”→单击“确定”按钮保存设置,即可完成 COUNTIF 计算,如图 5.135 所示。

本例的输入公式“=COUNTIF(A2:A7,"蔬菜")”表示统计单元格 A2 到 A7 中包含“蔬菜”的单元格的数量,结果为“3”,最终效果如图 5.136 所示。

(4) AVERAGEIF 函数

返回某个区域内满足给定条件的所有单元格的平均值(算术平均值)。

格式:AVERAGEIF(range, criteria, average_range)

参数说明:range(条件区域)指要计算平均值的一个或多个单元格。criteria(条件)指数字、表达式、单元格引用或文本的条件,用来定义将计算平均值的单元格。average_range(求平均值区域)指计算平均值的实际单元格组。

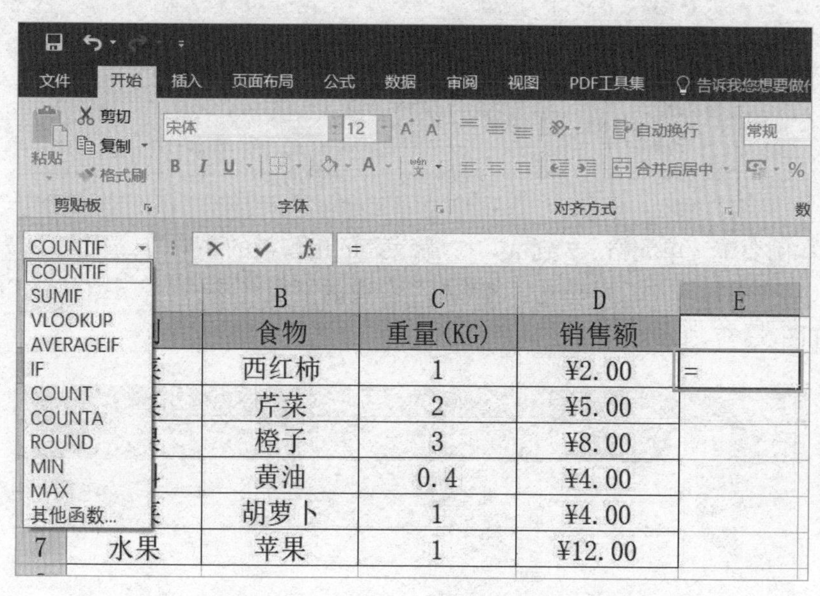

图 5.134　选择 COUNTIF 函数

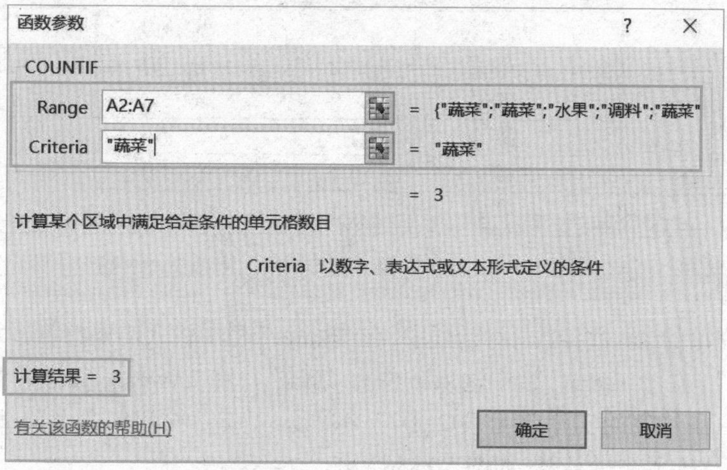

函数参数

COUNTIF

Range　A2:A7　= {"蔬菜";"蔬菜";"水果";"调料";"蔬菜"

Criteria　"蔬菜"　= "蔬菜"

= 3

计算某个区域中满足给定条件的单元格数目

Criteria　以数字、表达式或文本形式定义的条件

计算结果 = 3

有关该函数的帮助(H)　　确定　　取消

图 5.135　“函数参数”对话框

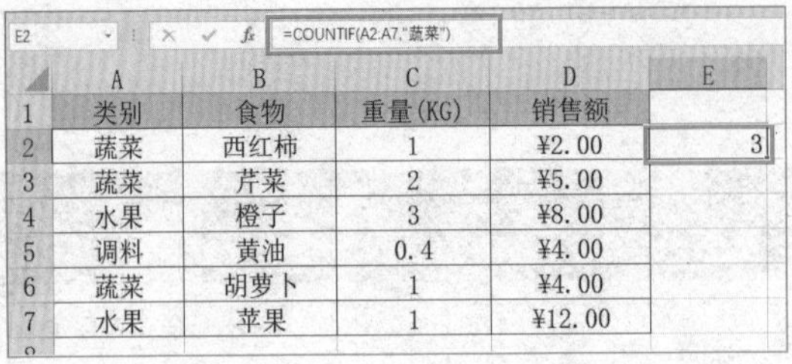
E2
=COUNTIF(A2:A7,"蔬菜")
A B C D E
1 类别 食物 重量(KG) 销售额
2 蔬菜 西红柿 1 ¥2.00 3
3 蔬菜 芹菜 2 ¥5.00
4 水果 橙子 3 ¥8.00
5 调料 黄油 0.4 ¥4.00
6 蔬菜 胡萝卜 1 ¥4.00
7 水果 苹果 1 ¥12.00

图 5.136 COUNTIF 函数效果

本例要统计单元格 A2 到 A7 中“蔬菜”的销售额的平均值，操作步骤为：在 E2 单元格中输入“=”→单击“名称框”右边的下拉箭头，选择 AVERAGEIF 函数，如图 5.137 所示。

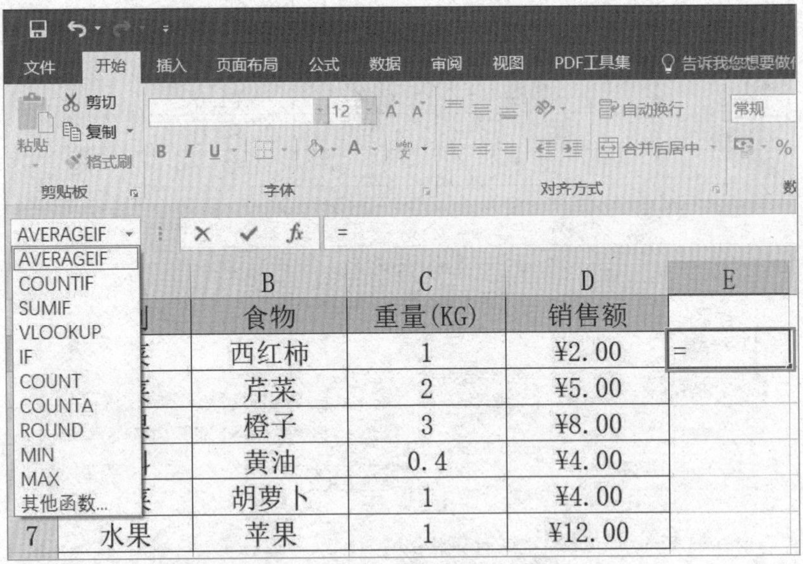
文件 开始 插入 页面布局 公式 数据 审阅 视图 PDF工具集 告诉我您想要做
剪切
复制
格式刷
粘贴
剪贴板
字体
自动换行
合并后居中
对齐方式
常规
AVERAGEIF
=
AVERAGEIF
COUNTIF
SUMIF
VLOOKUP
IF
COUNT
COUNTA
ROUND
MIN
MAX
其他函数...
B C D E
食物 重量(KG) 销售额
西红柿 1 ¥2.00 =
芹菜 2 ¥5.00
橙子 3 ¥8.00
黄油 0.4 ¥4.00
胡萝卜 1 ¥4.00
7 水果 苹果 1 ¥12.00

图 5.137 选择 AVERAGEIF 函数

在弹出的“函数参数”对话框中，在“Range”栏中输入需要计算平均值区域“A2:A7”；在“Criteria”栏中输入条件为“蔬菜”；在“Average_range”栏中输入用于计算平均值的实际单元“D2:D7”→单击“确定”按钮保存设置，即可完成 AVERAGEIF 函数的计算，如图 5.138 所示。

本例中输入公式为“=AVERAGEIF(A2:A7,"蔬菜",D2:D7)”，表示统计单元格 A2 到 A7 中“蔬菜”的销售额的平均值，结果约等于“3.67”，最终效果如图 5.139 所示。

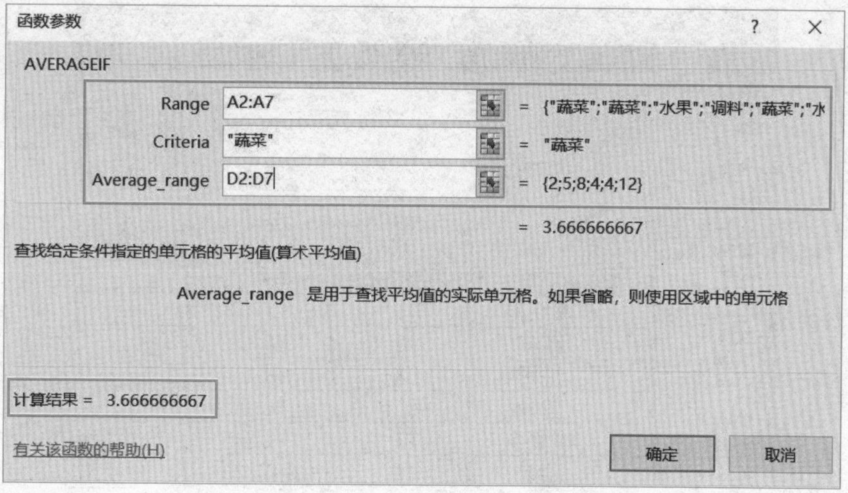

函数参数

AVERAGEIF

Range　A2:A7　= {"蔬菜";"蔬菜";"水果";"调料";"蔬菜";"水

Criteria　"蔬菜"　= "蔬菜"

Average_range　D2:D7　= {2;5;8;4;4;12}

= 3.666666667

查找给定条件指定的单元格的平均值(算术平均值)

Average_range　是用于查找平均值的实际单元格。如果省略，则使用区域中的单元格

计算结果 =　3.666666667

有关该函数的帮助(H)　确定　取消

图 5.138　“函数参数”对话框

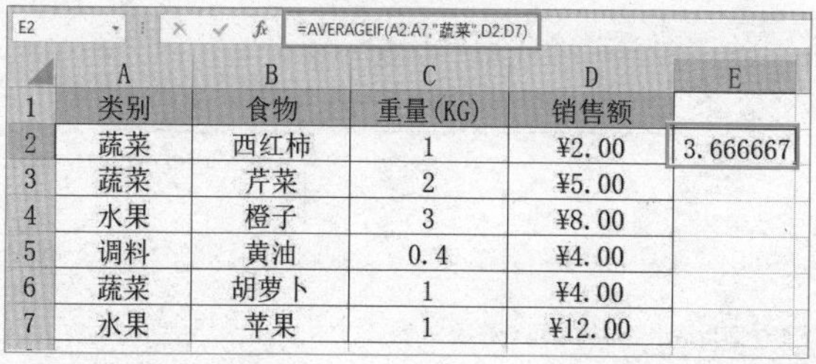

E2　=AVERAGEIF(A2:A7,"蔬菜",D2:D7)

	A	B	C	D	E
1	类别	食物	重量(KG)	销售额	
2	蔬菜	西红柿	1	¥2.00	3.666667
3	蔬菜	芹菜	2	¥5.00	
4	水果	橙子	3	¥8.00	
5	调料	黄油	0.4	¥4.00	
6	蔬菜	胡萝卜	1	¥4.00	
7	水果	苹果	1	¥12.00	

图 5.139　AVERAGEIF 函数效果

5.14.3　实战演练

习题：

请在“购物清单”工作表中，用 COUNTIF 函数计算“类别”列中水果的数量，并将结果写在 E2 单元格中。

5.14.3
习题讲解

解析：

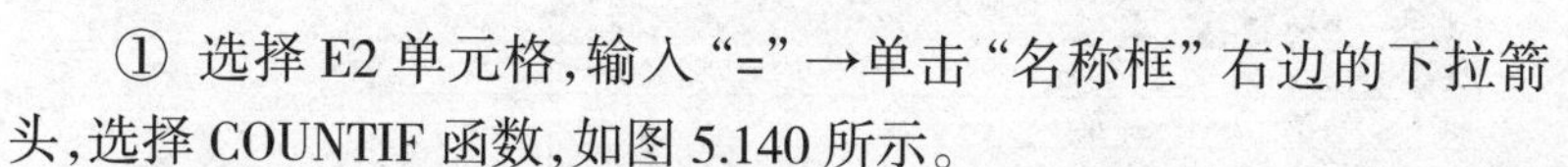

① 选择 E2 单元格，输入“=”→单击“名称框”右边的下拉箭头，选择 COUNTIF 函数，如图 5.140 所示。

② 在弹出的“函数参数”对话框中，在“Range”栏中输入计算区域“A2:A7”，在“Criteria”栏中输入计算条件“水果”→单击“确定”按钮保存设置，如图 5.141 所示。最终效果如图 5.142 所示。

文件　开始　插入　页面布局　公式　数据　审阅　视图　PDF工具集　告诉我您想要做

粘贴　剪切　复制　格式刷　剪贴板

宋体　12　B　I　U　字体

自动换行　合并后居中　对齐方式

常规　%

COUNTIF　=

COUNTIF
AVERAGEIF
SUMIF
VLOOKUP
IF
COUNT
COUNTA
ROUND
MIN
MAX
其他函数…

	B	C	D	E
	食物	重量(KG)	销售额	
	西红柿	1	¥2.00	=
	芹菜	2	¥5.00	
	橙子	3	¥8.00	
	黄油	0.4	¥4.00	
	胡萝卜	1	¥4.00	
7 水果	苹果	1	¥12.00	

图 5.140　选择 COUNTIF 函数

函数参数

COUNTIF

Range　A2:A7　= {"蔬菜";"蔬菜";"水果";"调料";"蔬...

Criteria　"水果"　= "水果"

= 2

计算某个区域中满足给定条件的单元格数目

Range　要计算其中非空单元格数目的区域

计算结果 = 2

有关该函数的帮助(H)　确定　取消

图 5.141　“函数参数”对话框

E2　=COUNTIF(A2:A7,"水果")

	A	B	C	D	E
1	类别	食物	重量(KG)	销售额	
2	蔬菜	西红柿	1	¥2.00	2
3	蔬菜	芹菜	2	¥5.00	
4	水果	橙子	3	¥8.00	
5	调料	黄油	0.4	¥4.00	
6	蔬菜	胡萝卜	1	¥4.00	
7	水果	苹果	1	¥12.00	

图 5.142　COUNTIF 函数最终效果

5.15 垂直查询函数

考查概率★★★☆☆

难度系数★★★★★

高频考点：VLOOKUP 函数

5.15.1 垂直查询函数简介

垂直查询指的是按列进行数据查找，并最终返回该列与所查询列对应的值。

5.15.2 高频考点

VLOOKUP 函数

格式：VLOOKUP(lookup_value，table_array，col_index_num，range_lookup)

参数说明：条件值参数(lookup_value)为要查找的值；指定单元格区域参数(table_array)为选择查找的区域；查询列号参数(col_index_num)为返回数据在查找区域的第几列数；逻辑值参数(range_lookup)默认为 true，即模糊查找返回近似匹配值，如果为 false 则返回精确匹配值。

本例想要在“考试成绩统计”表中，查询部分同学的语文成绩，操作步骤为：在单元格 I3 中输入“=”→单击“名称框”右边的下拉箭头，查询并选择 VLOOKUP 函数，如图 5.143 所示。

在弹出的“参数函数”对话框中，“Lookup_value”条件值中填写“H3”，表示要查找的值在单元格 H3 中→“Table_array”查找区域中填写“C：F”，表示查找数据的区域锁定在 C 列到 F 列中→“Col_index_num”查询列号，填写“3”表示查询结果需显示查询区域的第 3 列数据。由查询区域“C：F”可知，查询的是 C 列到 F 列共 4 列，本例需要显示的结果是“语文”成绩，在查询区域中是第 3 列→“Range_lookup”逻辑值，默认为 ture，即模糊查找返回近似匹配值→单击“确定”按钮保存设置，如图 5.144 所示。

查询结果显示在单元格 I3 中，鼠标移动到单元格 I3 的右下角会显示“+”，双击鼠标左键，即可对数据列进行数据填充，最终查询效果如图 5.145 所示。

文件 开始 插入 页面布局 公式 数据 审阅 视图 PDF工具集 告诉我您想要做什么... 表格1

剪切 复制 格式刷 粘贴 剪贴板 宋体 12 字体 自动换行 合并后居中 对齐方式 常规 数字

VLOOKUP =

VLOOKUP
COUNTA
COUNTIF
AVERAGEIF
SUMIF
IF
COUNT
ROUND
MIN
MAX
其他函数...

考试成绩统计

	A	B	C	D	E	F	G	H	I
		班级	姓名	数学	语文	英语		姓名	语文
		1	尹三	78	98	94		尹三	=
		2	李明	78	84	93		李明	
		1	张强	67	84	83		孙志	
		3	吕名	78	73	62		田铎	
		4	吴达	68	94	83		张四	
		2	孙志	56	93	72			
9	7	3	田铎	67	73	62			
10	8	2	张四	94	83	82			
11	9	4	李发	84	84	72			
12	10	1	杜曦	93	84	74			
13									

图 5.143 选择 VLOOKUP 函数

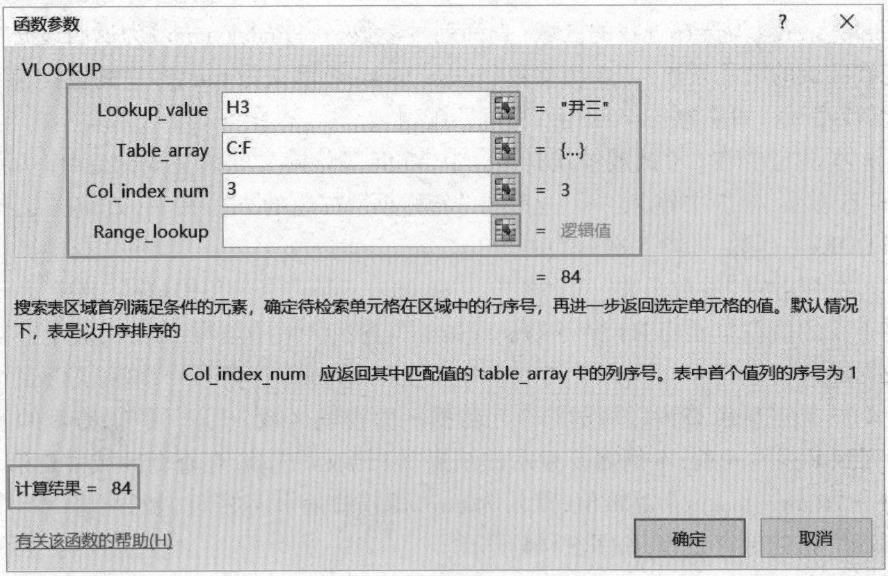

函数参数 ? ×

VLOOKUP

Lookup_value H3 = "尹三"
Table_array C:F = {...}
Col_index_num 3 = 3
Range_lookup = 逻辑值

= 84

搜索表区域首列满足条件的元素，确定待检索单元格在区域中的行序号，再进一步返回选定单元格的值。默认情况下，表是以升序排序的

Col_index_num 应返回其中匹配值的 table_array 中的列序号。表中首个值列的序号为 1

计算结果 = 84

有关该函数的帮助(H) 确定 取消

图 5.144 “参数函数”对话框

	A	B	C	D	E	F	G	H	I
1	考试成绩统计								
2	序号	班级	姓名	数学	语文	英语		姓名	语文
3	1	1	尹三	78	98	94		尹三	84
4	2	2	李明	78	84	93		李明	84
5	3	1	张强	67	84	83		孙志	93
6	4	3	吕名	78	73	62		田铎	84
7	5	4	吴达	68	94	83		张四	84
8	6	2	孙志	56	93	72			
9	7	3	田铎	67	73	62			
10	8	2	张四	94	83	82			
11	9	4	李发	84	84	72			
12	10	1	杜曦	93	84	74			

图 5.145　VLOOKUP 函数查询效果

5.15.3　实战演练

习题：

现有一张“考试成绩统计”表，想从表中查找部分学生的数学成绩。请给表 Sheet2 中右侧的学生姓名数据进行 VLOOKUP 函数查询，将姓名对应的数学成绩查询结果填写在单元格 H3：H6 中。

5.15.3
习题讲解

解析：

① 在单元格 H3 中输入“=”→单击“名称框”右边的下拉箭头，查询并选择 VLOOKUP 函数，如图 5.146 所示。

文件 开始 插入 页面布局 公式 数据 审阅 视图 PDF工具集 告诉我您想要做什

剪切 复制 格式刷 粘贴 剪贴板 宋体 12 字体 自动换行 合并后居中 对齐方式 常规

VLOOKUP　=

VLOOKUP
COUNTA
COUNTIF
AVERAGEIF
SUMIF
IF
COUNT
ROUND
MIN
MAX
其他函数...

	A	B	C	D	E	F	G	H
		考试成绩统计						
		姓名	数学	语文	英语		姓名	数学
		尹三	78	98	94		李明	=
		李明	78	84	93		吕名	
		张强	67	84	83		田铎	
		吕名	78	73	62		张四	
		吴达	68	94	83			
		孙志	56	93	72			
9	7	田铎	67	73	62			
10	8	张四	94	83	82			
11	9	李发	84	84	72			
12	10	杜曦	93	84	74			

图 5.146　VLOOKUP 函数

② 在弹出的“参数函数”对话框中，“Lookup_value”栏中填写“G3”，“Table_array”栏中填写“B:C”，“Col_index_num”栏中填写“2”，“Range_lookup”栏中填写“FALSE”→单击“确定”按钮，保存设置，如图 5.147 所示。

③ 查询结果显示在单元格 H3 中，鼠标移动到单元格 H3 的右下角会显示“+”→双击鼠标左键，即可对数据列进行数据填充，最终查询效果如图 5.148 所示。

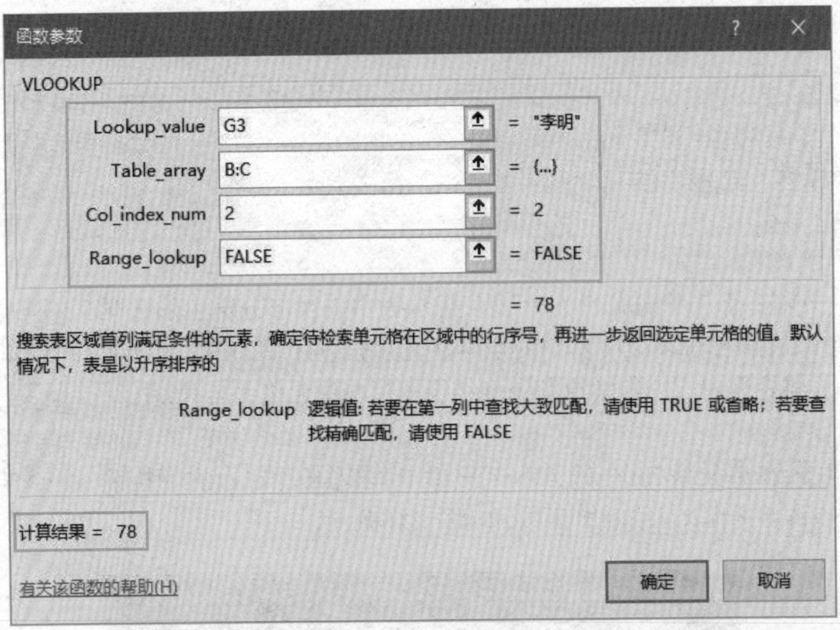

函数参数　? ×

VLOOKUP

Lookup_value　G3　= "李明"

Table_array　B:C　= {...}

Col_index_num　2　= 2

Range_lookup　FALSE　= FALSE

= 78

搜索表区域首列满足条件的元素，确定待检索单元格在区域中的行序号，再进一步返回选定单元格的值。默认情况下，表是以升序排序的

Range_lookup　逻辑值：若要在第一列中查找大致匹配，请使用 TRUE 或省略；若要查找精确匹配，请使用 FALSE

计算结果 = 78

有关该函数的帮助(H)　确定　取消

图 5.147　“函数参数”对话框

	A	B	C	D	E	F	G	H
1		考试成绩统计						
2	序号	姓名	数学	语文	英语		姓名	数学
3	1	尹三	78	98	94		李明	78
4	2	李明	78	84	93		吕名	78
5	3	张强	67	84	83		田铎	67
6	4	吕名	78	73	62		张四	94
7	5	吴达	68	94	83			
8	6	孙志	56	93	72			
9	7	田铎	67	73	62			
10	8	张四	94	83	82			
11	9	李发	84	84	72			
12	10	杜曦	93	84	74			
13								

图 5.148　查询效果

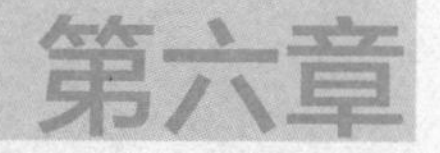

第六章 演示文稿（PPT）专题

6.1 演示文稿的基本操作

考查概率★★★☆☆

难度系数★★☆☆☆

高频考点：新建演示文稿、保存演示文稿

6.1.1 演示文稿的基本操作简介

演示文稿可以把静态的素材制作成动态文件浏览，能更加生动、形象地表达演示者的观点。

6.1.2 高频考点

（1）新建演示文稿

找到“PowerPoint 2016”图标，如图 6.1 所示。

双击图标，在打开的页面中单击“空白演示文稿”按钮，即可生成空白的演示文稿，操作步骤如图 6.2 所示→在新建的空白演示文稿的文本框中输入想要表达的内容即可，如图 6.3 所示。

图 6.1 PowerPoint 2016 图标

（2）保存演示文稿

第一次保存新建演示文稿，需单击“文件”选项卡（标号 1），如图 6.4 所示→在弹出的页面中单击“另存为”按钮（标号 2）→单击“浏览”按钮（标号 3），如图 6.5 所示→将演示文稿保存在指定的位置，修改名称后点击“保存”即可，如图 6.6 所示。

另存后的演示文稿，如需要再次保存，则直接点击“快速访问工具栏”的“保存”按钮即可（标号 4），如图 6.7 所示。

图 6.2 新建"空白演示文稿"

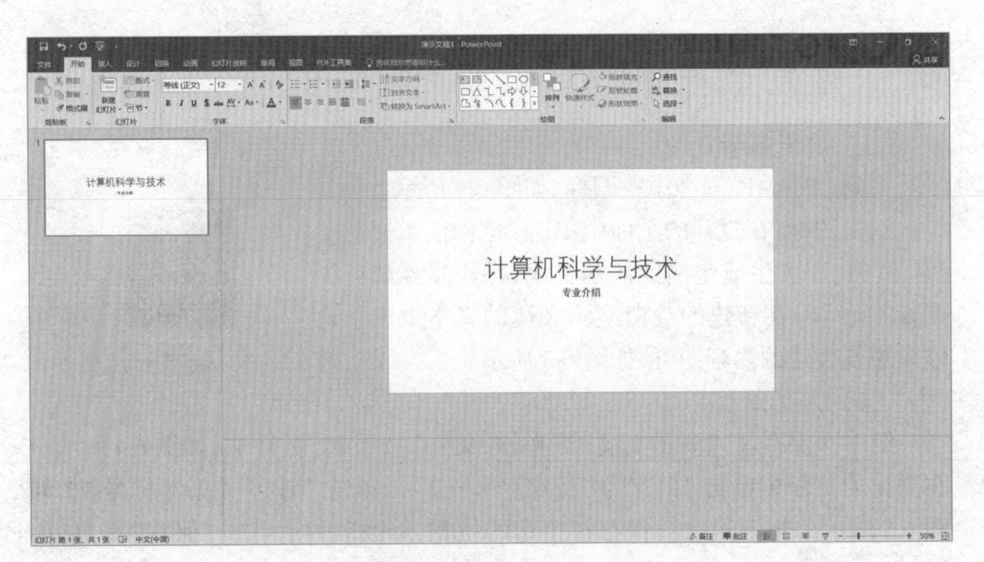

图 6.3 创建的演示文稿

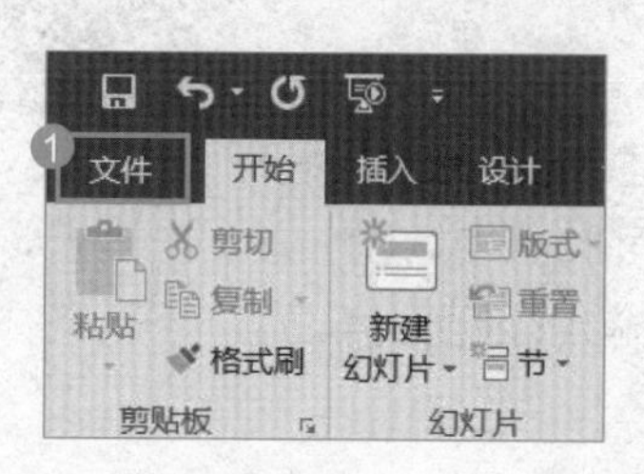

图 6.4 单击“文件”选项卡

图 6.5 另存为演示文稿

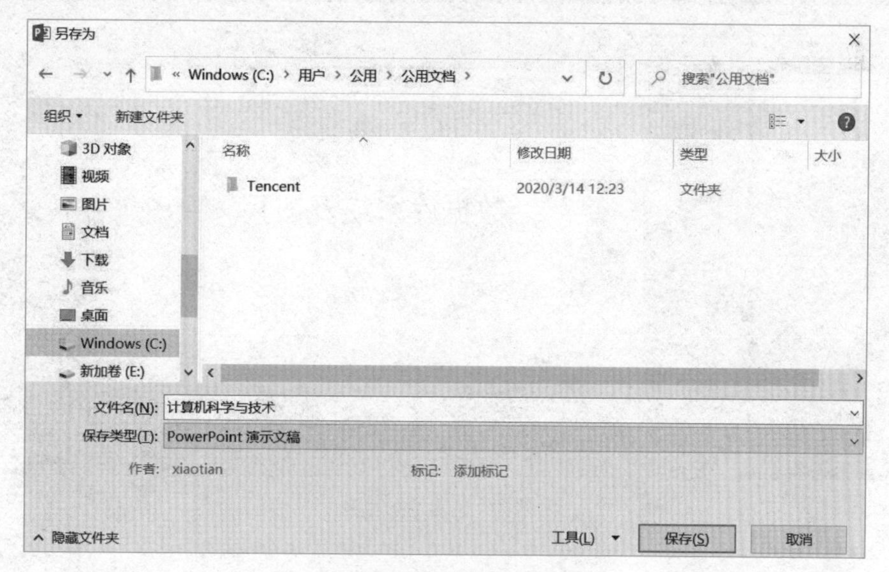

图 6.6 保存演示文稿在指定位置

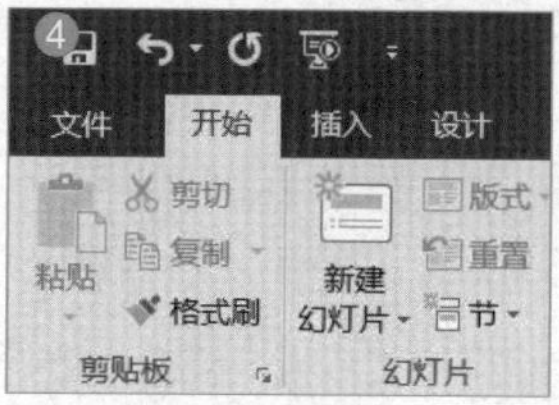

图 6.7 保存演示文稿

 实战演练

习题：

请用 PowerPoint 2016 新建一个文档，标题为“数据库系统及应用”，副标题为“SQL Server 2016”。

6.1.3
习题讲解

解析：

找到“PowerPoint 2016”快捷方式，双击鼠标左键，如图 6.1 所示→在打开的页面中单击“空白演示文稿”按钮，即可打开 PowerPoint 窗口，如图 6.2 所示→在新建的空白演示文稿中输入标题信息，如图 6.8 所示。

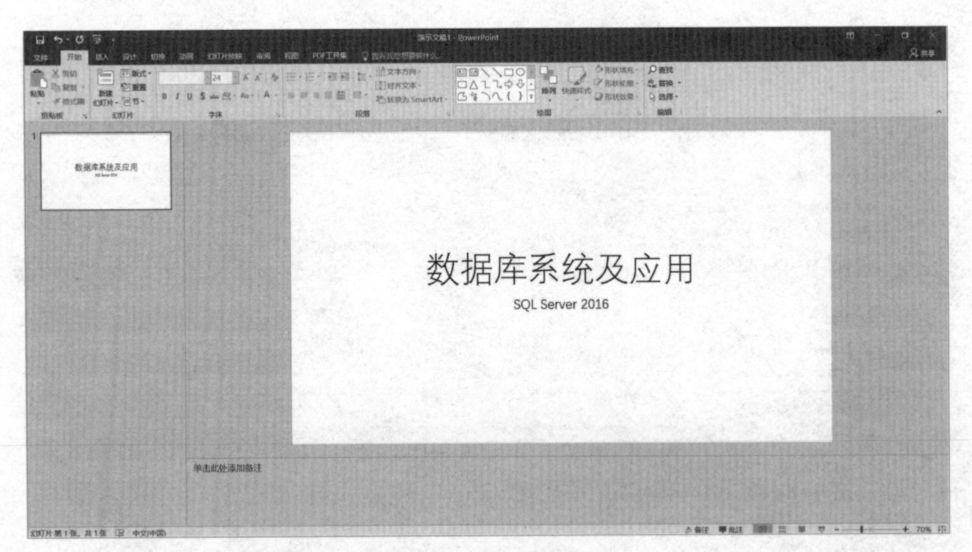

图 6.8 新建演示文稿

6.2 幻灯片的基本操作

考查概率★★★★★

难度系数★★☆☆☆

高频考点：插入幻灯片、幻灯片的移动与复制

6.2.1 幻灯片的基本操作简介

演示文稿由若干张幻灯片组成。幻灯片是一种由文字、表格、图片等素材制作并加上一些动态显示效果的可播放文件。幻灯片的基本操作包括插入幻灯片、移动和复制幻灯片、编辑幻灯片中的文本信息、插入图片和艺术字、插入表格等。

6.2.2 高频考点

(1) 插入幻灯片

点击“开始”选项卡(标号 1)→单击“幻灯片”选项组中的“新建幻灯片”下拉按钮(标号 2)→在展开的列表中,选择一种幻灯片样式,即可插入幻灯片,如图 6.9 所示,插入幻灯片效果如图 6.10 所示。

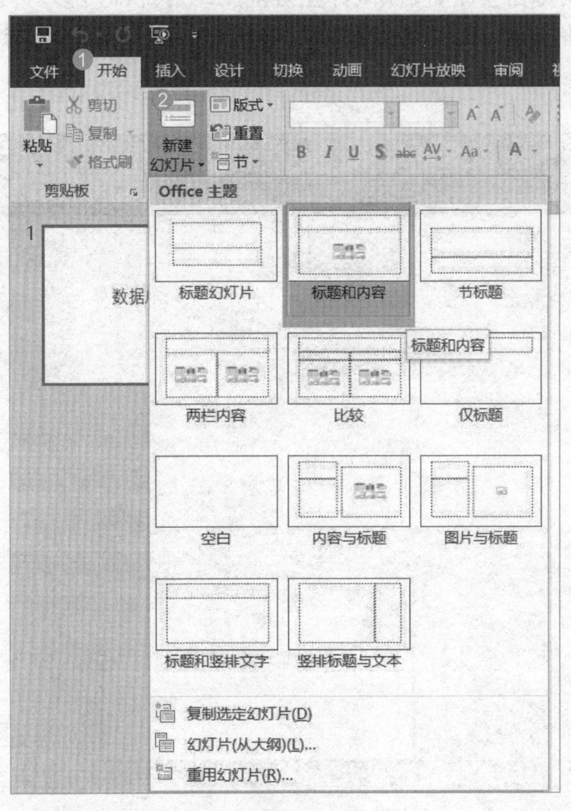

图 6.9 “新建幻灯片”按钮

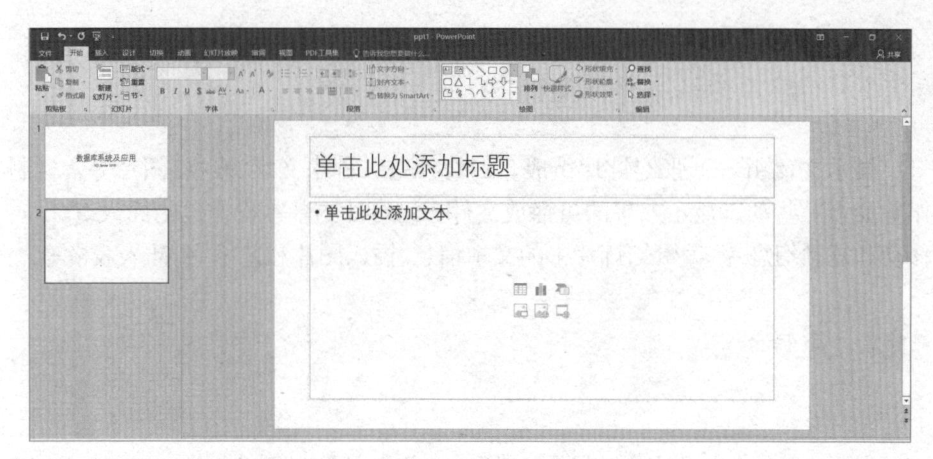

图 6.10 插入幻灯片

(2)幻灯片的移动与复制

在幻灯片浏览窗格中,按住鼠标左键拖动幻灯片即可移动其位置。本例中,选中幻灯片 1,拖动幻灯片 1 到幻灯片 2 的后边,即可完成对幻灯片 1 的移动操作,如图 6.11 所示。

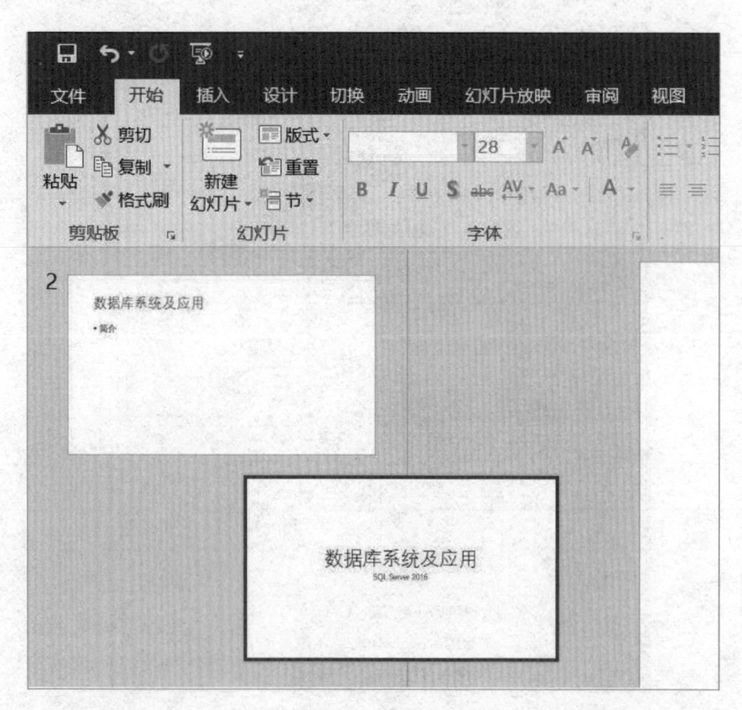

图 6.11 移动幻灯片

在需要复制的幻灯片上，单击鼠标右键→在展开的快捷菜单中，选择“复制”按钮（标号 1），如图 6.12 所示→在想要添加复制幻灯片的位置单击鼠标右键→在展开的快捷菜单中选择“粘贴选项”按钮（标号 2），如图 6.13 所示，复制后的效果如图 6.14 所示。

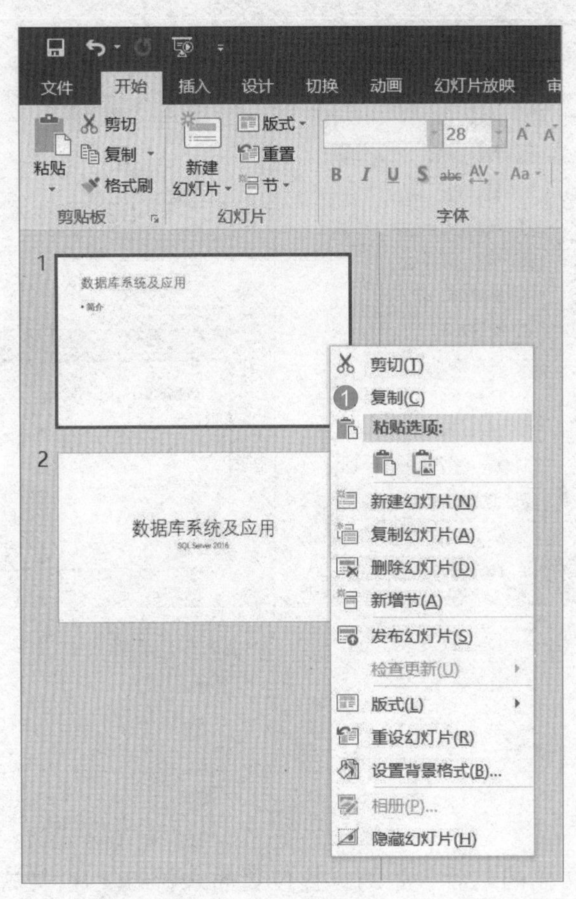

图 6.12　复制幻灯片

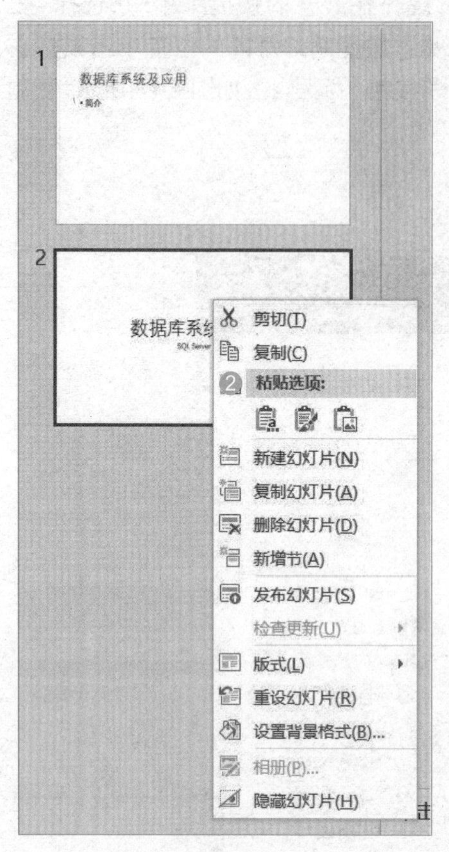

图 6.13 粘贴幻灯片

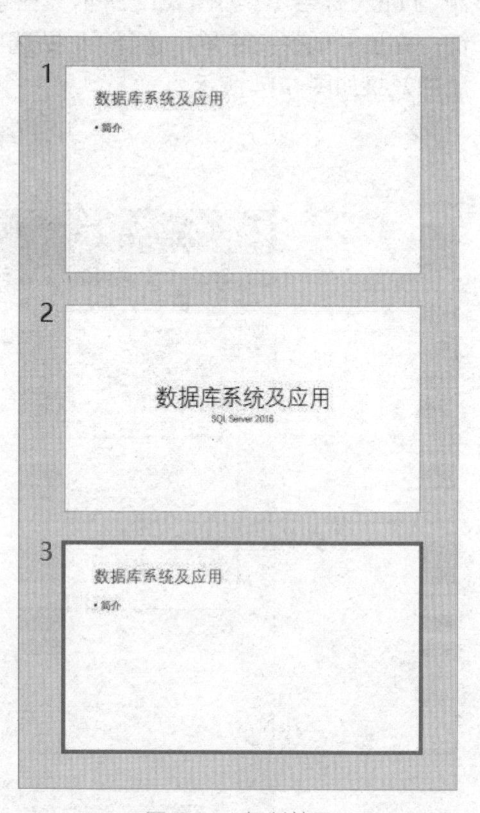

图 6.14 复制效果

6.2.3 实战演练

习题:

请在演示文稿的最后一张幻灯片位置插入新幻灯片,样式为“两栏内容”。

6.2.3
习题讲解

解析:

选择“开始”选项卡(标号 1)→单击“幻灯片”选项组中的“新建幻灯片”下拉按钮(标号 2)→在展开的列表中选择“两栏内容”样式,即可插入所需幻灯片,如图 6.15 所示,插入幻灯片效果如图 6.16 所示。

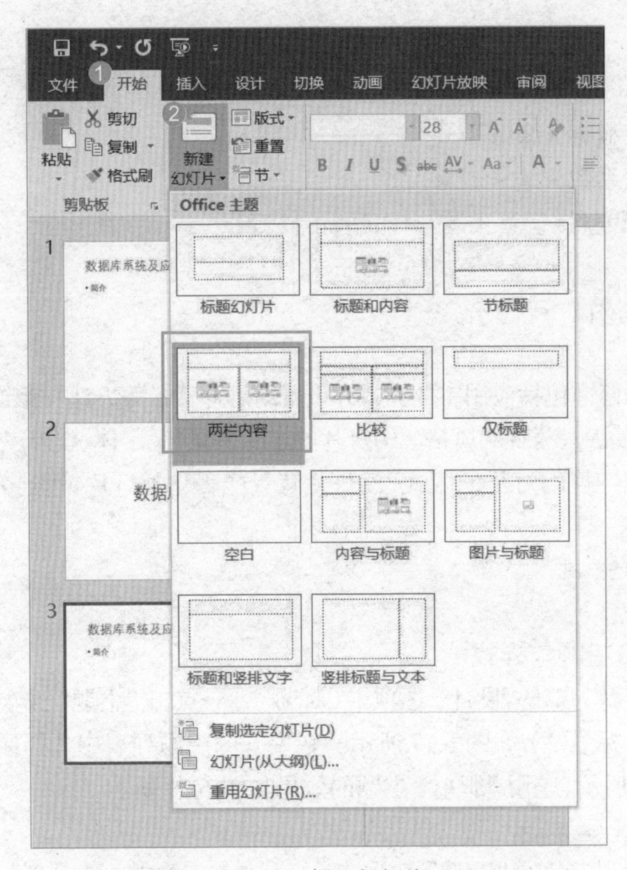

图 6.15 插入幻灯片

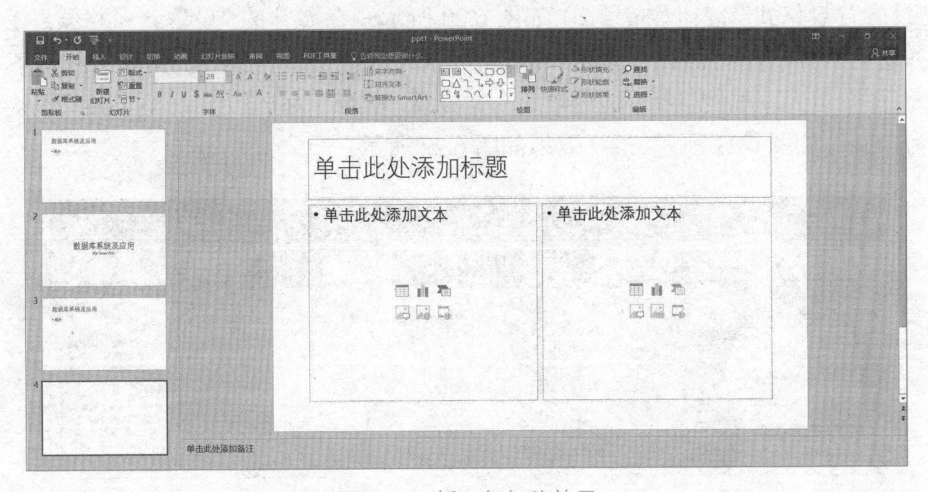

图 6.16 插入幻灯片效果

6.3 修饰幻灯片

考查概率★★★☆☆

难度系数★★★☆☆

高频考点：设置主题与样式、背景设置

6.3.1 修饰幻灯片简介

幻灯片的修饰包括应用主题样式和设置幻灯片背景等方法。修饰幻灯片可以使幻灯片具有统一、美观的风格。幻灯片的主题是颜色、字体、效果三者的组合，不同的主题可以变换幻灯片的版式；幻灯片背景能美化幻灯片，达到美观的效果。

6.3.2 高频考点

(1) 设置主题与样式

选中幻灯片，点击“设计”选项卡(标号 1)→点击“主题”选项组右下角的“其他”按钮(标号 2)，如图 6.17 所示→在展开的主题列表中选择需要的主题样式，如图 6.18 所示，应用“肥皂”主题的效果如图 6.19 所示。

(2) 背景设置

选中幻灯片，点击“设计”选项卡(标号 1)→单击“自定义”选项组中的“设置背景格式”按钮(标号 2)，如图 6.20 所示→在展开的“设置背景格式”任务窗中，可以选择背景的“填充”形式，可选纯色填充、渐变填充、图片或纹理填充、图案填充。本例选择“纯色填充”，并设置“颜色”为“紫色”，“透明度”默认为“0%”，如图 6.21 所示，最终效果如图 6.22 所示。

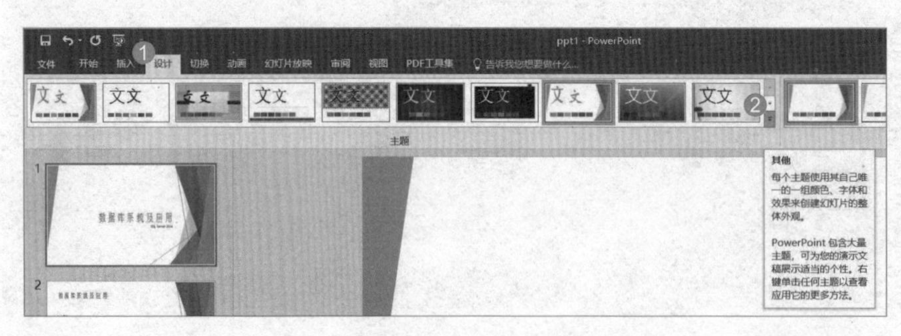

图 6.17 “其他”按钮

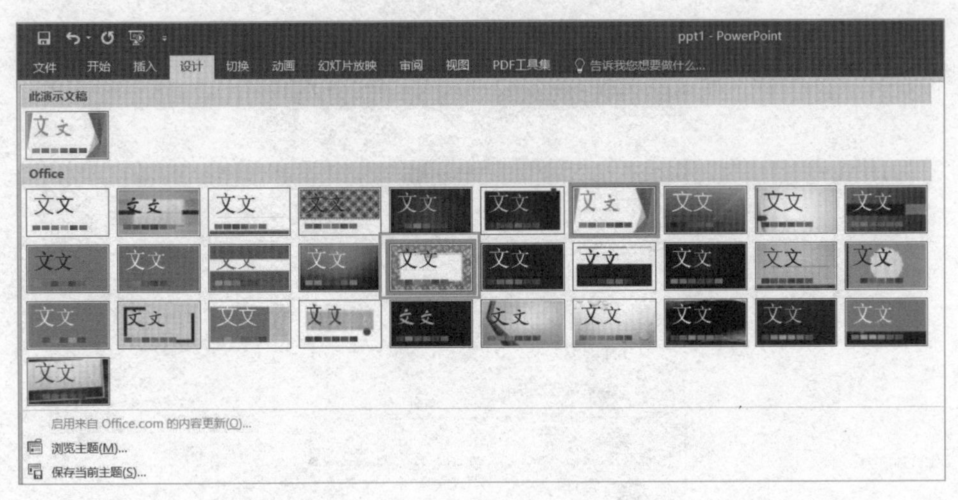

图 6.18　选择幻灯片主题样式

图 6.19　主题效果

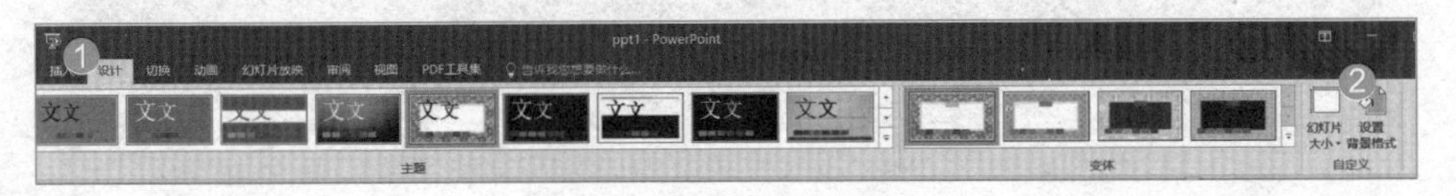

图 6.20　设置背景格式按钮

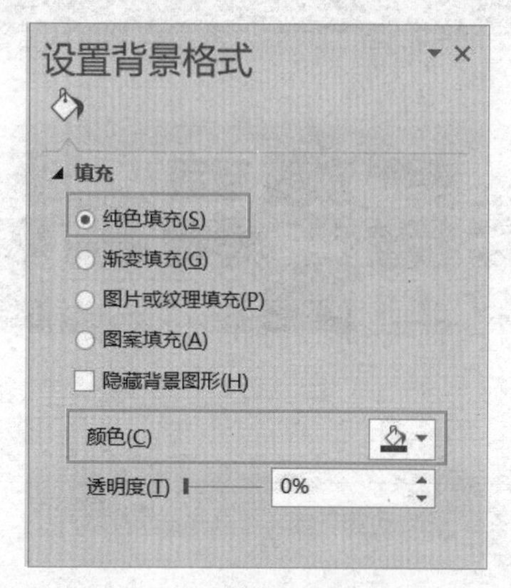

图 6.21 设置背景格式

图 6.22 设置背景格式效果

6.3.3 实战演练

习题：

请给幻灯片设置主题，主题样式为“平面”。

6.3.3
习题讲解

解析：

选中幻灯片，选择“设计”选项卡（标号 1）→点击“主题”选项组右下角的“其他”按钮（标号 2），如图 6.23 所示→在展开的主题列表中选择主题样式“平面”，如图 6.24 所示，“平面”主题效果如图 6.25 所示。

图 6.23 主题选项组

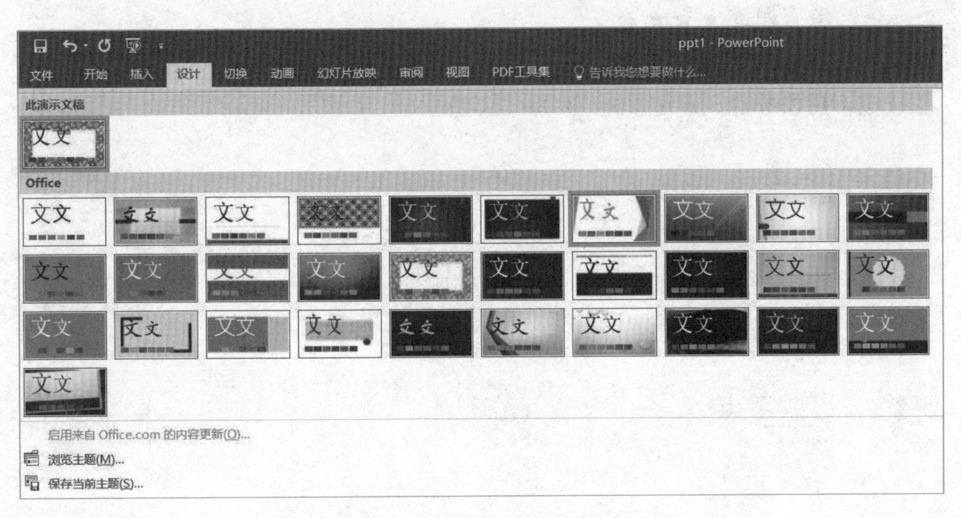

图 6.24 “平面”主题

图 6.25 “平面”主题效果

6.4 插入对象

考查概率★★★★☆

难度系数★★★☆☆

高频考点:插入图片、插入形状、插入艺术字

6.4.1 插入对象简介

演示文稿除了文本,还可以包含图片、图形、艺术字等内容。通过图片、流程图等内容配合文字进行展示,有效地提升展示效果。

6.4.2 高频考点

(1) 插入图片

打开演示文稿,在需要插入图片的幻灯片页面单击“插入”选项卡(标号 1)→在“图像”选项组中单击“图片”下拉按钮(标号 2)→在展开的列表中点击“此电脑”按钮→在弹出的“插入图片”对话框中双击存有本地图片的文件夹(标号 3),如图 6.26 所示。

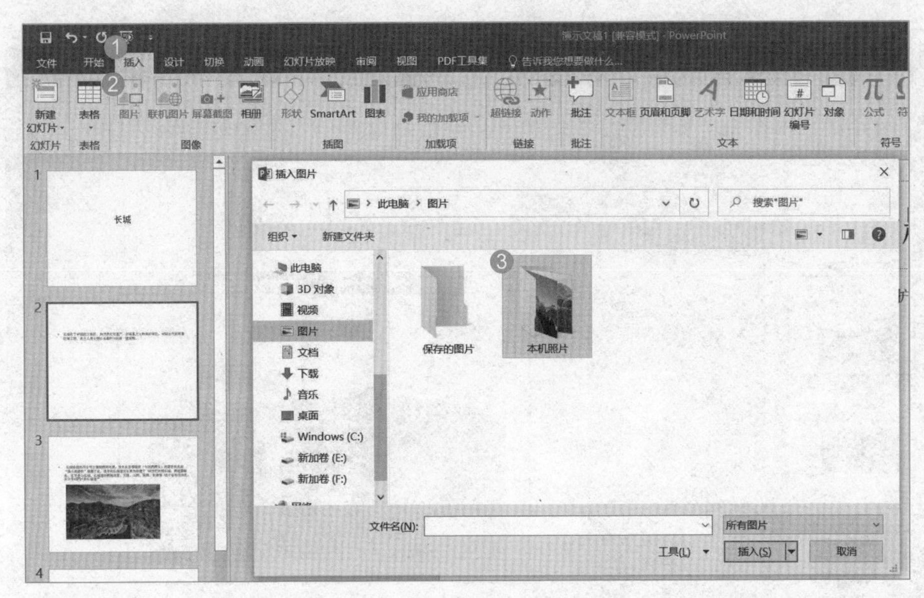

图 6.26 “插入图片”对话框

选择需要插入的图片，单击“插入”按钮（标号 4），如图 6.27 所示→调整图片位置和大小，最终插入图片效果如图 6.28 所示。

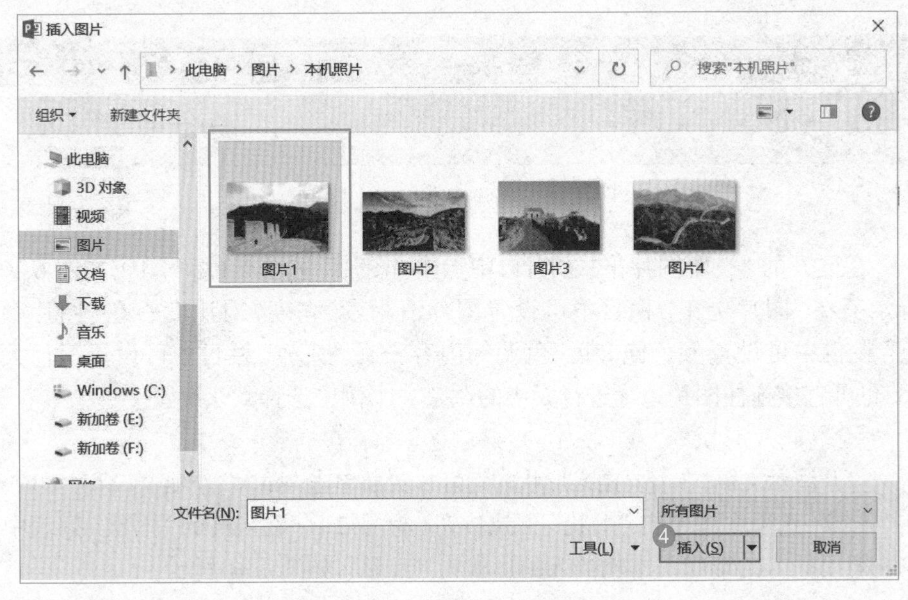

图 6.27 选择插入的图片

图 6.28　插入图片效果

选中图片，在“图片工具丨格式”选项卡（标号 1）中，单击“绘图”选项组右下角的“设置形状格式”按钮（标号 2），如图 6.29 所示。

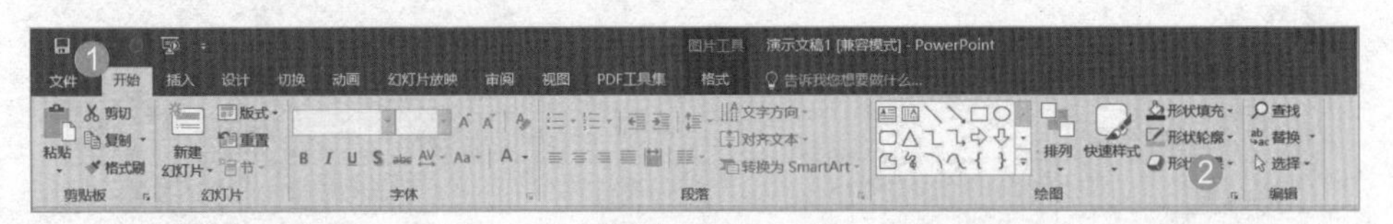

图 6.29　“设置形状格式”按钮

在展开的“设置图片格式”窗口中点击“图片”选项卡（标号 1），如图 6.30 所示→在“图片更正”栏目中可设置图片清晰度、亮度 / 对比度→在“图片颜色”栏目中可设置颜色饱和度、色调等内容→在“裁剪”栏目中可设置图片大小，也可直接拖住图片边缘进行大小的调整。本例中选择默认设置。

（2）插入形状

打开演示文稿，在需要插入形状的幻灯片页面单击“插入”选项卡（标号 1）→在“插图”选项组中单击“形状”下拉按钮（标号 2）→在展开的“形状”列表中单击想要插入的形状。本例插入的形状为“云形”，如图 6.31 所示。

此时鼠标指针呈“+”字形，将鼠标指针移动到插入形状的位置，按住鼠标左键拖动形状，并调整形状的位置和大小，即可完成插入形状的操作，最终效果如图6.32所示。

选中形状，在“绘图工具 | 格式”选项卡（标号1）中，单击“绘图”选项组中的“形状填充”和“形状轮廓”下拉按钮可设置形状颜色。本例中“形状填充”为“水绿色”，“形状轮廓”为“红色”，设置后的效果如图6.33所示。

（3）插入艺术字

选中要插入艺术字的幻灯片，单击“插入”选项卡（标号1）→在“文本”选项组中单击“艺术字”按钮（标号2），出现艺术字样式列表→在列表中选择一种艺术字样式。本例选择的样式为“填充－靛蓝，着色2，轮廓－着色2”，如图6.34所示。

页面上出现指定样式的艺术字编辑框，调整编辑框位置，输入艺术字文本即可，如图6.35所示。

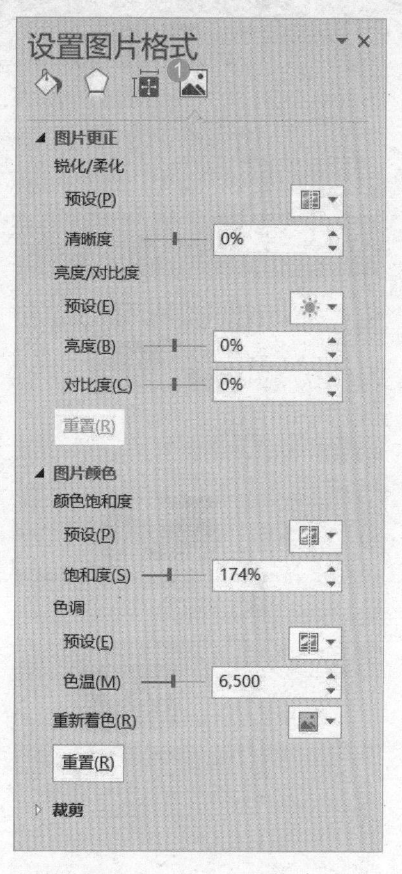

图6.30 设置图片格式

更改艺术字样式：将光标移动到艺术字编辑框中，选择“绘图工具 | 格式”选项卡（标号1）→在“艺术字样式”选项组中点击“其他”按钮（标号2），如图6.36所示。

在展开的艺术字列表中，可更改艺术字样式。本例更改样式为“渐变填充－水绿色，着色1，反射”，如图6.37所示。

更改艺术字文本填充：将光标移动到艺术字编辑框中，选择“绘图工具 | 格式”选项卡（标号1）→在“艺术字样式”选项组中单击“文本填充”下拉按钮（标号2）→在展开的列表中单击“其他填充颜色”按钮（标号3），如图6.38所示。

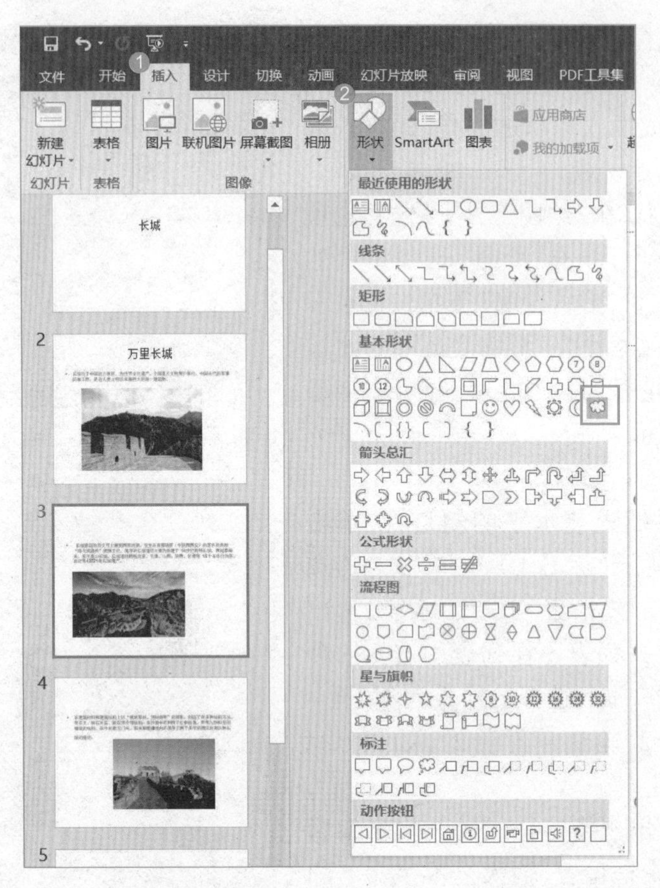

图 6.31 插入形状

单击此处添加标题
长城修筑的历史可上溯到西周时期，发生在首都镐京（今陕西西安）的著名的典故“烽火戏诸侯”就源于此。现存的长城遗迹主要为始建于14世纪的明长城，西起嘉峪关，东至虎山长城，长城遗址跨越北京、天津、山西、陕西、甘肃等15个省市自治区，总计有43721处长城遗产。

图 6.32 插入“云形”

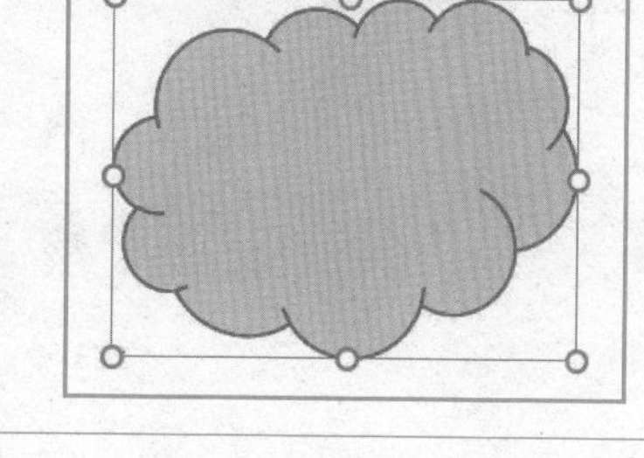

图 6.33　设置形状

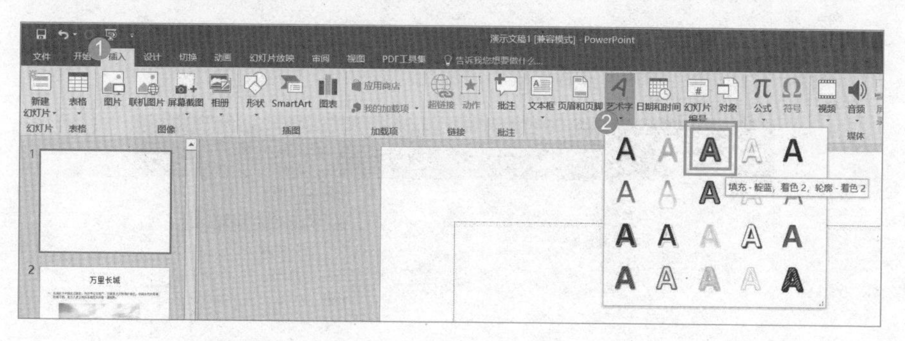

图 6.34　插入艺术字

图 6.35　插入艺术字效果

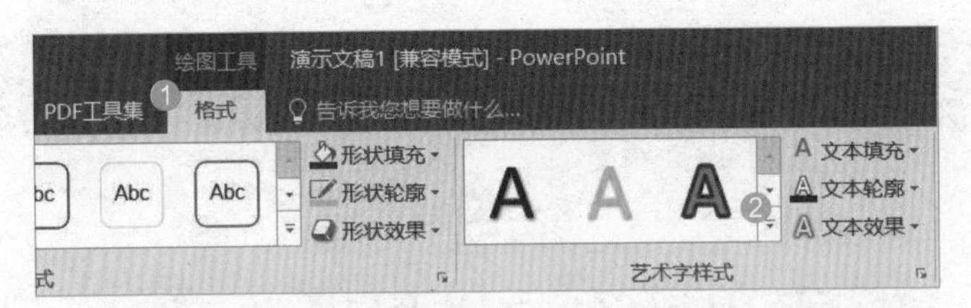

图 6.36 “格式”选项卡

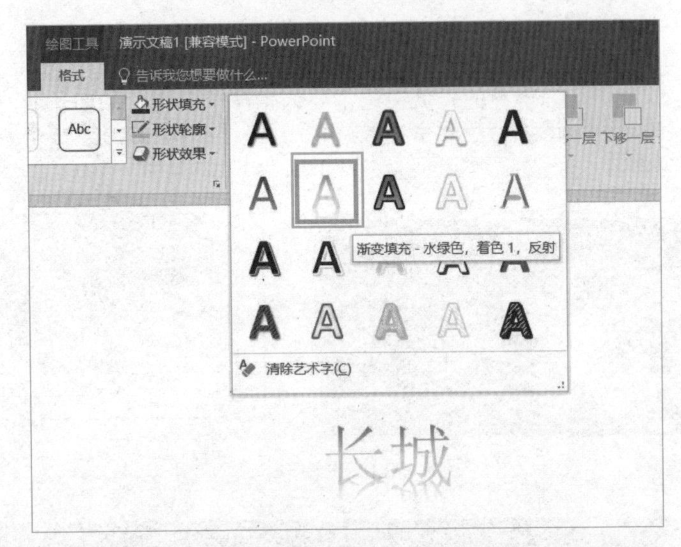

图 6.37 “格式”选项卡

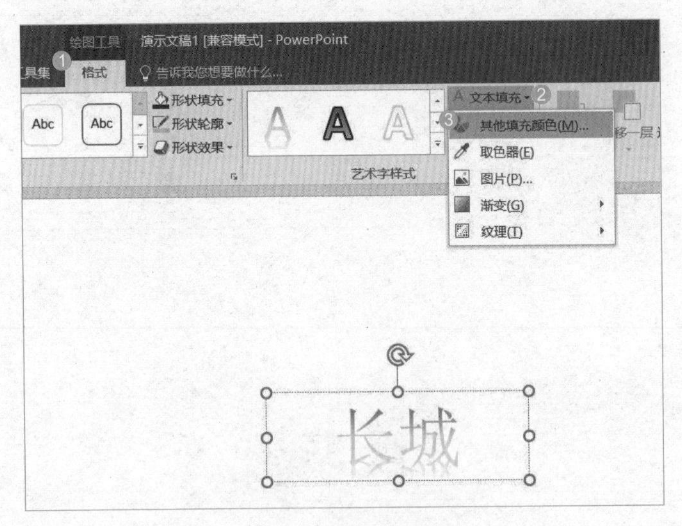

图 6.38 文本填充

在弹出的“颜色”对话框中,在“标准”选项卡中可以直接选择颜色,如图 6.39 所示。在“自定义”选项卡中可以设置色号。本例更改颜色为:“红色”为 20,“绿色”为 160,“蓝色”为 25,如图 6.40 所示,更改文本颜色的最终效果如图 6.41 所示。

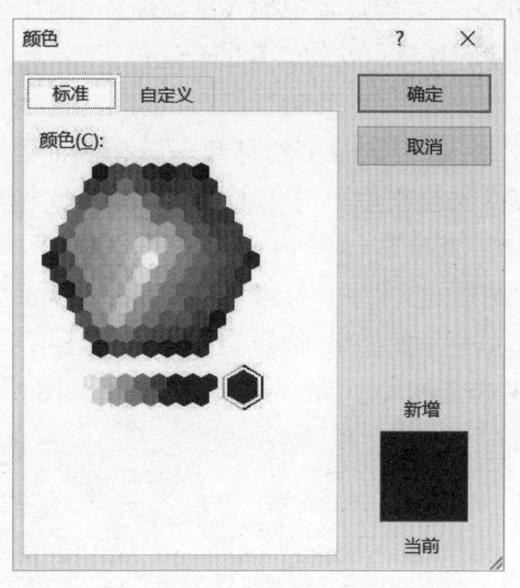

图 6.39 标准颜色

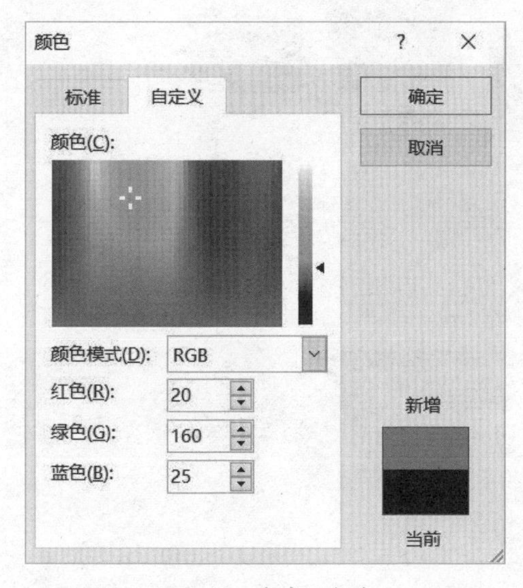

图 6.40 自定义颜色

图 6.41 更改颜色效果

6.4.3 实战演练

习题:

请给演示文稿的第一页幻灯片中插入本地图片"图片3",并调整图片位置和大小,使图片显示在幻灯片的合适位置。

6.4.3
习题讲解

解析:

① 打开演示文稿,选中第一页幻灯片→选择"插入"选项卡(标号1)→在"图像"选项组中单击"图片"下拉按钮(标号2)→在展开的列表中点击"此电脑"按钮→在弹出的"插入图片"对话框中,双击存有本地图片的文件夹(标号3),如图6.26所示。

② 出现如图6.42所示的结果,选择"图片3"(标号1)→单击"插入"按钮(标号2)→调整图片位置和大小,最终插入图片效果如图6.43所示。

图6.42 "插入图片"对话框

图 6.43 插入图片

6.5 插入表格

考查概率★★☆☆☆

难度系数★★★☆☆

高频考点：插入表格、套用表格样式

6.5.1 插入表格简介

表格是一种组织、整理数据的手段，方便数据的处理和分析。插入表格可以使演示文稿的表达方式更加丰富，数据和内容呈现更加清晰。

6.5.2 高频考点

（1）插入表格

打开演示文稿，选中需要放置表格的幻灯片→单击“插入”选项卡（标号 1）→在“表格”选项组中单击“表格”下拉按钮（标号 2），会展开下拉列表→

在“表格绘制区”中拖动鼠标（标号 3），顶部显示当前表格的行列数，松开鼠标，则快速插入相应行列数的表格，如图 6.44 所示。

也可以单击“插入”选项卡（标号 1）→在“表格”选项组（标号 2）中单击“插入表格”按钮（标号 3），如图 6.45 所示。

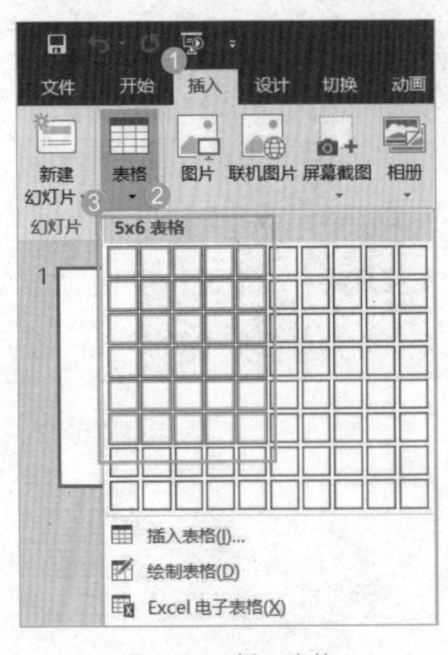

图 6.44 插入表格

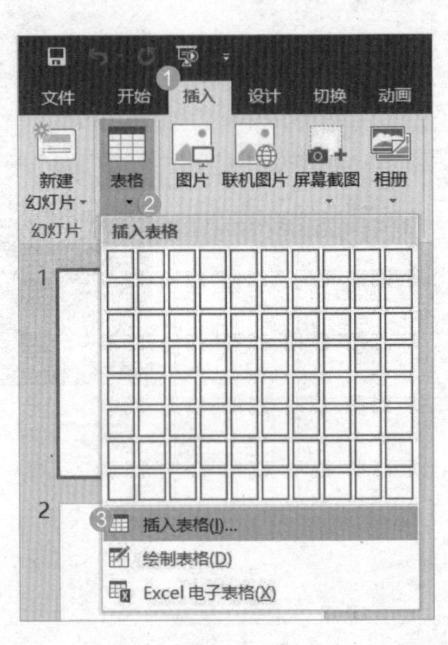

图 6.45 插入表格按钮

在弹出的“插入表格对话框”中填写行列数后，单击“确定”按钮（标号 1），即可生成表格，如图 6.46 所示，最终插入表格样式如图 6.47 所示。

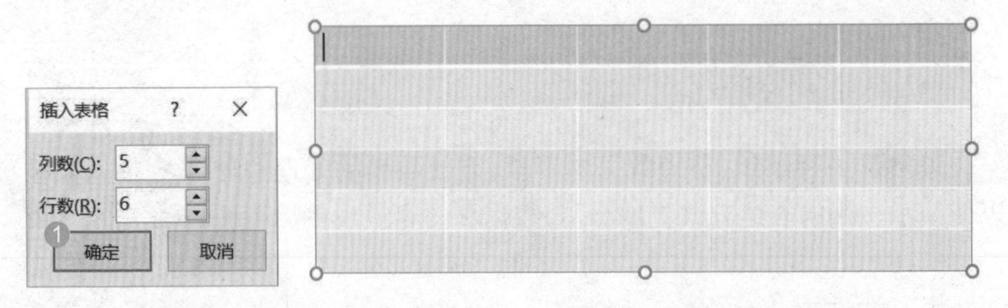

图 6.46 插入表格对话框

图 6.47 表格样式

（2）套用表格样式

选中表格→在“表格工具|设计”选项卡（标号 1）的“表格样式”选项组中，单击“表格样式”下拉按钮（标号 2），如图 6.48 所示。

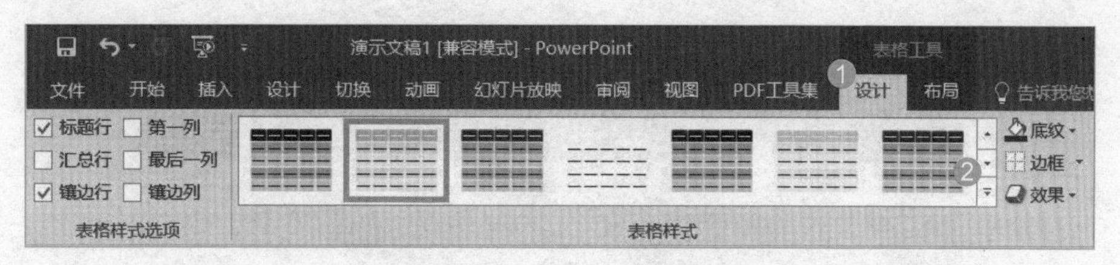

图 6.48 表格样式选项组

在展开的“表格样式”菜单中选择一种样式。本例选择的样式为“中度样式 2– 强调 6”，如图 6.49 所示，最终效果如图 6.50 所示。

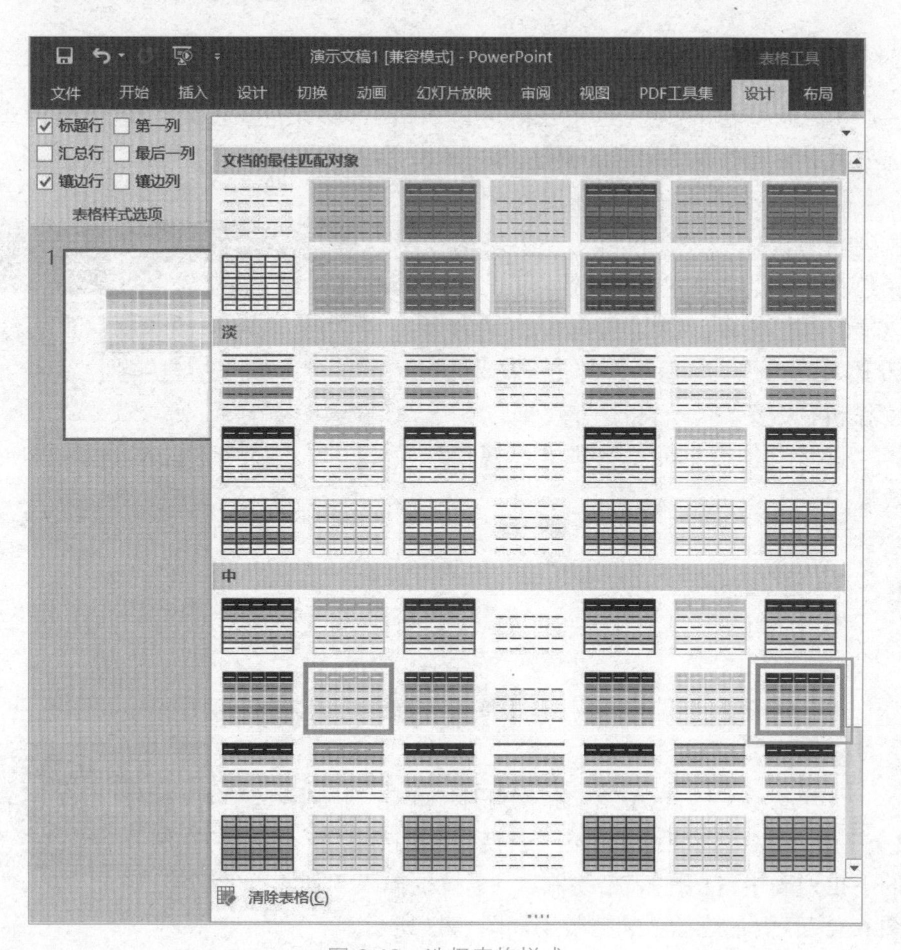

图 6.49 选择表格样式

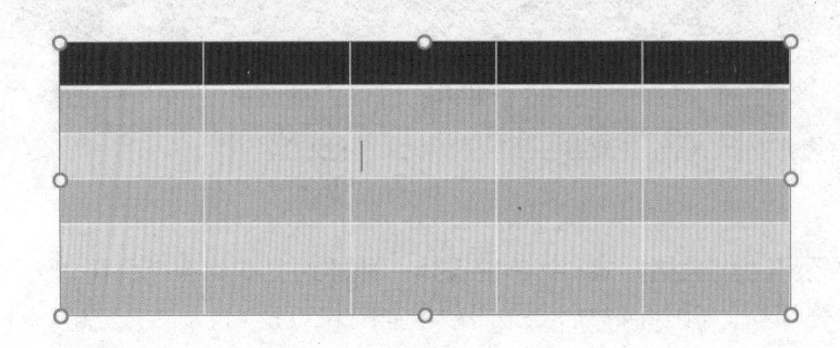

图 6.50 套用表格样式效果

如需调整表格,则先选中表格,在“表格工具|设计”选项卡的“表格样式”选项组中可进行表格样式的调整,如图 6.51 所示。

点击“底纹”按钮,可在展开的颜色列表中选择一种颜色以更换表格的底纹颜色;点击“边框”按钮,可设置边框的添加位置,例如“所有边框”“内部边框”“下边框”等;点击“效果”按钮,可设置“单元格凹凸效果”“阴影”“映像”,使得单元格呈现立体视觉效果。

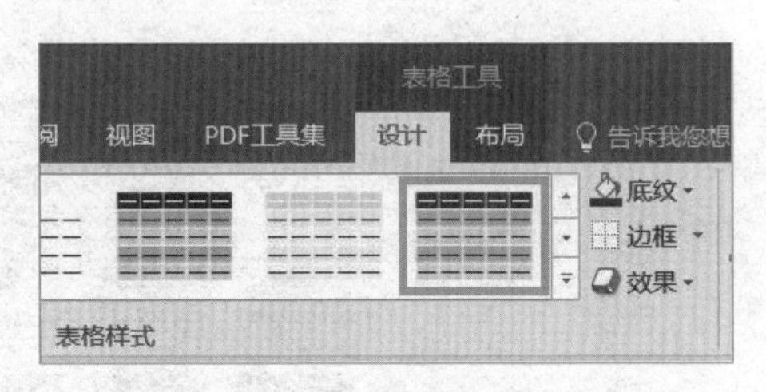

图 6.51 “表格工具|设计”选项卡

6.5.3 实战演练

习题:

请在演示文稿的一张幻灯片中插入 5 列 4 行的表格。

解析:

打开演示文稿,选中第一张幻灯片→单击“插入”选项卡(标号 1)→在“表格”选项组中单击“表格”下拉按钮(标号 2)→在展开的下拉列表中,打开“表格绘制区”下拉框插入 5 列 4 行的表格,如图 6.52 所示,最终插入表格效果如图 6.53 所示。

6.5.3
习题讲解

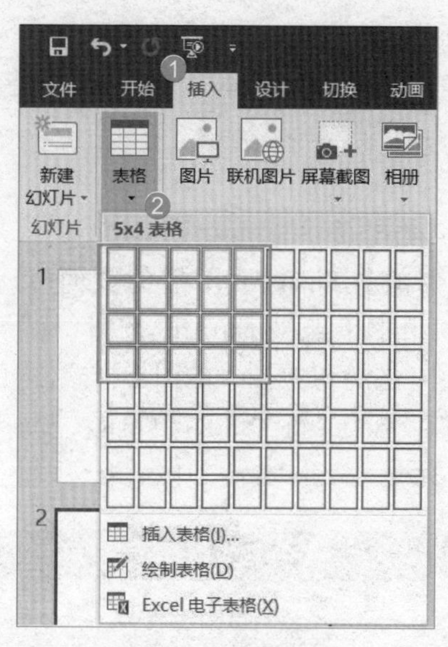

图 6.52 插入表格

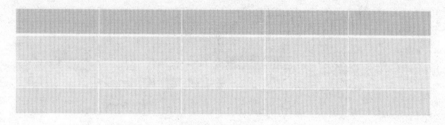

图 6.53 插入表格效果

6.6 SmartArt 图形的使用

考查概率★★☆☆☆

难度系数★★★☆☆

高频考点：创建 SmartArt 图形、编辑和修饰 SmartArt 图形

6.6.1 SmartArt 图形的使用简介

SmartArt 图形是信息和观点的展现形式，由文本框和形状、线条组合而成。利用 SmartArt 图形可以在幻灯片中插入各种类型的结构流程图，并可以对其进

行编辑和修饰,例如添加形状、编辑文本和更改颜色等。

6.6.2 高频考点

(1)插入SmartArt图形

将光标放置于需要放置SmartArt图形的页面,点击“插入”选项卡(标号1)→在“插图”选项组中单击“SmartArt”按钮(标号2)→在弹出的“选择SmartArt图形”对话框中,选择想要插入的图形样式,本例选择的是“步骤上移流程”样式→单击“确定”按钮(标号3),即可插入SmartArt图形,如图6.54所示,最终效果如图6.55所示。

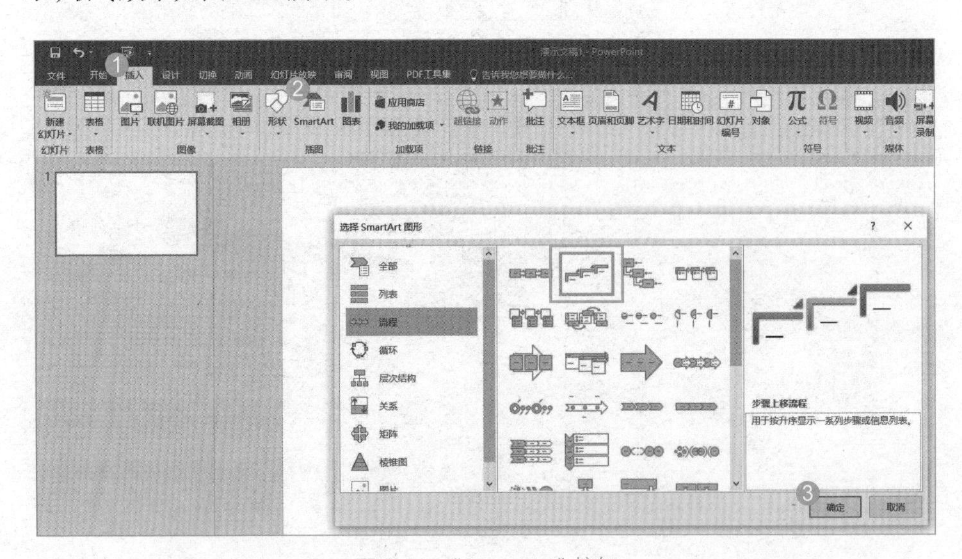

图6.54 “SmartArt”按钮

图6.55 SmartArt图形

(2)编辑和修饰SmartArt图形

添加形状:选中SmartArt图形中的某一形状→单击“SmartArt工具|设计”选项卡(标号1)→在“创建图形”选项组中单击“添加形状”下拉按钮(标号2)→在展开的列表中选择一种添加形状的方式,即可添加一个相同的形状。本例中添加方式为“在前面添加形状”,如图6.56所示,添加效果如图6.57所示。

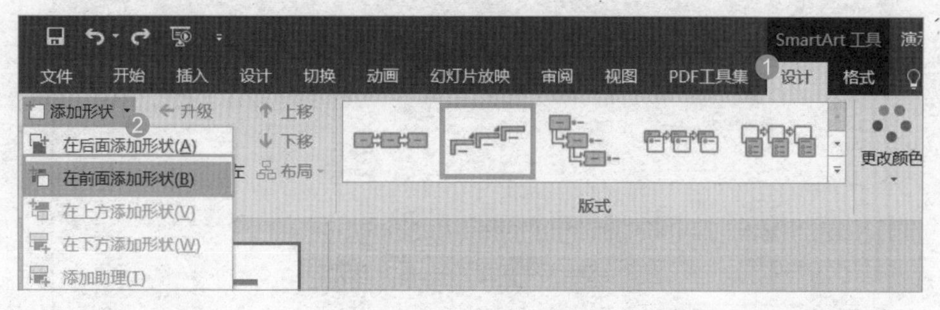

图 6.56 添加 SmartArt 图形形状

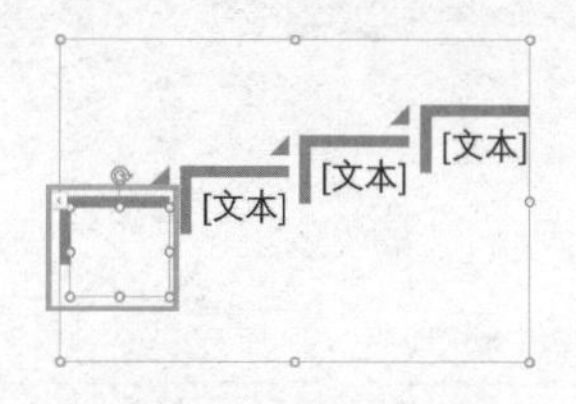

图 6.57 添加形状效果

更改布局：选中 SmartArt 图形→单击“SmartArt 工具 | 设计”选项卡（标号 1）→在“版式”选项组中，单击版式列表框右下角的“其他”按钮（标号 2），如图 6.58 所示。

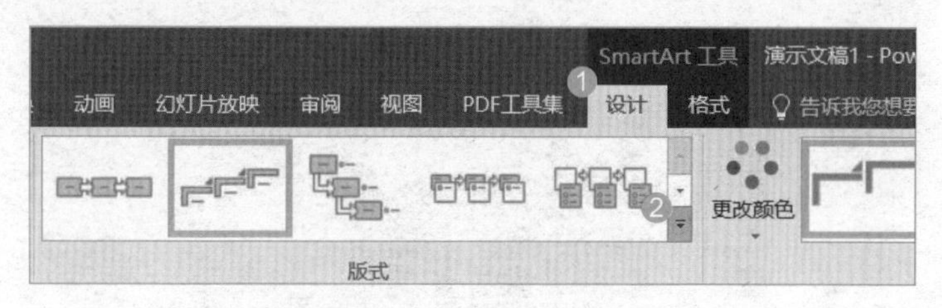

图 6.58 更改布局

在展开的下拉菜单中提供了多种布局，可根据需要选择其中一种布局，如图 6.59 所示，本例中选择的布局是“垂直箭头列表”，最终效果如图 6.59 左侧所示。

更改颜色：选中 SmartArt 图形→单击“SmartArt 工具 | 设计”选项卡（标号 1）→在“SmartArt 样式”选项组中单击“更改颜色”按钮（标号 2）→在展开的下拉列表中选择颜色即可，如图 6.60 所示。本例中选择的是“彩色范围 - 个性色 4 至 5”样式，最终效果如图 6.61 所示。

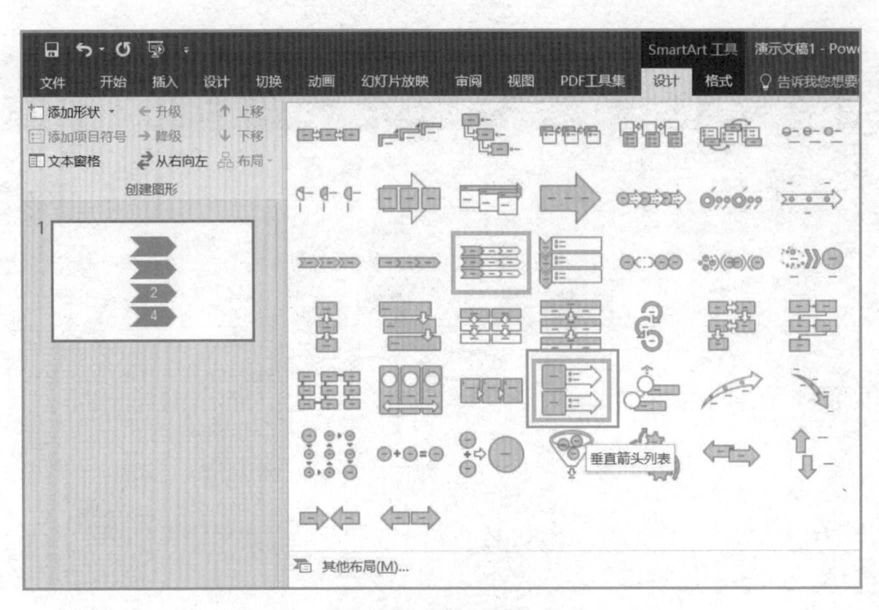

图 6.59 选择布局

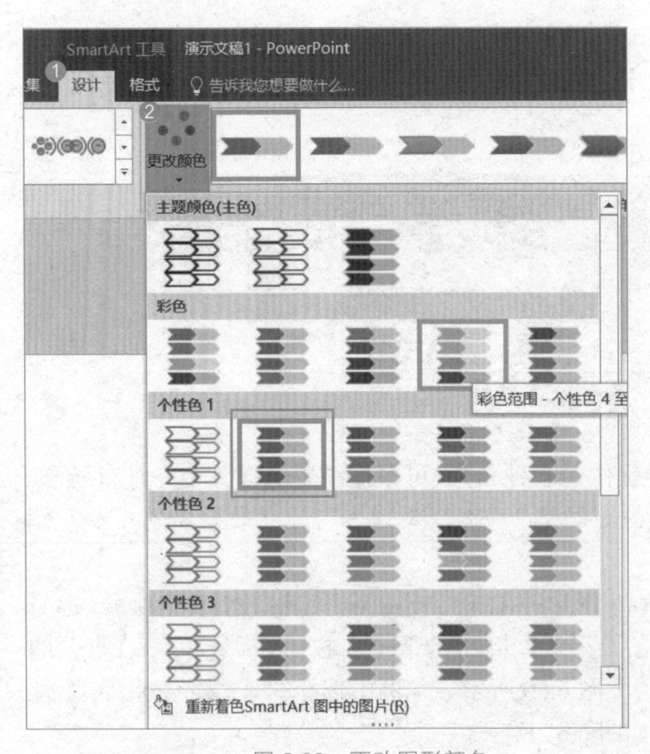

图 6.60 更改图形颜色

图 6.61 更改图形颜色效果

6.6.3 实战演练

习题：

6.6.3
习题讲解

请将文字“第 1 代：电子管数字机（1946—1958 年），第 2 代：晶体管数字机（1958—1964 年），第 3 代：集成电路数字机（1964—1970 年）”转换为 SmartArt 图形的表达方式，图形为“列表”类中的“图片条纹”样式，并放置于“演示文稿 1”的第三页。

解析：

① 将光标置于演示文稿第三页，选择“插入”选项卡（标号 1）→在“插图”选项组中单击“SmartArt”按钮（标号 2）→在弹出的“选择 SmartArt 图形”对话框中，选择“列表”类中的“垂直框列表”样式，单击“确定”按钮（标号 3），即可插入 SmartArt 图形，如图 6.62 所示，插入效果如图 6.63 所示。

② 将文本复制粘贴到新插入的 SmartArt 图形文本框中，根据 SmartArt 图形的样式对文本结构进行调整，最终效果如图 6.64 所示。

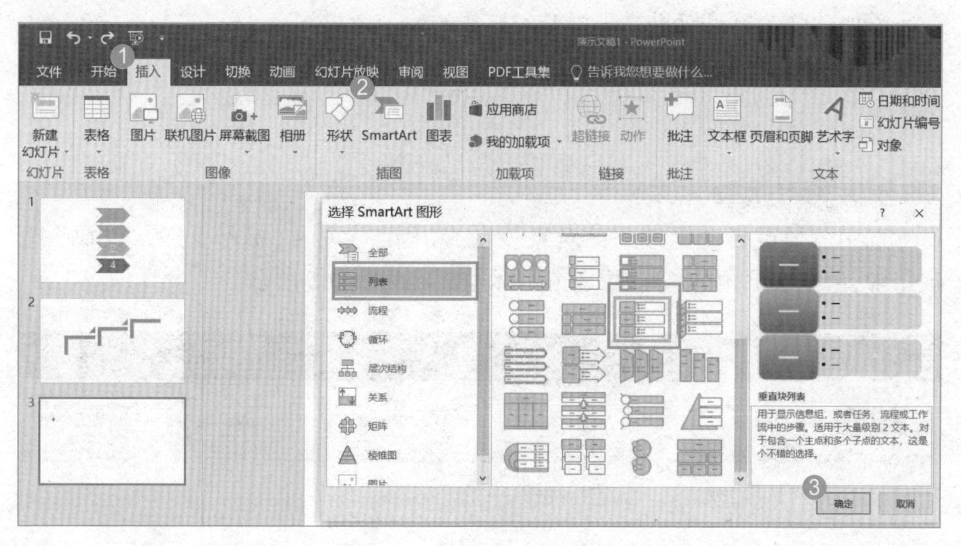

图 6.62 “SmartArt 图形”对话框

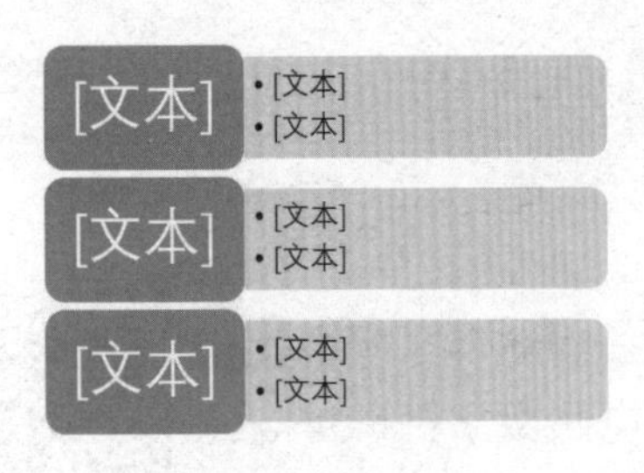

图 6.63 新插入图形

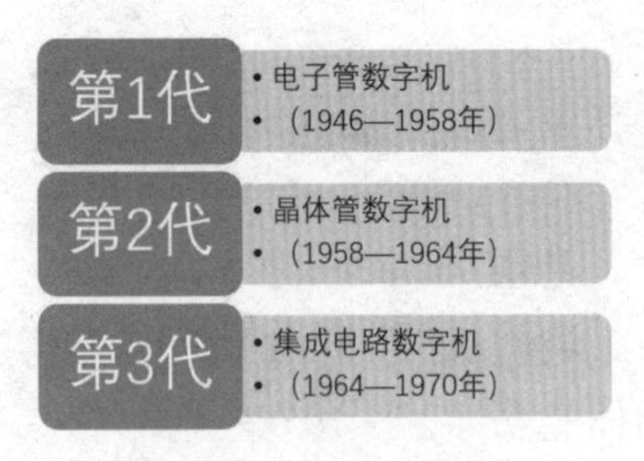

图 6.64 最终效果

6.7 动画效果

考查概率★★★★☆

难度系数★★★☆☆

高频考点: 设置动画、设置动画属性、调整动画播放顺序

6.7.1 动画效果简介

添加动画效果可以进一步提升幻灯片的演示效果。

6.7.2 高频考点

(1)设置动画

选中需要设置动画效果的对象→在“动画”选项卡(标号 1)的“动画”选项组中,单击右下角的“其他”按钮(标号 2),如图 6.65 所示。

图 6.65 “动画”选项组

在展开的下拉列表中有“进入”“强调”“退出”和“动作路径”四类动画,根据需要选择一种动画效果即可。本例中选择的是“翻转式由远及近”,如图 6.66 所示。对象添加动画效果后,对象旁边出现数字编号,表示该动画在出现顺序中的序号,设置动画的效果如图 6.67 所示。

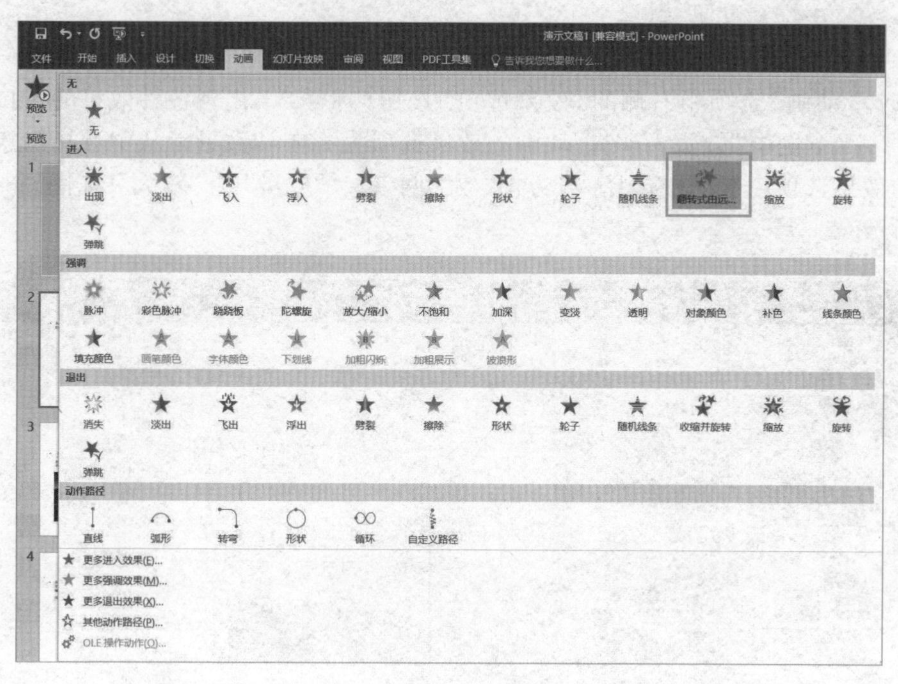

图 6.66 选择动画效果

图 6.67 动画效果

(2)设置动画属性

设置动画效果：选中已设置了动画的对象，单击“动画”选项卡(标号1)→选择“动画”选项组右侧的“效果选项”按钮(标号2)，出现各种效果的下拉列表。本例中“放大/缩小”动画的效果选项为方向和数量→从中选择满意的效果选项。本例中选择的“方向”为“两者”、“数量”为“较大”，如图6.68所示。

图6.68 设置动画效果

设置动画开始方式、动画持续时间和延迟时间：选中已设置了动画的对象，单击“动画”选项卡(标号1)→在“计时”选项组中的“持续时间”栏可调整动画持续时间，“延迟”栏可调整动画延迟时间→单击“计时”选项组左侧的“开始”下拉按钮(标号2)，如图6.69所示→在出现的下拉列表中选择动画开始方式，本例中选择的是“单击时”，如图6.70所示。

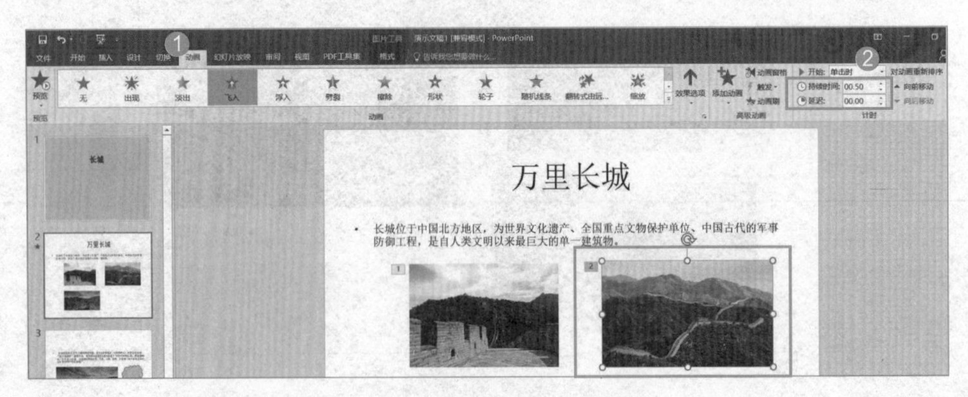

图6.69 设置动画开始方式

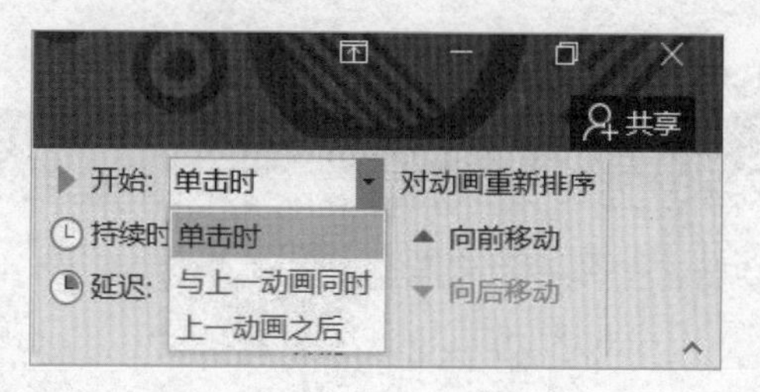

图 6.70 动画开始方式

设置动画音效：选择设置动画音效的对象，单击“动画”选项卡（标号 1）→单击“动画”选项组右下角的“显示其他效果选项”按钮（标号 2）→弹出“放大/缩小”对话框，在对话框的“效果”选项卡中（标号 3）单击“声音”栏的下拉按钮（标号 4），在出现的下拉列表中选择一种音效，本例中选的是“风铃”→单击“确定”按钮（标号 5），保存设置，如图 6.71 所示。

图 6.71 设置动画音效

（3）调整动画播放顺序

在给对象添加了动画效果后，对象旁边出现播放序号。调整播放顺序需单击“动画”选项卡（标号 1）→在“高级动画”选项组中单击“动画窗格”按钮（标号 2）→出现动画窗格，选择动画对象，单击动画窗格上方的“△”或“▽”，即可改变动画对象的播放顺序，如图 6.72 所示。

图 6.72 调整动画播放顺序

6.7.3 实战演练

习题：

6.7.3 习题讲解

请给演示文稿第四页幻灯片中的图片设置动画效果，进入方式设置为“飞入”。

解析：

① 选择第四页幻灯片中的图片→选择“动画”选项卡(标号 1)→在“动画”选项组中单击右下角的“其他”按钮(标号 2)，如图 6.65 所示。

② 在展开的下拉列表中，选择“进入”栏目中的“飞入”，即可完成设置，如图 6.73 所示。

③ 设置后的幻灯片在图片左上角有小标号“1”，表示对图片添加过动画效果，如图 6.74 所示。

图 6.73 选择动画效果

图 6.74 动画效果

6.8 幻灯片切换效果的设置

考查概率★★★★☆

难度系数★★★☆☆

高频考点：设置幻灯片切换样式、设置切换属性

6.8.1 幻灯片切换效果的设置简介

换灯片切换效果指的是两页幻灯片转换的效果。设置幻灯片切换效果,可以优化切换效果,使演示效果更加美观生动。

6.8.2 高频考点

(1)设置幻灯片切换样式

选中要设置幻灯片切换效果的幻灯片(组),单击“切换”选项卡(标号1)→单击“切换到此幻灯片”选项组右下角的“其他”按钮(标号2),如图6.75所示。

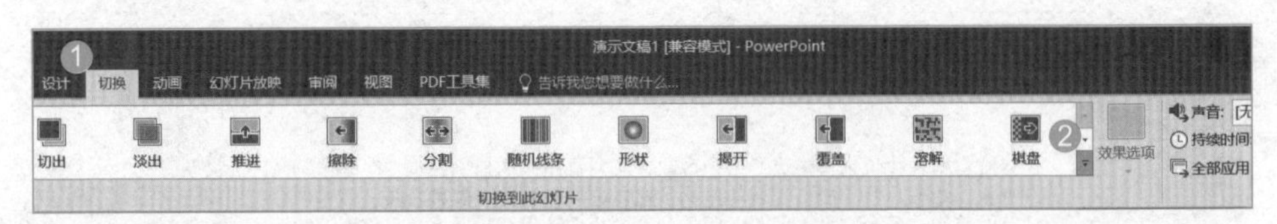

图6.75 “切换到此幻灯片”选项组

在展开的列表中,有“细微型”“华丽型”两类切换样式,任意选择其中一种样式即可完成幻灯片切换样式的设置,如图6.76所示。

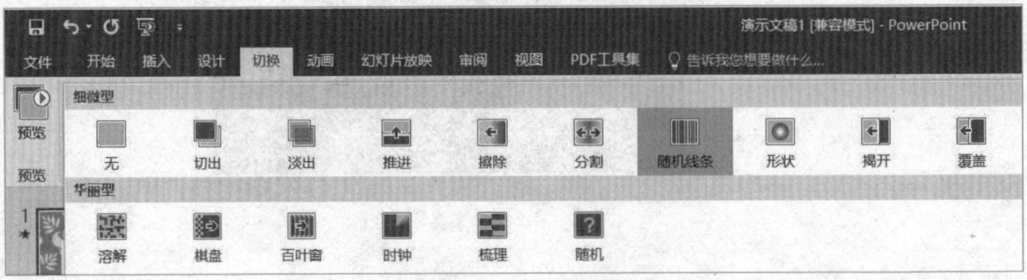

图6.76 切换样式

(2)设置切换属性

设置效果选项:点击选中已经设置过切换样式的幻灯片(组),单击“切换”选项卡(标号1)→单击“效果选项”按钮(标号2)→在展开的下拉列表中,选择一种切换效果。本例的切换效果为“水平”,如图6.77所示。

图 6.77　设置切换效果

设置切换方式：点击要设置切换方式的幻灯片（组）→点击“切换”选项卡（标号 1）→在“计时”选项组右侧可设置换片方式（标号 2），勾选“单击鼠标时”复选框，表示单击鼠标时才切换到下一张幻灯片；也可勾选“设置自动换片时间”复选框，表示经过该时间段后，将自动切换到下一张幻灯片。本例中切换方式设置为“单击鼠标时”，如图 6.78 所示。

图 6.78　设置换片方式

设置切换声音：点击要设置切换声音的幻灯片（组）→选择“切换”选项卡（标号 1）→在“计时”选项组左侧可设置切换声音，单击“声音”下拉按钮（标号 2），如图 6.79 所示→在展开的下拉列表中选择一种切换声音，本例选择“风声”，如图 6.80 所示。

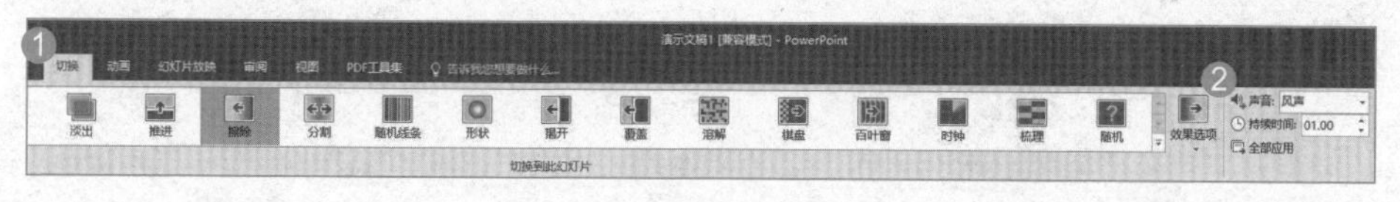

图 6.79　设置切换声音

在“持续时间”栏目可设置幻灯片切换持续时间，本例中设置持续时间为“02.00”，表示切换幻灯片的持续时间为 2 s。单击“全部应用”按钮（标号 3），表示全体幻灯片均采用所设置的切换效果，否则只适用于当前所选幻灯片，如图 6.81 所示。

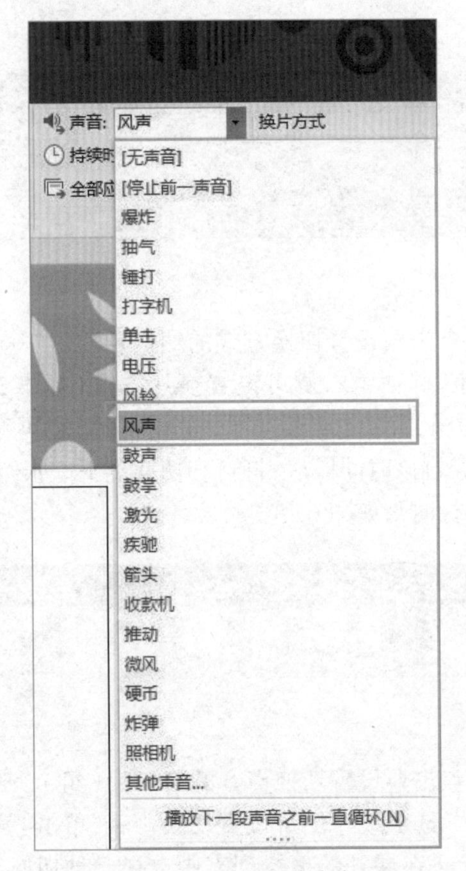

图 6.80 选择切换声音

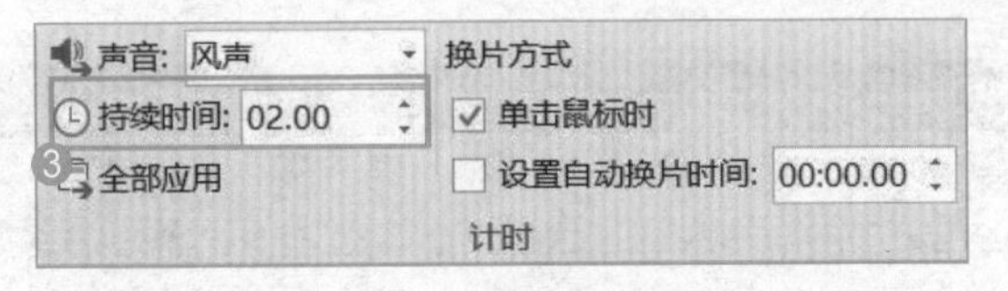

图 6.81 设置持续时间

6.8.3 实战演练

6.8.3
习题讲解

习题：

请给演示文稿第一页幻灯片设置切换样式为“擦除”，效果选项为“自左侧”。

解析：

① 选中第一页幻灯片→单击“切换”选项卡（标号 1）→单击“切换到此幻灯片”选项组中的“擦除”按钮（标号 2），如图 6.82 所示。

图 6.82　“擦除”切换方式

② 单击“切换到此幻灯片”选项组中的“效果选项”按钮（标号 1）→在展开的下拉列表中选择切换效果为“自左侧”（标号 2），如图 6.83 所示。

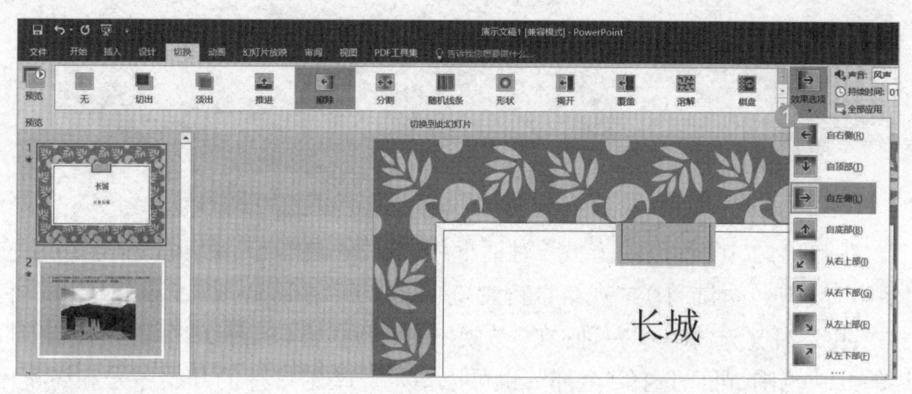

图 6.83　效果选项

6.9　幻灯片放映的设置

考查概率★★★☆☆

难度系数★★★☆☆

高频考点：幻灯片的放映方式

6.9.1　幻灯片放映的设置简介

演示文稿放映方式可根据不同需要进行设置，以配合演讲者达到更好的演示效果。

6.9.2 高频考点

幻灯片的放映方式

打开演示文稿,单击幻灯片→单击“幻灯片放映”选项卡(标号1)→单击“设置”选项组中的“设置幻灯片放映”按钮(标号2),如图6.84所示。

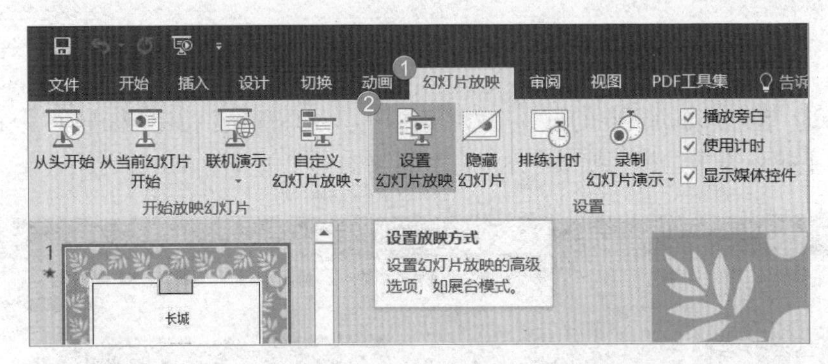

图6.84 设置幻灯片放映

在弹出的“设置放映方式”对话框中,在“放映类型”栏目(标号1)中有“演讲者放映(全屏幕)”“观众自行浏览(窗口)”“在展台浏览(全屏幕)”三种方式,可以任意选择其中一种;在“放映幻灯片”栏目(标号2)中可以确定幻灯片的放映范围,可以选择“全部”,也可以指定放映幻灯片的开始序号和终止序号,进行部分放映;在“换片方式”栏目(标号3)中,有“手动”或“如果存在排练时间,则使用它”两种方式,可任选其一。完成设置后,单击“确定”按钮(标号4),保存设置,如图6.85所示。

6.9.3 实战演练

习题:

请给演示文稿设置放映类型为“在展台浏览(全屏幕)”,放映幻灯片范围为“全部”。

6.9.3 习题讲解

解析:

打开演示文稿,单击“幻灯片放映”选项卡(标号1)→单击“设置”选项组中的“设置幻灯片放映”按钮(标号2)→在弹出的“设置放映方式”对话框中,在“放映类型”栏目中选择“在展台浏览(全屏幕）”（标号 3）→在“放映幻灯片”栏目中选择“全部”（标号 4）→单击“确定”按钮（标号 5），保存设置即可完成幻灯片的设置操作，如图 6.86 所示。

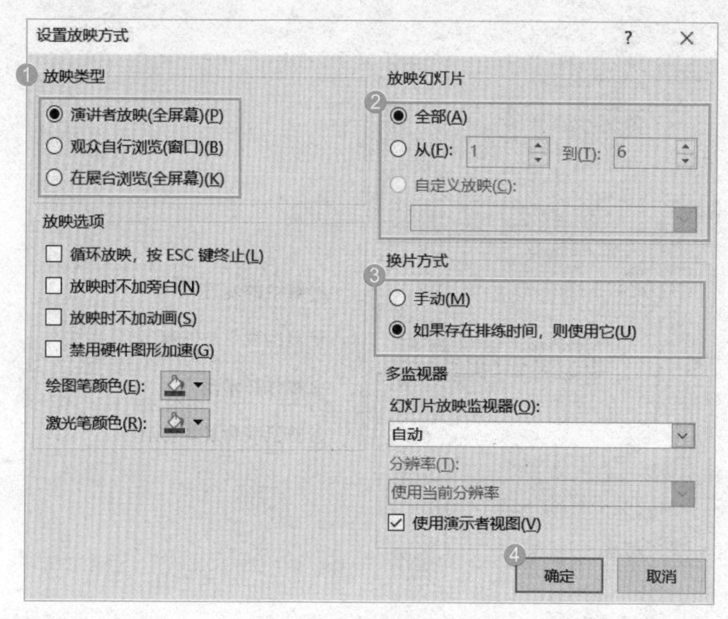

图 6.85 设置放映方式

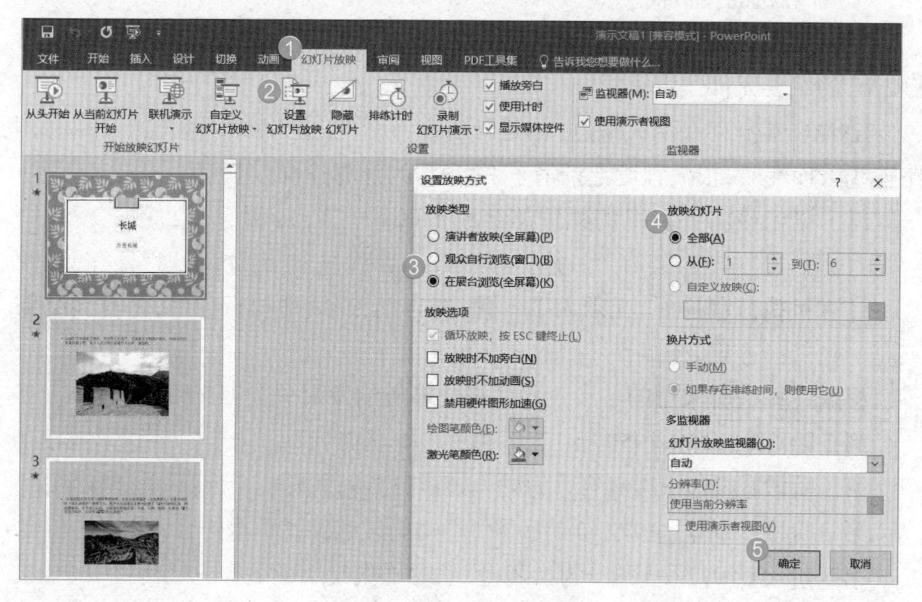

图 6.86 设置幻灯片放映方式

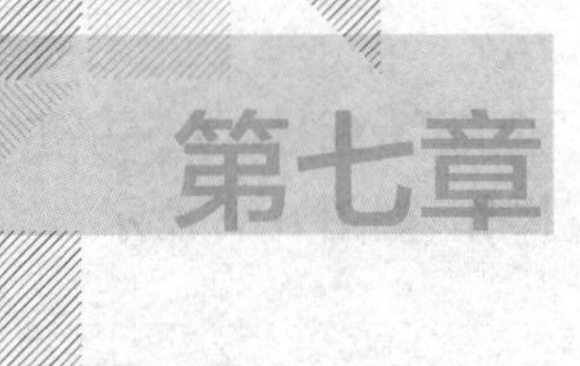

第七章 基础知识专题

7.1 计算机基础知识

计算机基础知识
- 计算机的发展
- 信息的表示与储存
- 多媒体技术简介
- 计算机病毒及其防治

7.1.1 高频考点

(1) 计算机的发展

① 计算机的发展简史

1946 年第一台电子数字计算机 ENIAC 由美国宾夕法尼亚大学研制成功。ENIAC 的主要元件是电子管。

ENIAC 本身存在两大缺点：一是没有存储器；二是用布线接板进行控制，电路连线繁琐耗时，很大程度上抵消了 ENIAC 的计算速度。

冯·诺依曼将计算机的原理总结成了以下三点：一是计算机内部，程序和数据采用二进制代码表示。二是程序和数据存放在存储器中，即程序存储的概念。计算机执行程序时，无须人工干预，能自动、连续地执行程序，并得到结果。三是计算机由运算、控制、存储、输入和输出五个部分组成。

根据计算机所采用的电子元器件将计算机的发展分为四个阶段：

第一阶段（1946—1959 年）为电子管计算机时代；

第二阶段（1959—1964 年）为晶体管计算机时代；

第三阶段（1964—1972 年）为中小规模集成电路计算机时代；

第四阶段（1972—至今）为大规模、超大规模集成电路计算机时代。

② 计算机的特点、用途和分类

计算机的特点：高速、精确的运算能力，准确的逻辑判断能力，强大的存储能力，自动功能，网络与通信功能。

计算机的应用领域：科学计算，数据/信息处理，过程控制，计算机辅助技术，网络与通信，人工智能，多媒体应用，嵌入式系统。

按照不同的方法可以对计算机进行分类。按计算机的性能、规模和处理能力，可分为巨型机、大型通用机、微型计算机、工作站和服务器等。按计算机的用途可分为通用计算机和专用计算机。按计算机处理数据的类型可以分为模拟计算机、数字计算机、数字和模拟计算机。

③ 计算科学研究与应用

计算机的研究与应用主要体现在人工智能、网格计算、中间件技术、云计算等几个方面。其中云计算的核心思想是对大量用网络连接的计算资源进行统一管理和调度，构成一个计算资源池向用户提供按需服务。

④ 未来计算机的发展趋势

从类型上看，电子计算机技术正在向巨型化、微型化、网络化和智能化方向发展。

未来新一代计算机可以分为模糊计算机、生物计算机、超导计算机、光子计算机、量子计算机。

⑤ 信息技术

一般来说，信息技术包括了信息基础技术、信息系统技术和信息应用技术三个层次的内容。

信息基础技术是信息技术的基础，包括新材料、新能源、新器件的开发和制造技术。

信息系统技术是指有关信息的获取、传输、处理、控制的设备和系统的技术。感测技术、通信技术、计算机与智能技术和控制技术是它的核心和支撑技术。

信息应用技术是针对各种实用目的的技术，如信息管理、信息控制、信息决策等技术门类。

现在信息技术的发展趋势可以概括为数字化、多媒体化、宽频带、智能化等。

(2) 信息的表示与存储

① 数据与信息

数据是客观事物的符号表示。数值、文字、语言、图形、图像等都是不同形式的数据。

计算机科学中的信息通常被认为是能够用计算机处理的有意义的内容或是消息，它们以数据的形式出现，如数值、文字、语言、图形、图像等。数据是信息的载体，数据经过处理之后产生的结果为信息，信息具有针对性、时效性。信息有意义，而数据没有意义。

② 计算机中的数据

计算机内部采用二进制（0和1），但是计算机与外部交往仍采用人们熟悉和便于阅读的形式，如十进制数据、文字显示以及图形描述等。常用的数制表示有二进制、八进制、十进制和十六进制。

位（bit）是数据的最小单位，在数字电路和计算机技术中采用二进制表示数据，代码只有0和1，其中无论0还是1在CPU中都是1位。

一个字节（Byte）由8位二进制数字组成（1 Byte=8 bits）。字节是信息组成和存储的基本单位，也是计算机系统结构的基本单位。

1 Byte=8 bit

千字节：1 KB=1 024 B=2^{10} B

兆字节：1 MB=1 024 KB=2^{20} B

吉字节：1 GB=1 024 MB=2^{30} B

太字节：1 TB=1 024 GB=2^{40} B

计算机中常用的几种进位计数制的表示见表7.1所示。

表7.1　计算机中常用的几种进位计数制的表示

进位制	基数	基本符号	权	符号表示
二进制	2	0、1	2^1	B
八进制	8	0、1、2、3、4、5、6、7	8^1	O
十进制	10	0、1、2、3、4、5、6、7、8、9	10^1	D
十六进制	16	0、1、2、3、4、5、6、7、8、9、A、B、C、D、E、F	16^1	H

进位计数制及其转换：*R*进制转换为十进制案例：

$(9658)_D=9\times10^3+6\times10^2+5\times10^1+8\times10^0$

$(234)_H=(2\times16^2+3\times16^1+4\times16^0)_D=(564)_D$

$(234)_O=(2\times8^2+3\times8^1+4\times8^0)_D=(156)_D$

八进制数、十六进制数与二进制数之间的关系见表7.2所示。

表 7.2 八进制数、十六进制数与二进制数之间的关系

八进制数	对应二进制数	十六进制数	对应二进制数	十六进制数	对应二进制数
0	000	0	0000	8	1000
1	001	1	0001	9	1001
2	010	2	0010	A	1010
3	011	3	0011	B	1011
4	100	4	0100	C	1100
5	101	5	0101	D	1101
6	110	6	0110	E	1110
7	111	7	0111	F	1111

案例：

将二进制数（10101011.110101）$_B$ 转换成八进制数。

（010 101 011.110 101）$_B$=（253.65）$_O$

2 5 3 6 5

将二进制数（10101011.110101）$_B$ 转换成十六进制数。

（1010 1011.1101 0100）$_B$=（AB.D4）$_H$

A B D 4

③ 字符的编码

字符包括西文字符（字母、数字和各种符号）和中文字符。由于计算机中数据是以二进制的形式存储和处理的，因此西文字符和中文字符分别按不同的规则进行二进制编码才能进入计算机。

西文字符编码：计算机中最常用的西文字符编码是 ASCII 码，ASCII 码有 7 位码和 8 位码两种版本。国际通用 7 位 ASCII 码，用 7 位二进制数表示一个字符的编码，共有 2^7=128 个不同的编码。

中文字符编码：我国于 1980 年发布的国家汉字编码标准 GB 2312–80，全称是《信息交换用汉字编码字符集—基本集》。根据统计，把最常用的 6 763 个汉字分成两级：一级汉字有 3 755 个，按汉语拼音字母排列；二级汉字有 3 008 个，按偏旁部首排列。由于一个字节只能表示 256 种编码，所以一个国标码必须用两个字节来表示。为避开 ASCII 码表中的控制码，只选取了 94 × 94 个编码位置，所以代码表分 94 个区和 94 个位。

汉字处理过程：从汉字编码的角度看，计算机对汉字信息的处理过程实际上是各种汉字编码间的转换过程。这些编码包括汉字输入码、汉字内码、汉字地址码、汉字字形码等。汉字信息处理的流程：汉字输入→输入码→国标码→机

内码→地址码→字形码→汉字输出。

其他汉字内码有 GBK 码、UCS 码、Unicode 码以及 BIG5 码等。

(3) 多媒体技术简介

① 多媒体技术概念及特征

多媒体技术就是计算机综合处理声音、文本、图形、图像,使用户可以通过多种感官与计算机进行实时信息交互的技术。多媒体在教育培训、多媒体通信、游戏娱乐等领域应用广泛。多媒体教学、网络会议、虚拟现实等都是多媒体技术的应用。

多媒体的特征主要有交互性、集成性、多样性、实时性。

多媒体信息在计算机内部转换成二进制数字化信息进行处理,然后以不同的文件类型进行存储。多媒体数字化技术是指以数字化为基础,能够对多种媒体信息进行采集、加工处理、存储和传递,并能使各种媒体信息之间建立起有机的逻辑联系,集成为一个具有良好交互性的系统技术。

② 多媒体的数字化

多媒体信息可以从计算机输出声音、图像和文字等。

声音数字化:选择采样频率进行采样,选择分辨率进行量化,形成声音文件。存储声音信息的文件格式有多种,常用的有 WAV、MP3、VOC、WMA、AAC 等。

图像数字化:静态图像根据其在计算机中生成的原理不同,分为矢量图形和位图图形。动态图像分为视频和动画。图像文件格式包括 BMP、GIF、PNG、WMF、JPG、JPEG 等。视频文件格式包括 AVI、MOV、MP4 等。

③ 多媒体的数据压缩

数据压缩分为两种类型:无损压缩和有损压缩。

无损压缩能够保证解压后的数据不失真,是对原始数据的完整复原。

有损压缩是压缩后的数据不能还原成压缩前的数据,与原始数据不同但是非常接近的压缩方法。

(4) 计算机病毒及其防治

① 计算机病毒的概念、特征和分类

计算机病毒是人为编写的一段程序代码或指令集合,能够通过自我复制而不断传播,并在病毒发作时影响计算机功能或是毁坏数据。

计算机病毒有如下特征:寄生性、破坏性、传染性、潜伏性、隐蔽性。

计算机病毒的分类:引导区型病毒、文件型病毒、混合型病毒、宏病毒、网络病毒。

② 计算机感染病毒的常见症状

磁盘文件数目无故增多；系统的内存空间明显变小；文件的日期／时间值被修改成最近的日期或时间（用户自己并没有修改）；感染病毒后的可执行文件的长度通常会明显增加；正常情况下可运行的程序却突然因内存不足而不能装入；程序加载时间或是程序执行时间明显变长；计算机经常出现死机现象或不正常启动；显示器上经常出现一些莫名其妙的信息或是异常现象。

③ 计算机病毒的预防

安装有效的杀毒软件并根据实际需求进行安全设置。同时，定期升级杀毒软件并经常全盘查毒、杀毒；扫描系统漏洞，及时更新系统补丁；未经检测过是否感染病毒的文件、光盘、U 盘及移动硬盘等移动存储设备在使用前应首先由杀毒软件查杀病毒后再使用；分类管理数据，对各类数据、文档、程序应分类备份保存；尽量使用具有查毒功能的电子邮箱，尽量不要打开陌生的可疑邮件；浏览网页、下载文件时要选择正规的网站；关注目前流行病毒的感染路径、发作形式及防范方法，做到预先防范，感染后及时查毒、杀毒以避免更大的损失；有效管理系统内建的 Administrator 账户、Guest 账户以及用户创建的账户；禁用远程功能，关闭不需要的服务；修改 IE 浏览器中与安全相关的设置。

7.1.2 实战演练

单项选择题

1. 世界上第一台计算机是 1946 年美国研制成功的，该计算机的英文缩写名称是（　　）。

A. MARK-Ⅱ　　B. ENIAC　　C. EDSAC　　D. EDVAC

2. 1946 年首台电子数字计算机 ENIAC 问世后，冯·诺依曼在研制 EDVAC 计算机时，提出两个重要改进，它们是（　　）。

A. 引入 CPU 和内存储器的概念

B. 采用的机器语言是十六进制

C. 采用二进制和存储程序控制的概念

D. 采用 ASCII 编码系统

3. 下列不属于第二代计算机特点的项是（　　）。

A. 采用电子管作为逻辑元件　　B. 运算速度为每秒几万～几十万条指令

C. 内存主要采用磁芯　　D. 外存储器主要采用磁盘和磁带

4. 下列不属于计算机特点的是（　　）。

A. 存储程序控制，工作自动化　　B. 具有逻辑推理和判断能力

C. 处理速度快，存储量大　　D. 不可靠，故障率高

5. 电子计算机最早的应用领域是（　　）。

A. 数据处理　B. 科学计算　C. 工业控制　D. 文字处理

6. 如果在一个非零无符号二进制整数之后添加一个 0，则此数的值为原数的（　　）。

A. 10 倍　B. 2 倍　C. 1/2 倍　D. 1/10 倍

7. 十进制整数 127 转换为二进制整数是（　　）。

A. 1010000　B. 0001000　C. 1111111　D. 1011000

8. 在计算机的硬件技术中，构成存储器的最小单位是（　　）。

A. 字节（Byte）　　B. 二进制位（bit）

C. 字（word）　　D. 双字（double word）

9. 在微机中，西文字符所采用的编码是（　　）。

A. EBCDIC 码　B. ASCII 码　C. 国标码　D. BCD 码

10. 声音与视频信息在计算机内的表现形式是（　　）。

A. 二进制数字　B. 调制　C. 模拟　D. 模拟或数字

11. 实现音频信号数字化最核心的硬件电路是（　　）。

A. A/D 转换器　B. D/A 转换器　C. 数字编码器　D. 数字解码器

12. 目前有许多不同的音频文件格式，下列哪一种不是数字音频的文件格式（　　）。

A. WAV　B. GIF　C. MP3　D. MID

13. 下列关于计算机病毒的说法中，正确的是（　　）。

A. 计算机病毒是一种有损计算机操作人员身体健康的生物病毒

B. 计算机病毒发作后，将造成计算机硬件永久的物理损坏

C. 计算机病毒是一种通过自我复制进行传染的破坏计算机程序和数据的小程序

D. 计算机病毒是一种有逻辑错误的程序

14. 相对而言，下列类型的文件中，不易感染病毒的是（　　）。

A. *.TXT　B. *.DOC　C. *.COM　D. *.EXE

15. 下列叙述中，正确的是（　　）。

A. 计算机病毒只在可执行文件中传染

B. 计算机病毒主要通过读 / 写移动存储器或 Internet 网络进行传播

C. 只要删除所有感染了病毒的文件就可以彻底消除病毒

D. 计算机杀病毒软件可以查出和清除任意已知的和未知的计算机病毒

16. 防火墙是指(　　)。

A. 一个特定软件　　B. 一个特定硬件

C. 执行访问控制策略的一组系统　　D. 一批硬件的总称

答案:BCADB　BCBBA　ABCAB　C

7.2 计算机系统

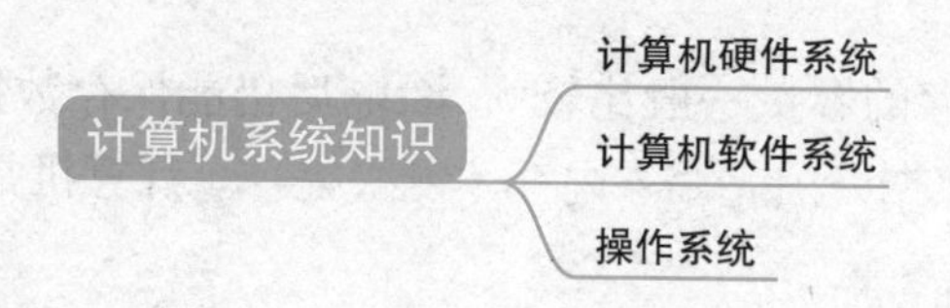

7.2.1 高频考点

(1) 计算机硬件系统

计算机硬件由运算器、控制器、存储器、输入设备和输出设备五部分组成。

① 运算器

运算器是计算机处理数据形成信息的加工厂,其主要功能是对二进制数据进行算术运算或逻辑运算。运算器的性能指标是衡量整个计算机性能的重要因素,其性能指标包括机器字长和运算速度。

机器字长:指计算机一次能同时处理的二进制数据的位数。

运算速度:计算机每秒所能执行的加法指令的数目,常用百万次/s(MIPS)表示。

② 控制器

控制器负责指挥计算机的各个部件按照指令要求进行工作。计算机的工作过程就是按照控制器的控制信号自动有序地执行指令。计算机只能执行指令,并被指令所控制。机器指令通常由操作码和操作数两部分组成。

操作码:指明指令所要完成操作的性质和功能。

操作数:指明操作码执行时的操作对象。

运算器和控制器是计算机的核心部件,这两部分合称为中央处理器,简称CPU。CPU是计算机的核心组成部分。CPU的主要性能指标是时钟主频(GHz),它的高低在一定程度上决定了计算机运行速度的高低,主频越高,运行速度越快。

③ 存储器

存储器是存储程序和数据的部件。存储器分为内存储器和外存储器两大类。

内存储器：内存用来存储当前正在执行的程序和数据。内存容量小，存取速度快，CPU 可以直接访问和处理内存。内存储器又分为随机存储器（RAM）和只读存储器（ROM）。RAM 既可以进行读操作，也可以进行写操作，但在断电后存储的信息就会丢失。ROM 中存放的信息只读不写，在制造时信息被存入并永久保存。

外存储器：外存的容量一般比较大，断电后仍能保存数据。CPU 不能直接访问外存，程序或数据必须先调入内存才能被处理。计算机常用的外存有硬盘、光盘、U 盘等。

④ 输入 / 输出设备

输入设备用于把原始数据和处理这些数据的程序输入到计算机中。常用的输入设备包括鼠标、键盘、扫描仪、光笔、摄像头、语音输入装置等。

输出设备用于将计算机中的数据或信息以数字、字符、图像和声音等方式输出给用户。常见的输出设备包括显示器、打印机、绘图仪、语音输出系统等。

⑤ 计算机结构

计算机的五大部件在处理信息的过程中需要互相连接和传输。

直接连接：五大部件之间基本上都有独立的连接线路，高速但不易扩展。

总线结构：现代计算机普遍采用总线结构，总线是一组连接各个部件的公共通道，各部件由总线连接并通过它传递数据和控制信号。总线可分为三种：数据总线、地址总线、控制总线。

（2）计算机软件系统

计算机软件系统是为运行、管理和维护计算机而编制的各种程序、数据和文档的总称。

计算机系统由硬件系统和软件系统组成。硬件系统也称裸机，裸机只能识别 0，1 组成的机器代码。没有软件系统的计算机是无法高效工作的。

① 软件的概念

软件是用户与硬件之间的接口，用户通过软件使用计算机的硬件资源。

程序是按照一定顺序执行的、能够完成某项任务的指令的集合。算法是解决问题的方法。数据结构是数据的组织形式。

程序设计语言由单词、语句、函数和程序文件等组成，是软件的基础和组成。

机器语言是计算机硬件系统真正能理解和执行的唯一语言。因此，它的执行效率最高,执行速度最快,而且无须“翻译”。

汇编语言是无法直接执行的,必须经过用汇编语言编写的程序翻译成机器语言,机器才能执行。

高级语言是最接近人类自然语言和数学公式的程序设计语言。用高级语言编写的源程序在计算机中是不能直接执行的,必须翻译成机器语言后才能被执行,通常翻译的方式有两种:一种是编译方式,另一种是解释方式。

② 软件系统及其组成

软件分为系统软件和应用软件。

系统软件包括操作系统(Windows、Linux、UNIX、MacOS)、数据库管理系统、语言处理系统、系统辅助处理程序等。

常用的应用软件有办公软件套件、Internet 工具软件、多媒体处理软件。

(3)操作系统

① 操作系统的概念

操作系统负责管理计算机中各类软、硬件资源并控制各类软件运行,为用户提供简洁易用的工作界面,是用户与计算机之间沟通的桥梁。用户通过使用操作系统提供的命令和交互功能实现对计算机的操作。

进程:进程是指一个正在执行中的程序。一个程序被选中进入内存运行,系统即创建了一个进程。

线程:线程是对进程概念的延伸,是比进程更小的能独立运行的基本单位。一个进程中包含若干个线程,这些线程可以共享所属进程拥有的全部资源。使用线程可以更好地实现并发处理和资源共享,提高 CPU 的利用率。

内核态和用户态:程序有普通态和特权态之分,特权态即内核态,拥有计算机的软、硬件资源;普通态即用户态,其访问资源的数量和权限均受到限制。关系到计算机基本运行状态的程序应该在内核态中运行。

② 操作系统的功能

操作系统的主要功能是控制程序并管理资源,目的是方便用户使用计算机,并使计算机系统中的各项资源得到充分合理的利用。

操作系统的五大功能包括:存储器管理、处理机管理、设备管理、文件管理、作业管理。

③ 操作系统的种类

单用户操作系统:单用户操作系统的主要特征是计算机系统内一次只能支持运行一个用户程序。这类系统的最大缺点是计算机系统的资源不能充分被利用。

批处理操作系统:批处理操作系统是指多个程序或多个作业同时存在和运

行,故也称为多任务操作系统。

分时操作系统:分时操作系统是多任务多用户操作系统。系统将 CPU 时间资源划分成极短的时间片,轮流分给每个终端用户使用,实现在同一台计算机上多个用户在各自的终端上以交互的方式控制作业运行。

实时操作系统:实时操作系统可以对数据在规定的时间内进行及时、快速处理,以便达到实时控制的目的。

网络操作系统:提供网络通信和网络资源共享功能的操作系统称为网络操作系统。

④ 典型操作系统

典型操作系统按照功能特征分为如下 4 大类:

服务器操作系统:服务器操作系统是指安装在大型计算机上的操作系统,比如 Web 服务器、数据库服务器等。目前主流的服务器操作系统有 Windows、UNIX、Linux、NetWare。

PC 操作系统:PC 操作系统是指安装在个人计算机上的操作系统,如 DOS、Windows、MacOS。

实时操作系统:实时操作系统是保证在限制时间内完成特定任务的操作系统,如 VxWorks。

嵌入式操作系统:嵌入式操作系统是以应用为中心,以计算机技术为基础,软硬件可裁剪,对功能、可靠性、成本、体积、功耗要求严格的专用计算机系统。目前被广泛使用的嵌入式操作系统有嵌入式 Linux、Android、iOS 等。

7.2.2 实战演练

单项选择题

1. 构成 CPU 的主要部件是(　　)。

A. 内存和控制器　　B. 内存、控制器和运算器

C. 高速缓冲和运算器　　D. 控制器和运算器

2. 下面关于显示器的叙述中,正确的一项是(　　)。

A. 显示器是输入设备　　B. 显示器是输入/输出设备

C. 显示器是输出设备　　D. 显示器是存储设备

3. 下列设备中,可以作为微机输入设备的是(　　)。

A. 打印机　　B. 显示器　　C. 鼠标器　　D. 绘图仪

4. 以下表示随机存储器的是(　　)。

A. RAM　B. ROM　C. FLOPPY　D. CD-ROM

5. 早期的计算机语言中,所有的指令、数据都用一串二进制数 0、1 表示,这种语言称为(　　)。

A. BASIC 语言　B. 机器语言　C. 汇编语言　D. Java 语言

6. 下列选项中,它是一种符号化的机器语言的是(　　)。

A. C 语言　B. 汇编语言

C. 机器语言　D. 计算机语言

7. 在各类程序设计语言中,相比较而言,执行效率最高的是(　　)。

A. 高级语言编写的程序　B. 汇编语言编写程序

C. 机器语言编写的程序　D. 面向对象的语言编写的程序

8. 某 800 万像素的数码相机,拍摄照片的最高分辨率大约是(　　)。

A. 3200*2400　B. 2048*1600

C. 1600*1200　D. 1024*768

9. 操作系统是(　　)。

A. 主机与外设的接口　B. 用户与计算机的接口

C. 系统软件与应用软件的接口　D. 高级语言与汇编语言的接口

10. 下列关于操作系统的描述中,正确的是(　　)。

A. 操作系统中只有程序没有数据

B. 操作系统提供的人机交互接口其他软件无法使用

C. 操作系统是一种重要的应用软件

D. 一台计算机可以安装多个操作系统

11. 下列说法中正确的是(　　)。

A. 进程是一段程序　B. 进程是一段程序的执行过程

C. 线程是一段子程序　D. 线程是多个进程的执行过程

12. 下列说法中正确是(　　)。

A. 一个进程会伴随着程序执行的结束而消亡

B. 一段程序会伴随着其进程结束而消亡

C. 任何进程在执行未结束时不允许被强制性终止

D. 任何进程在执行结束时都可以被强制终止

13. 计算机操作系统的基本特征是(　　)。

A. 并发和共享　B. 共享和虚拟　C. 虚拟和异步　D. 异步和并发

答案:DCCAB　BCABD　BAA

7.3 计算机网络

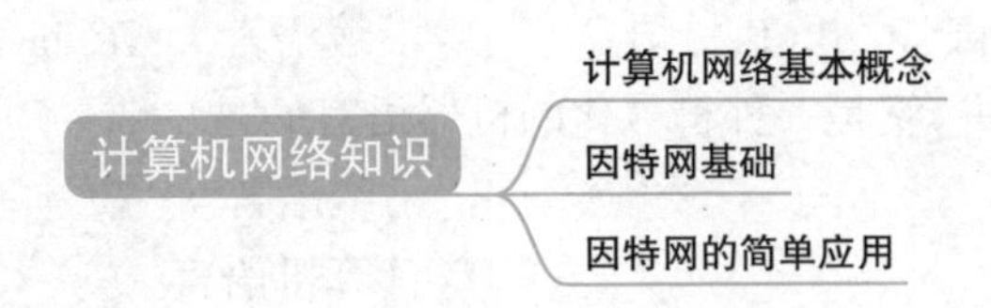

7.3.1 高频考点

(1) 计算机网络基本概念

① 计算机网络

计算机网络定义为以能够相互共享资源的方式互联起来的自治计算机系统的集合。

计算机网络提供资源共享的功能。

每台计算机可以联网使用,也可以脱离网络独立使用。

② 数据通信

数据通信是在两台计算机或终端之间以二进制的形式进行信息交换,传输数据。常用术语有信道、数字信号和模拟信号、调制和解调、宽带与传输速率、误码率。

信道:信道是信息传输的媒介,分为有线信道(电缆、光缆)和无线信道(地波传播、短波、超短波、人造卫星等)。

数字信号和模拟信号:信号是数据的表现形式,信号分数字信号和模拟信号两类。数字信号是一种离散的脉冲序列,用0和1两种不同的电平表示。模拟信号是一种连续变化的信号,如听到的声音。

调制和解调:数字信号转换成模拟信号称为调制,模拟信号还原成数字信号称为解调。将两个功能结合在一起的设备称为调制解调器(Modem)。

带宽与传输速率:带宽表示模拟信道的传输能力,以频率之差表示。传输速率表示数字信道的传输能力,即每秒传输的二进制位数(bps,比特/秒),单位:bps、kbps、Mbps、Gbps与Tbps。

误码率:数据传输时被传错的概率。传输错误不可避免,但是要控制在某个范围内,一般要求误码率控制在百万分之一以下。

③ 计算机网络分类

依据网络覆盖的地理范围和规模分类，将计算机网络分为局域网、城域网和广域网。

局域网(LAN)：局域网又称为局部地区网络，是指在有限区域使用的网络，一般覆盖几公里以内的范围。传输速率一般在10 Mb/s~10 Gb/s之间，适用于办公室网络、企业及与学校的主干局域网、机关和工厂等有限范围内的计算机网络。

城域网(MAN)：城域网是介于广域网与局域网之间的高速网络，适用于几十公里范围内的大量企业、学校等多个局域网的互联需求。

广域网(WAN)：广域网又称为远程网，一般覆盖几十公里到几千公里不等的范围，也可覆盖一个国家、地区甚至几个洲，传输速率在51 Mb/s~39.8 Gb/s之间。

④ 网络拓扑结构

计算机网络拓扑是将网络的节点和连接节点的线路抽象成点和线，用几何图形的方式表示出网络中各实体的结构关系。

星型拓扑：易于实现和管理，一旦中心节点出现故障，就会造成全网的瘫痪，可靠性差。

环型拓扑：环型拓扑结构简单，成本低。任何一个节点的故障都可能造成网络瘫痪。

总线型拓扑：加入和退出网络都非常方便，某个节点出故障不会造成其他节点的损失，可靠性高，结构简单，是局域网普遍采用的形式。

树型拓扑：树型拓扑是星型拓扑的一种扩展，主要适用于汇集信息的应用要求。

网状拓扑：网状拓扑可靠性高，但是由于结构复杂，必须采用网络协议、流量控制等方法。广域网中基本采用网状拓扑结构。

⑤ 网络硬件

传输介质：局域网中常用的传输介质有同轴电缆、双绞线和光缆。

网络接口卡(简称网卡)：网卡将计算机与通信电缆连接。

交换机：交换机支持端口连接的节点之间的并发连接，从而增大网络带宽。交换式局域网的核心设备是局域网交换机。

无线AP(Access Point)：也称为无线访问点或无线桥连器。无线AP是有线局域网和无线局域网之间的桥梁，同样也是无线路由器等设备的统称，适用于高楼层之间等不便于架设有线局域网的地方构建无线局域网。

路由器：路由器是实现局域网与广域网互联的主要设备。

⑥ 网络软件

通信协议就是通信双方都必须遵守的通信规则,是一种约定。TCP/IP 是当前最流行的商业化协议。TCP/IP 参考模型将计算机网络划分为 4 个层次:应用层、传输层、互联层和主机 – 网络层。

⑦ 无线局域网(WLAN)

WLAN 中有许多台计算机,每台计算机都有一个无线调制器和一根天线,通过该天线与其他系统通信。另外,在室内的墙壁或天花板上也有一根天线,所有机器通过它进行相互通信。在无线局域网的发展中,Wi-Fi 具有传输速度高、覆盖范围大等优点。

(2)因特网基础

① 什么是因特网

因特网是通过路由器将世界不同地区,规模大小不一、类型不一的网络互相连接起来的网络。我国于 1994 年 4 月正式接入因特网。

② TCP/IP 协议的工作原理

TCP/IP(传输控制协议 / 网间协议)是 Internet 网中不同网络和不同计算机相互通信的基础,其主要功能是确保数据的可靠传输。

IP 协议:IP 协议是 TCP/IP 协议体系中的网络层协议,其主要功能是将不同类型的物理网络互联在一起。也就是说,它需要将不同格式的物理地址转换成统一的 IP 地址。IP 协议还能从网上选择两节点之间的传输路径,将数据从一个节点按路径传输到另一个节点。

TCP 协议:TCP 协议即传输控制协议,位于传输层。TCP 协议向应用层提供面向连接的服务,确保网上所发送的数据报可以完整地被接收,一旦某个数据报丢失或损坏,TCP 发送端可以通过协议机制重新发送这个数据报,以确保发送端到接收端的可靠传输。

③ 因特网 IP 地址和域名的工作原理

每一台与因特网相连的计算机都有一个永久的或临时分配的 IP 地址,就像全球的电话号码一样没有重复。

因特网上计算机的地址有两种表示形式:以阿拉伯数字表示的称为 IP 地址(例如 192.168.0.1),以英文单词和数字表示的称为域名(例如 www.neea.edu.cn)。

域名和 IP 地址都表示主机的地址,实际上是同一事物的不同表示。

IP 地址是 Internet 协议所规定的一种数字型标识,它是一个由 0,1 组成的二进制数字串,一共有 32 位。

一个 IP 地址包含了网络号和主机号两部分信息。其中,网络号长度将决定整个 lnternet 中能包含多少个网络,主机号长度则决定每个网络能容纳多少台主机。

按第 1 段的取值范围,IP 地址可分为 A、B、C、D、E 五类。

A 类 IP 地址:IP 地址第 1 段为 0—127。

B 类 IP 地址:IP 地址第 1 段为 128—191。

C 类 IP 地址:IP 地址第 1 段为 192—223。

D 类和 E 类 IP 地址留作特殊用途。

每个域名对应一个 IP 地址,且在全球是唯一的。为了避免重名,主机的域名采用层次结构,各层次之间用“.”隔开,从右向左分别为第一级域名(最高级域名)、第二级域名……直至主机名(最低级域名),其结构为:主机名……第二级域名。第一级域名,如 ABC.XYZ.COM.CN。

常用一级域名标准代码见表 7.3 所示。

表 7.3 常用一级域名标准代码

域名代码	域名意义
COM	商业组织
EDU	教育机构
GOV	政府机关
MIL	军事部门
NET	主要网络支持中心
ORG	其他组织
INT	国际组织

DNS 原理:域名服务器(DNS)中存放 Internet 主机域名与 IP 地址对照表,实现两者的相互转换。

接入因特网:因特网接入方式主要有电话拨号连接、专线连接、局域网连接和无线连接四种。其中电话拨号连接(ADSL)是最经济、最简单、采用最多的一种,无线连接也成为当今流行的一种接入方式。

ADSL(非对称数字用户线路)是目前用电话线接入因特网的主流技术,这种接入技术的非对称性体现在上行、下行速率的不同上,高速下行信道速率一般在 1.5 Mb/s~8 Mb/s,低速上行速率一般在 640 kb/s~1 Mb/s。

无线连接是需要一台无线 AP 与 ADSL 或有线局域网连接,AP 像有线交换机一样，将计算机和 ADSL 或者有线局域网连接起来，达到接入因特网的目的。

接入因特网还需要寻找一个合适的 lnternet 服务提供商（ISP），ISP 一般提供的服务有分配 IP 地址、网关、DNS，提供联网软件，提供各种因特网服务、接入服务等。主要提供商有中国移动、中国联通、中国电信。

（3）因特网的简单应用

① 网上漫游

在因特网上浏览信息是因特网最普遍也是最受欢迎的应用之一，用户可以随心所欲地在信息海洋中冲浪，获取各种有用信息。

万维网（WWW、Web、全球信息网）：万维网能把各种各样的信息（图像、文本、声音和影像）有机地结合起来，方便用户阅读和查找。浏览 WWW 就是浏览存放在 Web 服务器上的超文本文件网页（Web 页）。一个网站通常包含许多网页，其中网站的第一个网页称为首页（或称为主页），它主要体现目录的作用。WWW 中的每一个网页都对应唯一的地址，由 URL 来表示。

超链接和超文本：超链接是指向其他网页或网页的某一位置的链接，它将原本不连续的两段文字或两个文件（或主页）联系起来。

HTTP 协议的主要功能是在网络上传输各种各样的超文本（网页）文件。

超文本文件不仅包含文本信息，也包含视频、图像、声音等多媒体信息，故称之为“超”文本。

统一资源定位器：统一资源定位器（URL）是把 Internet 网络中的每个资源文件统一命名的机制，又称为网页地址（或网址）。

浏览器：要浏览 Web 页，就必须在计算机上安装一个浏览器。浏览器有许多种，常见的有微软公司的 IE 浏览器、谷歌浏览器、360 浏览器等。

FTP 文件传输协议：FTP 是因特网提供的基本服务。在 FTP 服务器程序允许用户进入 FTP 站点并下载文件之前，必须使用一个 FTP 账号和密码进行登录。一般专有的 FTP 站点只允许使用特许的账号和密码登录。

② 电子邮件

电子邮件是在因特网上使用广泛的一种服务。电子邮件采用存储转发的方式进行传递，根据电子邮件地址，由网上多个主机合作实现存储转发，电子邮件从发信源节点出发，经过路径上若干个网络节点的存储和转发，最终被传送到目的邮箱。

电子邮箱地址都是唯一且固定的：<用户标识>@<主机域名>，即 Email 地址 =“用户名”+@+“邮件服务器名 . 域名”，地址中间不能有空格和逗号。例如，123@abc.com。

电子邮件有两个基本部分：信头和信体。信头主要包括发件人、收件人、抄送、主题等。信体主要是指正文内容，有时还包含附件，如声音、视频等。

7.3.2 实战演练

单项选择题

1. 计算机网络是一个(　　)。

A. 管理信息系统　　B. 编译系统

C. 在协议控制下的多机互联系统　　D. 网上购物系统

2. 通信技术主要是用于扩展人的(　　)。

A. 处理信息功能　　B. 传递信息功能

C. 收集信息功能　　D. 信息的控制与使用功能

3. 计算机网络按地理范围可分为(　　)。

A. 广域网、城域网和局域网　　B. 因特网、城域网和局域网

C. 广域网、因特网和局域网　　D. 因特网、广域网和对等网

4. 若网络的各个节点通过中继器连接成一个闭合环路，则称这种拓扑结构为(　　)。

A. 总线型拓扑　　B. 星型拓扑　　C. 树型拓扑　　D. 环型拓扑

5. Internet 最初创建时的应用领域是(　　)。

A. 经济　　B. 军事　　C. 教育　　D. 外交

6. Internet 网中不同网络和不同计算机间相互通信的基础是(　　)。

A. ATM　　B. TCP/IP　　C. Novell　　D. X. 25

7. 接入因特网的每台主机都有一个唯一可识别的地址，称其为(　　)。

A. TCP 地址　　B. IP 地址　　C. TCP/IP 地址　　D. URL

8. 上网需要在计算机上安装(　　)。

A. 数据库管理软件　　B. 视频播放软件

C. 浏览器软件　　D. 网络游戏软件

9. 要在 Web 浏览器中查看某一电子商务公司的主页，应知道(　　)。

A. 该公司的电子邮件地址　　B. 该公司法人的电子邮箱

C. 该公司的 WWW 地址　　D. 该公司法人的 QQ 号

10. IE 浏览器收藏夹的作用是(　　)。

A. 收集感兴趣的页面地址　　B. 记忆感兴趣的页面的内容

C. 收集感兴趣的文件内容　　D. 收集感兴趣的文件名

11. FTP是因特网中(　　)。

A. 用于传送文件的一种服务　　B. 发送电子邮件的软件

C. 浏览网页的工具　　D. 一种聊天工具

12. 写邮件时,除了发件人地址之外,另一项必须要填写的是(　　)。

A. 信件内容　　B. 收件人地址

C. 主题　　D. 抄送

答案:CBADB　BBCCA　AB